上海卫星城规划与建设研究（1949—1977）

Research on the Planning and Construction of Shanghai Satellite Town(1949—1977)

包树芳 著

上海人民出版社

国家社会科学基金后期资助项目
（批准号：20FZSB049）

国家社科基金后期资助项目
出版说明

后期资助项目是国家社科基金设立的一类重要项目，旨在鼓励广大社科研究者潜心治学，支持基础研究多出优秀成果。它是经过严格评审，从接近完成的科研成果中遴选立项的。为扩大后期资助项目的影响，更好地推动学术发展，促进成果转化，全国哲学社会科学工作办公室按照“统一设计、统一标识、统一版式、形成系列”的总体要求，组织出版国家社科基金后期资助项目成果。

全国哲学社会科学工作办公室

序

2012 年 7 月至 2015 年 6 月，包树芳在上海大学博士后流动站工作，我忝为她的合作导师。本书以她的博士后出站报告为基础，耕耘数年，终获国家社科基金后期资助项目，多番修改打磨后即将出版。我认识她已经十多年了，看着她持续不断的努力和认真钻研的可贵精神，由衷为她感到高兴！

卫星城是城市化发展到一定阶段的产物。它为疏散大城市过度集中的工业和人口、避免或解决诸多“大城市病”提供了一种方案；更重要的是，它开启了城市空间形态的变革：促使城市从集中单一向群体组合发展。从世界范围看，西方最先开始规划建设卫星城，此后向新城、大都市区、大都市连绵带演变。自 20 世纪 80 年代起，我国各大城市普遍展开卫星城建设，21 世纪以来随着经济社会的发展，新城、都市圈、城市群、经济带等城市空间形态相继出现。可以看到，卫星城是传统城市化转型的开端。同时，在城市空间形态重心转移的过程中，卫星城并未消失，至今仍是我国都市圈、城市群、经济带的重要组成部分。作为城市化进程中的重要角色，卫星城一直受到学界关注，但历史学视野下的考察成果很少，对新中国成立后至改革开放前的专题研究更是不多。

1949—1977 年是我国开展卫星城规划和建设的探索时期，多数城市止于规划，或者因为种种原因浅尝辄止，而上海不然，规划和建设很有特点，既有生产基地建设，也有生活设施同步；既有重工业，又有化工业，更以嘉定科学卫星城为支撑，持续几十年建设，取得了重大的成果。尤其是闵行卫星城的“四大金刚”，支撑上海成为新中国与东北并肩的第一个南方重工业的基地，成为当时中国卫星城建设的典型代表。本书是学界第一部对 1949—

1977年上海卫星城规划与建设进行全面、系统、深入研究的论著。

本书视野开阔、逻辑清晰。卫星城源于西方,本书将西方卫星城理论和实践纳入研究范围,包括第一章对西方卫星城理论源起和卫星城特征的介绍,第二章中西卫星城规划之间的差异比较,第六章中西卫星城建设成效的比较分析,以及苏联卫星城规划建设及对我国的影响。国际视野和中西比较下的审视,既深化了我国卫星城规划建设的论述,也凸显了我国卫星城在规划思想和特征上与欧美、苏联等国的差异。

本书聚焦于新中国成立后三十年间,但并未局限此间:第一章清晰梳理了民国时期卫星城理论的引入、传播和运用,这是必要的,因为这段历程为后来提供了理论基础、思想来源和人才储备,在最后评析时又将时限拓展至1978年及之后,这样既有重点又在长时段中说清了卫星城的"前世"和"今生"。本书把上海置于全国发展过程中予以认识,在1949—1977年间我国政治经济形势变化及全国卫星城规划建设的范围内考察上海卫星城,没有就上海谈上海,这就避免了自我视野的限制,从而清晰论述了上海卫星城规划兴起的时代特征、全国背景,突出了上海卫星城作为典型代表的样本意义和成功的原因。在框架结构上,本书将闵行、吴泾、嘉定、安亭、松江五个卫星城,作为整体进行考察和研究。宏观视野开阔,五个卫星城发展的微观数据详尽,既纵向梳理了上海卫星城规划兴起与演变的进程,又横向论述了工业建设、城市建设和城乡互动,并进行总体评析,结构完整,逻辑清晰。

本书史料丰富、内容翔实。这是本书最大的特点之一。研究历史,史料是根基。为了尽可能全面搜集资料,作者前往上海市档案馆和闵行区、松江区、嘉定区等档案馆以及各图书馆,复印和抄录档案、报刊、方志等各类文献资料,还到上海电机厂、上海重型机器厂、吴泾化工厂等企业抄录企业档案和厂史资料,并通过网络获取不少外文文献。为了获取口述资料,作者一次次前往闵行、嘉定等地,采访当年一些重点企事业单位的老领导、老员工。所有的付出没有白费,丰富的史料使得本书内容翔实、分量厚重。作者运用丰富的一手史料,娓娓道来,详细深入地解读一个个尚未有人讲到或讲清的故事和历史细节,使得本书内容颇具新意。试举两例:

一是书中对民国时期卫星城理论的引入、传播与在一些大城市的城市规划编制中得到初步运用的考察是细致深入的，呈现了民国时期卫星城理论“中国旅行”的丰富面貌；

二是书中详细解读新中国成立后卫星城理论从尘封到讨论焦点的转变，深入论述上海卫星城战略形成的历程，在此基础上阐述我国建设卫星城是基于我国国情和工业化城市化水平，顺应国家战略需求，以工业为主导融合城乡建设、国防安全等综合因素的探索，从一个侧面反映了社会主义建设时期的中国式现代化的奠基和发展。

本书论述有力、见解深刻。史料充实是历史研究的基础，此外还需论述方式的得当。简单铺陈史料不可取，只有清楚地叙事并在此基础上深入说理，才能将一段历史研究透彻。我经常对学生说，必须还原历史场景，必须依据理论进行论述，分析十分重要。包树芳的博士后出站报告最初也存在流水账式简单论述的不足。欣慰的是，出站后作者一直在修改，在获得国家社科基金后期资助项目后更是努力完善。本书稿让我看到了她的成长，处处可见生动叙事和深刻说理的印记。由此，作者提出的一些结论也就有了说服力，包括上海卫星城规划建设的特征与欧美不同、卫星城建设成效与不足等。难能可贵的是，作者能客观看待这段历史，如指出要正确认识卫星城建设成效有不尽人意之处等。事实上，卫星城建设是一项长期、复杂的工程，受到复杂多变的时代影响和多方面条件的制约，在特定时期内现实与理想有差距是客观存在的。

毫无疑问，这是一本有深度的学术专著。我非常乐意向大家推荐此书。数年来，包树芳在学术道路上踩着坚实的步伐不断地成长，我很欣喜。希望她继续坚持走下去！

是为序。

忻平

2023 年 11 月 6 日

目　　录

导　论

第一节　研究背景和意义

亚里士多德说过：人们为了活着，聚集于城市；为了活得更好，而居留于城市。城市的形成和发展，反映了人们对生存的本能追求和对生活质量的无限憧憬。城市是人类文明的主要象征，城市化则成为追求现代文明的必然路径。

在现代工业诞生之前，城市已经在逐渐发展，但毋庸置疑的是，起源于18世纪中叶的欧洲工业革命“开创了一个城市化以史无前例的速度增长的新时代”①。大批农民涌入城市、生产规模急剧扩大、经济关系格局发生变化，这些现象在工业城市中普遍出现。人们不再为生计而忧愁，也享受着城市的种种资源和便利，可是城市集聚效应、规模效应并不只是带来益处，人们逐渐发现，过于庞大、拥挤的城市并不能令自己“活得更好”。交通拥挤、环境污染、犯罪事件增多、贫民窟增多，诸如此类的“大城市病”成为困扰人们的城市发展难题。

为了“活得更好”，19世纪末，一名业余规划师提出了他理想中的城市模式：兼具城市和乡村的优点，规模适当以达到一种平衡和舒适。他把城市和乡村的联姻视为通往未来改革的路径，城乡联姻的产物被他称为garden city，这位业余规划师就是埃比尼泽·霍华德(Ebenezer Howard)。霍华德的田园城市思想被视为20世纪最伟大的城市规划思想，后来许多城市规划

① ［美］乔尔·科特金：《全球城市史》，王旭等译，社会科学文献出版社2010年版，第141页。

理论在此基础上创新和完善,进而影响了世界范围内的城市建设。

19 世纪末 20 世纪初霍华德带领他的团队在英国伦敦郊区展开实验,相继建设了莱切沃斯、韦林两座城市。之后,西方更多的规划师、实干家开始把目光投向大城市的郊区乃至边缘地带。主流的城市集中主义遭到了质疑,城市分散主义逐渐传播、扩散。在这个过程中,卫星城(satellite town)理论独树一帜,逐渐在欧美发达国家受到关注和接纳。第二次世界大战结束以后,卫星城理论进一步完善,英国率先把卫星城升级为新城(new town),并颁发《新城法》。随后新城运动在欧美各大城市轰轰烈烈地展开。

卫星城建在大城市的郊区,它的出现是为了分散大城市的工业和人口,从而缓解"大城市病"。卫星城和大城市之间的有机联系,创造了一种新的城市空间形态。一般认为西方卫星城发展经历了三个阶段。第一阶段——卧城。卫星城分设若干居住区,建有供水、饮食等简单的生活设施,工作地点仍在中心城区(主城)。第二阶段——半独立的卫星城。有一定数量的工厂企业和公共设施,居民可以就地工作,但是居民生活仍然需要依赖主城。第三阶段——新城。基本独立于主城,是大城市远郊的一个现代化城市,宜居宜业,产城融合。三个阶段对卫星城的功能有着明显的区分。

21 世纪初,我国学界习惯把西方大都市绵延带作为卫星城发展的第四阶段——新城的迅速崛起,其与中心城繁华程度不相上下,使得各新城逐渐和中心城融为一体,相邻城市也因经济社会的联系互动密切,从而形成大都市绵延带。①

西方大都市绵延带主要有:美国东北部大都市带(从波士顿经纽约、费城、巴尔的摩到华盛顿)、日本太平洋沿岸大都市带(从东京、横滨经名古屋、大阪到神户)、英格兰大都市带(从伦敦经伯明翰到曼彻斯特、利物浦)等。大都市绵延带与卫星城、新城相比,不再仅关注某个大城市及其远郊,而是关注多个城市,注重多个城市在经济、文化等领域协同发展。所以,大都市绵延带不是卫星城、新城的简单升级,而是城市空间形态上的发展演变。因

① 参见王圣学主编:《大城市卫星城研究》,社会科学文献出版社 2008 年版,第 7—9 页;张捷编著:《新城规划与建设概论》,天津大学出版社 2009 年版,第 24—25 页。

此严格意义上说，大都市绵延带并不是卫星城发展的新阶段。当然，作为城市空间形态发展演变的产物，大都市绵延带与卫星城、新城等同属区域一体化范畴。同时，大都市绵延带仍然需要进行卫星城、新城建设，只有某个大城市把郊区卫星城、新城建设好了，才能与其他大城市有更好的协同并进。

作为城市化的产物，卫星城的出现是城市空间结构的一次革命，它为解决因城市化发展而带来的种种问题提供了一条崭新而意义重大的途径——促使城市从集中单一向群体组合发展。而全球化很快使卫星城具有了普遍意义。在世界城市化进程中，我国深受欧美国家城市化进程的影响，同时又基于国情、经济发展及城市实际状况，在不断摸索中前进。

在我国城市化进程中，卫星城不曾缺席。20 世纪 80 年代我国各大城市普遍展开卫星城建设，当时城市规划和建设的流行词就是“卫星城”。2000 年以来，“卫星城”一词被“新城”取代。在吸收发达国家城市化经验的基础上，我国各大城市以建设新城为指向，新城运动在各地普遍展开。

进入新世纪以来，“城镇化”一词逐渐替代“城市化”。[①]党的十六大提出“走中国特色的城镇化道路”，党的十七大强调“促进大中小城市和小城镇协调发展”。党的十八大提出了“新型城镇化”，并于 2014 年 3 月发布《国家新型城镇化规划（2014—2020 年）》。在开展新城建设的基础上，同时顺应我国经济飞速发展及实际需求，2005 年《国家“十一五”规划纲要》首次提出“把城市群作为推进城镇化的主体形态”。2014 年 3 月发布的《国家新型城镇化规划（2014—2020 年）》再次明确把“城市群作为主体形态”。根据“十三五”规划的指导，我国规划了 19 个城市群，基本上覆盖了我国全部重点区域。在以城市群[②]为主体外，党的十九大以来我国继续探讨其他城镇化空间形态，相继规划了都市圈[③]、经济带[④]、粤港澳大湾区等。

---

① 两者同是西方 Urbanization 的音译，都是表示从乡到城的转化历程，但是前者更加强调在乡—城转化过程中，“镇”作为一个重要节点所发挥的作用。学界大多认为“城镇化”的说法更符合中国实际情形。

② 我国所称的城市群与西方大都市绵延带、连绵区在实质上是一样的。

③ 都市圈是城市群内部以超大特大城市或辐射带动功能强的大城市为中心、以 1 小时通勤圈为基本范围的城镇化空间形态。

④ 目前长江经济带是我国重大国家战略发展区域。

从早先的卫星城、新城，到城市群、都市圈、经济带，我国在推进城镇化道路上不断摸索，构建适合我国城市发展的空间格局。从关注单个大城市到重视大中小城市和小城镇协调发展，城市空间形态一再演变。其中，卫星城是我国传统城市化转型的源起。同时作为都市圈、城市群、经济带的重要环节，卫星城至今也未“过时”。

卫星城在当代中国城市化道路上实践着，未来也将继续。但是，对于我国卫星城发展，学界往往从20世纪80年代谈起。人们对80年代至今的卫星城、新城建设印象深刻，而对改革开放以前三十年的卫星城规划实践或语焉不详或没有印象。一些学者在追溯中国卫星城建设源头时，会提及早期的那段历史，但往往只有三言两语。

确实，改革开放以前我国卫星城的规划和实践在那时期的诸多重大历史事件中并不那么夺目，很容易被人忽略，学者大多笼统地谈其经验教训。不过，在这里需要着重提出两点。

第一，不能因为“大跃进”运动而否定同一时期卫星城的规划实践历程。在这种视角下，我们就可以不再犯“把洗脚水连同孩子一起倒掉”的错误，就可以更加客观、直接地论说早期卫星城发展历史。

第二，不能因为成效不大、昙花一现等因素而忽视卫星城的早期发展历史。就如同质量较数量更有价值一样，历史事件并不因其时空局限而抹杀其意义的体现。更何况，在没有对卫星城早期历史深入研究的情况下，说其意义不大、昙花一现都是有着主观倾向的，对历史学家而言更是一种危险的缺陷。

以上是本书关注视角的前提。此外，本书聚焦于上海是因为上海这座城市的特殊性。上海是20世纪50年代中期我国第一批最早开始谋划卫星城的城市之一。更重要的是，上海是社会主义建设时期持续进行卫星城规划、高调开展卫星城建设并取得一定成效的城市。因此，上海是1949—1977年间我国卫星城规划建设的标杆和典型。正是这一时期的建设基础使得上海在20世纪80年代起在全国普遍兴起卫星城建设的浪潮中拔得头筹。当北京等地卫星城被批“睡城”时，上海卫星城获得了更好的口碑。

卫星城，作为大城市发展的一种空间战略，其生命力甚是强大，而其建设源头当不容轻视和遗忘。上海城市发展的特殊及其典型性，使得研究这段时期上海卫星城建设具有重要意义。概括而言,1949—1977年上海卫星城规划与建设的研究兼具学术价值和应用价值。

在学术价值方面,本书搜集散见于各处的档案、报刊资料,并深入采访当事人或亲历者,获得生动口述资料,运用历史学、社会学等多学科研究方法,试图深入论述1949年以后上海兴建卫星城的时代背景和发展演变历程,探索1949—1977年间上海卫星城建设模式及特点,分析成败得失及现实启示。

在应用价值方面,为新一轮城镇化建设提供重要的历史启示和理论依据。当前,京津冀、长三角等城市群正在大规模建设过程中,卫星城是城市群空间形态分布中的重要组成。改革开放以前上海卫星城规划及建设是我国城市化道路中的一次重要实践。审视其成败得失,梳理其特点模式,有助于对中国改革开放以来的经济社会转型和未来城市发展进行全面深入的思考,有助于当今新型城镇化建设的推进。

第二节　学术综述

系统全面研究1949—1977年间我国卫星城规划建设的成果尚付阙如,一些成果属于概况式介绍、主题聚焦式研究,此外相关外延研究并不少。现有相关研究成果主要分为四个主题:西方城市规划理论和实践,近代中国城市规划建设,1949—1977年我国城市规划建设,改革开放以后我国城市空间形态演变。其中1949—1977年我国城市规划建设研究与本研究对象有直接关联,涉及卫星城研究的成果。其余三个主题的研究,虽属外延,但对本研究具有重要的参考价值。此外,国外学者针对我国城市规划建设历史的研究很少,且主要集中于当代新城、城市群。

一、西方城市规划理论和实践

改革开放以来,我国城市化进程加快,西方城市空间转型之路成为我国的借鉴和参考。国内学者的相关译作及介绍逐渐增多。

译作方面,主要有两类。一类总体介绍西方城市规划历史,一类介绍20

世纪西方有名的城市规划思想家或设计师及他们的规划理念和思想。前者代表性成果有:彼得·霍尔(Peter Hall)的《明日之城:1880 年以来城市规划与设计的思想史》《城市与区域规划》,尼格尔·泰勒(Nigel Taylor)的《1945 年后西方城市规划理论的流变》,刘易斯·芒福德(Lewis Mumford)的《城市发展史——起源、演变和前景》,迪特马尔·赖因博恩(Dietmar Reinborn)的《19 世纪与 20 世纪的城市规划》,埃里克·芒福德(Eric Mumford)的《设计现代城市:1850 年以来都市主义思想的演变》。①这些城市规划理论大师、著名学者的专著,尽管关注的时间、国家略有不同,但精湛的论述让世人对西方城市规划理论的演变有了宏观的了解。西方城市规划理论流派众多,从城市空间结构可以大致归纳为两类:集中主义和分散主义。前者重点在市区,后者重点在郊区。19 世纪至 20 世纪,分散主义日渐兴起,在与集中主义竞争中获胜后成为解决"大城市病"的实践指南。之后由于分散主义在实践中的问题,集中主义又乘隙而入,随后集中和分散两大主义在无法分出胜负后既相互独立又相互交织。

在西方城市规划理论的演变中,卫星城理论作为分散主义的一种,在其间沉沉浮浮。卫星城理论自身的历史、理论渊源、在规划思想中的地位、与其他规划理论的关系,以及卫星城作为城市发展实践模式的历程,在宏观、整体阐述中有着一定的呈现,尤其体现在彼得·霍尔的《明日之城:1880 年以来城市规划与设计的思想史》专著中。

卫星城理论并不是凭空形成的,实际上它是吸收多种规划思想的集合体。20 世纪上半叶,西方多位规划大师及其规划思想推动了卫星城理论的形成和发展,其中被我国学者翻译过来的主要有:霍华德的《明日的田园城市》,格迪斯(Patrick Geddes)的《进化中的城市:城市规划与城市研究导

---

① [英]彼得·霍尔:《明日之城:1880 年以来城市规划与设计的思想史》,童明译,同济大学出版社 2017 年版;[英]彼得·霍尔:《城市与区域规划》,邹德慈、李浩等译,中国建筑工业出版社 2014 年版;[英]泰勒:《1945 年后西方城市规划理论的流变》,李白玉、陈贞译,中国建筑工业出版社 2006 年版;[美]刘易斯·芒福德:《城市发展史——起源、演变和前景》,宋俊岭、倪文彦译,中国建筑工业出版社 1989 年版;[德]迪特马尔·赖因博恩:《19 世纪与 20 世纪的城市规划》,虞龙发等译,北京中国建筑工业出版社 2009 年版;[美]埃里克·芒福德:《设计现代城市:1850 年以来都市主义思想的演变》,刘筱译,社会科学文献出版社 2020 年版。

论》,伊利尔·沙里宁(Eliel Saarinen)的《城市:它的发展、衰败与未来》。[①]霍华德的田园城市思想,格迪斯的区域观、区域调查、集合城镇等理念,沙里宁的有机疏散理论,都是深刻影响现代城市规划和建设的重要理论,与卫星城理论之间也有着深厚的渊源关系。其中,霍华德的《明日的田园城市》,被翻译该书的学者金经元称为"20 世纪城市规划全部历史中最有影响和最重要的书"[②]。霍华德的田园城市思想自该书 19 世纪末出版就一直遭到世人误解,西方学界的各种解读很多,国内学界对其认识也模糊不清。所以,金经元在译作序言中对"什么是田园城市""什么是社会城市"进行了深入的解读,期望改变人们对霍华德田园城市思想的误读和曲解。也有学者翻译彼得·霍尔对霍华德田园城市思想的研究成果,借助彼得·霍尔对霍华德"社会城市"规划理念的审视,并结合当代城市建设探讨霍华德田园城市思想对当代城市规划建设的作用和影响。[③]

此外,有学者翻译了勒·柯布西耶(Le Corbusier)的《明日之城市》[④],其"光辉城市"理念倾向于集中主义,与分散主义相抗衡,但同样在 20 世纪城市规划理论中熠熠闪光。当代西方学界关于集中主义和分散主义的讨论等专著也被国内学者关注,前者如雅各布斯的《美国大城市的死与生》,迈克·詹克斯等编著:《紧缩城市——一种可持续发展的城市形态》,后者如奥利弗·吉勒姆的《无边的城市——论战城市蔓延》。[⑤]

针对某个国家的卫星城、新城等具体规划建设的译作较少,搜集所见为:一篇译作介绍了英国战后第一代至第三代新城的建设情况及特点,一篇

① [英]霍华德:《明日的田园城市》,金经元译,商务印书馆 2010 年版;[英]格迪斯:《进化中的城市:城市规划与城市研究导论》,李浩译,中国建筑工业出版社 2012 年版;[美]伊利尔·沙里宁:《城市:它的发展、衰败与未来》,顾启源译,中国建筑工业出版社 1986 年版。

② [英]霍华德:《明日的田园城市》,金经元译,商务印书馆 2010 年版,"译序",第 5 页。

③ [英]彼得·霍尔:《社会城市:再造 21 世纪花园城市》,吴家琦译,华中科技大学出版社 2016 年版。

④ [法]柯布西耶:《明日之城市》,李浩译,中国建筑工业出版社 2009 年版。

⑤ [加]雅各布斯:《美国大城市的死与生》,金衡山译,译林出版社 2006 年版。[英]迈克·詹克斯等编著:《紧缩城市——一种可持续发展的城市形态》,周玉鹏等译,中国建筑工业出版社 2004 年版。[美]奥利弗·吉勒姆:《无边的城市——论战城市蔓延》,叶齐茂译,中国建筑工业出版社 2007 年版。

译作介绍了苏联1959—1979年城市群发展的规模。[①]

除译作外,国内学者对西方城市空间形态演变、城市规划思想的研究日益加深,相关成果层出不穷。一些论著聚焦于世界或西方某个国家的城市化演进历程和城市规划建设:1980年初版、1983年再版的《城市规划译文集》是翻译和编写的集合,详细介绍了英国、美国、日本、苏联、瑞典等国家的新镇、新城规划和建设情形,总结问题和经验。[②]1989年出版的《外国城市建设史》是一本高校教学用书,分别从古代、中古、近代及现代四个历史时期阐述了外国城市建设的发展过程与特点,列举了近现代各国城市规划理论和城市建设情况,包括田园城市、带形城市等规划思想的形成和运用,其中简单介绍了雷蒙德·昂温(Raymond Unwin)和卫星城理论,以及20世纪40年代后期欧美新城运动开启,50年代至70年代各国新城建设概况。[③]张京祥聚焦于从古至今西方城市规划思想,详细介绍了各类规划理念,涉及阿伯克隆比(Patrick Abercrombie)大伦敦规划、昂温卫星城思想和战后西方新城运动,但比较简单。[④]王旭考察了20世纪中期以来西方发达国家城市化转型特点,即从传统城市化向新型城市化演进,着重指出世界范围内城市发展重心已从城市的集中型发展转向城乡统筹发展,形成了新的一体化地域实体——大都市区;他以美国为例,探讨美国的郊区化,以及大都市区的形成、发展与特征,并考察了芝加哥、波特兰等大都市区的政策和治理。[⑤]梁远系统考察了19世纪中叶以来英国以治理"城市病"为目标的城市规划的

---

① [英]迈克尔·布鲁顿、希拉·布鲁顿:《英国新城发展与建设》,于立、胡伶倩译,《国外规划研究》2003年第12期;《苏联1959—1979年间城市群发展的规模》,刘德逵译,《城市问题》1989年第2期。

② 北京市城市规划管理局科技情报组编:《城市规划译文集:外国新城镇规划》,中国建筑工业出版社1980年版。

③ 沈玉麟编:《外国城市建设史》,中国建筑工业出版社1989年版。

④ 张京祥编著:《西方城市规划思想史纲》,东南大学出版社2005年版。

⑤ 王旭:《美国城市化的历史解读》,岳麓书社2003年版;《美国城市发展模式:从城市化到大都市区化》,清华大学出版社2006年版。相关文章主要有:《美国新郊区史研究及其对芝加哥学派的超越》,《史学理论研究》2016年第4期;《大都市区的形成与发展:二十世纪中期以来世界城市化转型综论》,《历史研究》2014年第6期;《大都市区政府治理的成功案例:1992年波特兰大都市章程》,《江海学刊》2011年第2期;《芝加哥:从传统城市化典型到新型城市化典型》,《史学集刊》2009年第6期。

演进，通过规划思想、规划法案、规划实践三个层面展开介绍。该书运用英文文献对霍华德田园城市思想源起、昂温对卫星城理论的贡献有着较为详细的阐述。[①]《法国城市规划40年》是由中法两国学者共同撰写的专著，涉及内容丰富，其中有对战后法国新城建设的介绍。[②]李浩对20世纪30年代苏联“社会主义城市”规划建设思想的提出过程及其主要内容进行了细致梳理。[③]侯丽回顾了1920—1950年现代主义对苏联社会主义建筑以及城市规划的影响，评析了意识形态对城市规划的影响。[④]邓杰先后考察了马克思、恩格斯关于大城市规模的论断，列宁的城市观，斯大林和苏联限制大城市规模的缘起。[⑤]

一些论著聚焦于田园城市、卫星城等具体理论及实践。对霍华德田园城市思想展开研究的成果较多，金经元、孙施文、刘亦师等学者多有论述，其中刘亦师等学者还对田园城市运动在各国开展的情形展开详细探讨。[⑥]关于国外卫星城理论和实践的论述，从20世纪80年代至今一直陆续不断。有学者着重从整体介绍国外卫星城建设情况，总结经验教训。[⑦]张捷和赵民

---

① 梁远：《近代英国城市规划与城市病治理研究》，江苏人民出版社2016年版。

② ［法］米歇尔·米绍、张杰、邹欢主编：《法国城市规划40年》，社会科学文献出版社2007年版。

③ 李浩：《1930年代苏联的“社会主义城市”规划建设》，《城市规划》2018年第10期。

④ 侯丽：《社会主义、计划经济与现代主义城市乌托邦——对20世纪上半叶苏联的建筑与城市规划历史的反思》，《城市规划学刊》2018年第1期。

⑤ 邓杰：《马克思、恩格斯关于大城市规模的思想》，《社会主义研究》2017年第5期；邓杰：《列宁的城市观和苏联限制大城市规模的由来》，《都市文化研究》2017年第1期；邓杰：《斯大林和苏联限制大城市规模的缘起》，《党政研究》2018年第1期。

⑥ 代表性成果如金经元：《霍华德的理论及其贡献》，《国际城市规划》2009年第1期。高中岗、卢青华：《霍华德田园城市理论的思想价值及其现实启示——重读〈明日的田园城市〉有感》，《规划师》2013年第11期。孙施文：《田园城市思想及其传承》，《时代建筑》2011年第5期。黄明华、惠倩：《田园城市？花园城市？——对霍华德Garden City的再认识》，《城市规划》2018年第10期。刘亦师的多篇文章：《田园城市学说之形成及其思想来源研究》，《城市规划学刊》2017年第4期；《田园城市思想、实践之反思与批判（1901—1961）》，《城市规划学刊》2021年第2期；《全球图景中的田园城市运动研究（1899—1945）》（上、下），《世界建筑》2019年第11、12期；《20世纪上半叶田园城市运动在“非西方”世界之展开》，《城市规划学刊》2019年第2期。陈旸：《德国“田园城市”运动思想探析》，《中共福建省委党校学报》2010年第4期。

⑦ 《国外建设卫星城的几点经验》，《城市规划》1979年第6期；孙志蓉：《有关国外卫星城镇建设情况的综述》，《城市问题》1984年第2期；丁成日：《国际卫星城发展战略的评价》，《城市发展研究》2007年第2期；孔祥智：《从世界各大城市卫星城的发展看卫星城理论的争议》，北京市哲学社会科学规划办公室编：《2002年度阶段成果选编》，首都师范大学出版社2003年版；孔祥智：《若干国家城市化和卫星城的发展》，北京市哲学社会科学规划办公室编：《2004年度阶段成果选编》，首都师范大学出版社2004年版。

编著的《新城规划的理论与实践——田园城市思想的世纪演绎》阐述了自"田园城市"到"新城"的理念演变与实践发展，总结了国外新城建设的经验，介绍了若干国内的新城规划案例。①也有学者着重于某个国家或城市的卫星城、新城建设实证，主要有：张爱珠考察了莫斯科卫星带空间结构的演变及发展特点；王伟总结了英国新城建设取得成功的重要因素；谈明洪、李秀彬分析了伦敦都市区八个新城的功能和特点、新城发展中存在的问题及其引起的争议；王洋通过考察美国新城建设获取对中国新城建设的启示。②张可云、吴元波、刘佳骏、陶希东、王玲慧等学者分别考察了一些著名的国际大都市新城规划建设、发展特点，总结经验教训；③还有一些关于开罗等城市卫星城概况的介绍文章。④相较于田园城市、卫星城、新城理论及运动，关于西方其他城市规划理论和实践的相关研究很少，仅有区域规划、带形城市学说的几篇文章。⑤

以上梳理可见，由于改革开放以后我国开始传统城市化的转型之路，大规模展开卫星城建设，城市空间结构逐渐变化，西方城市规划思想和建设演变得到我国学者的关注和重视。我们不仅需要溯其源、探其变，还需要吸收

---

① 张捷、赵民编著：《新城规划的理论与实践——田园城市思想的世纪演绎》，中国建筑工业出版社2005年版。张捷编著的《新城规划与建设概论》(天津大学出版社2009年版)，内容与前书相似。

② 张爱珠：《莫斯科卫星带空间结构的演变及发展特点》，《城市规划》1983年第5期；王伟：《20世纪初英国新城建设之启示》，《河北学刊》2017年第6期；谈明洪、李秀彬：《伦敦都市区新城发展及其对我国城市发展的启示》，《经济地理》2010年第11期；王洋：《论美国新城建设及其对中国的启示》，《中国名城》2012年第10期。

③ 王玲慧、万勇：《国际大都市新城发展特点比较》，《城市问题》2004年第2期；陶希东、黄丽：《国际大都市新城建设经验及其对上海的启示》，《上海经济研究》2005年第8期；吴元波、吴聪林：《试探西方大都市郊区化过程中新城建设的经验及其启示》，《华东经济管理》2009年第7期；张可云、王裕瑾：《世界新城实践与京津冀新城建设思考》，《河北学刊》2016年第2期；刘佳骏：《国外典型大都市区新城规划建设对雄安新区的借鉴与思考》，《经济纵横》2018年第1期。

④ 《美国新城规划几例》，《城市规划》1978年第3期；梁国诗：《开罗的卫星城》，《阿拉伯世界》1985年第1期。

⑤ 刘亦师：《区域规划思想之形成及其在西方的早期实践与影响》，《城市规划学刊》2021年第6期；刘亦师：《带形城市规划思想之形成及其全球传播、实践与影响》，《城市规划学刊》2020年第5期；梁远：《近代英国区域规划的兴起》，《学海》2016年第3期；严涵、聂梦遥、沈璐：《大巴黎区域规划和空间治理研究》，《上海城市规划》2014年第6期；张京祥、何建颐：《西方国家区域规划公共政策属性演变及其启示》，《经济地理》2010年第1期；许皓、李百浩：《思想史视野下邻里单位的形成与发展》，《城市发展研究》2018年第4期。

借鉴西方城市规划建设的经验，避免其弯路，从而更好地服务于当下城市化需求。这些译作、介绍和探究，对本研究不无裨益：或者直接涉及卫星城理论及实践的介绍，或者提供现代城市规划理论及实践的整体背景知识。西方战后卫星城、新城建设概况，以及一些相关规划思想，则为全面、长时段了解西方卫星城理论及建设提供有用信息。

二、近代中国城市规划建设

1984 年，董鉴泓主编的《中国城市建设发展史》在近代部分考察了西方城市规划、日本侵略影响下国内城市发展不同类型与存在问题。该书重在梳理。近代中国城市规划建设研究的真正起步，要到 20 世纪 90 年代。孙施文、李百浩等学者最初集中于近代城市规划史的理论探讨，之后，李百浩和他指导的博士、硕士研究生对近代各城市的城市规划史展开深入研究，获得了丰硕成果。同时，其他学者也加入近代城市规划建设研究的队伍。相关研究成果阐述如下：

关于近代城市规划历史的思考和综合考察。孙施文通过回顾近代上海城市规划发展进程，分析了近代上海引入西方城市规划制度、技术、思想上的特征，探讨了近代中国城市规划思想主体的演变、近代城市规划的作用和意义。①李百浩系统考察了近代城市规划史研究的时段、重点难点、基本方法，率先提出“断代历史比较法”的研究方法和“近现代整体论”的研究思路，揭示中国近代城市规划文化内涵中的民族自我和民族独立意识，并指出“中国近代城市规划实际上是一部多源流、多体制、多形式的历史，是一部外国城市规划的接受与影响史，具有中国的世界史性格”。他的学生在他的指导下进行了深圳、广州、上海等城市规划的范型研究。②2008 年，李百浩、郭建合作撰写了《中国近代城市规划与文化》一书。该书首次系统考察了中国近

① 孙施文：《近代上海城市规划史论》，《城市规划汇刊》1995 年第 2 期。

② 李百浩、韩秀：《如何研究中国近代城市规划史》，《城市规划》2000 年第 12 期；李百浩：《中国城市规划近代及其百年演变》，《建筑师》1999 年第 9 期；李百浩：《中西近代城市规划比较综述》，《城市规划汇刊》2000 年第 1 期；李百浩、吴皓：《中国近代城市规划史上的民族主义思潮》，《城市规划学刊》2010 年第 4 期；郭建：《中国近代城市规划范型的历史研究》，武汉理工大学 2003 年硕士学位论文；李百浩、王玮：《深圳城市规划发展及其范型的历史研究》，《城市规划》2007 年第 1 期。

代城市规划的演变,中国近代城市规划与城市性质、城市空间格局、城市景观、规划制度等之间的联系,并探讨了中国近代城市规划思想。西方城市规划理论的引入及其对近代中国的影响,是贯穿该书的一条线索,其中有西方分散主义思潮的引入及其在我国城市规划上的呈现,不过比较简单。①

在城市个案研究方面,相关成果主要有:王亚男重点考察了1900—1949年北京实施的城市总体规划、专项规划、街区规划,以及城市管理方式、法规和城市建设实践。②谢璇以战争与城市防御为切入点,探讨了抗日战争时期重庆城市御灾防卫、近郊城市化、建筑活动和建筑思潮等城市建设以及战后城市规划。③李百浩和他的团队共同梳理了青岛、济南、武汉等城市的近代城市规划,阐释了各城市近代城市规划发展的历史时期、发展阶段及各个时期城市规划的内容和特点。④一些学者考察了日本侵华时期在占领城市编制的城市规划及实践。⑤一些研究中国城市近代化的论著中也有涉及近代中国城市规划建设的内容,如何一民《变革与发展:中国内陆城市成都现代化研究》等。⑥

关于分散主义思潮、田园城市理论在近代中国的引入、传播历史及国人的认知。邱瑛的硕士学位论文以中国近代分散主义城市规划思潮为研究对象,包括田园城市、卫星城、有机疏散等理论的导入背景及实践历程,不过阐

① 李百浩、郭建:《中国近代城市规划与文化》,湖北教育出版社2008年版。

② 王亚男:《1900—1949年北京的城市规划与建设研究》,东南大学出版社2008年版。

③ 谢璇:《1937—1949年重庆城市建设与规划研究》,中国建筑工业出版社2014年版。

④ 李百浩、李彩:《青岛近代城市规划历史研究(1891—1949)》,《城市规划学刊》2005年第6期;李百浩、王西波:《济南近代城市规划历史研究》,《城市规划汇刊》2003年第2期;李百浩、吕婧:《天津近代城市规划历史研究》,《城市规划学刊》2005年第5期;李百浩、王西波、薛春莹:《武汉近代城市规划小史》,《规划师》2002年第5期。

⑤ 王蒙徽:《北京都市计划大纲(1938—1942)评述》,汪坦、张复合编:《第五次中国近代建筑史研究讨论会论文集》,中国建筑工业出版社1998年版;孙东虎、王均:《八年沦陷时期的北平城市规划及其实施》,《中国历史地理论丛》2000年第3期;李百浩、郭建:《近代中国日本侵占地城市规划范型的历史研究》,《城市规划学刊》2003年第4期;刘亦师:《伪满"新京"规划思想来源研究》,《城市规划学刊》2015年第4期;贾迪:《1937—1945年北京西郊新市区的殖民建设》,《抗日战争研究》2017年第1期;杨家安、莫畏:《伪满时期长春城市规划与建筑研究》,东北师范大学出版社2008年版。

⑥ 何一民:《变革与发展:中国内陆城市成都现代化研究》,四川大学出版社2002年版;罗玲:《近代南京城市建设研究》,南京大学出版社1999年版;史明正:《走向近代化的北京城——城市建设与社会变革》,北京大学出版社1995年版。

述比较简单笼统。①田园城市规划思想在近代中国的引入、传播、实践和国人的认知，相关研究成果较多。②

此外，在有关近代中国市政专家及其规划思想③，抗战胜利后武汉、上海等城市规划编制方案④，以及城市规划管理机构等方面⑤的学位论文、文章中，或多或少涉及田园城市、卫星城规划理论在近代中国的呈现。

总体而言，近代中国城市规划建设研究尚有较大的空间。由于近代中国对西方现代城市规划理念尚处于学习、借鉴中，相关实践也处于摸索中，这一时期对西方现代城市规划理论展开深入研究的成果不多。李百浩及其团队做了开拓性工作，致力于研究路径、方法的探讨。不过相关论著中虽提及西方卫星城规划思想，但并未将其作为研究重点，只是略微涉及。城市规划包含广泛，学者探讨时更多着重于布局、建筑、道路等，这自然与学者自身专业相关。确实，从事近代中国城市规划建设研究的学者大多是城市规划

---

① 邱瑛：《中国近代分散主义城市规划思潮研究》，武汉理工大学2010年硕士学位论文。

② 何刚：《近代视角下的田园城市理论研究》，《城市规划学刊》2006年第2期；王辉：《民国城市规划界对田园城市理论的理解与运用》，《山东社会科学》2012年第7期；蔡禹龙：《民国时期国人对"田园城市"的理论认知与实践探索》，《兰州学刊》2017年第2期；彭长歆、蔡凌：《广州近代"田园城市"思想源流》，《城市发展研究》2008年第1期；韩雁娟、李百浩：《近代市建制初期昆明田园城市规划实践与思想》，《城市规划学刊》2017年第5期；包树芳：《近代国人对田园城市的认识》，《民国档案》2019年第3期；吕金程：《田园城市理论在近代中国的传播及变容研究——文献数据库方法的应用》，东南大学2015年硕士学位论文。

③ 李百浩指导他的硕士研究生撰写了多篇学位论文。刘晓婷：《陈占祥的城市规划思想与实践》；于爽：《卢毓骏与中国近代城市规划》；杨婷：《赵祖康的城市规划建设实践及其思想》，三篇均为武汉理工大学2012年硕士学位论文。王欣：《董修甲的城市规划思想及其学术贡献研究》；李微：《哈雄文与中国近现代城市规划》，两篇为武汉理工大学2013年硕士学位论文。同时多篇以文章形式在期刊发表。此外，探讨朱皆平城市规划思想的文章有邱建、崔珩：《我国城市规划教育起源的探讨——兼述朱皆平教授教学思想》，《城市规划》2012年第5期；杨宇振：《追随盖德斯：朱皆平的区域观与城市规划理念探析》，《建筑师》2021年第1期。

④ 侯丽、王宜兵：《鲍立克在上海——近代中国大都市的战后规划与重建》，同济大学出版社2016年版；张玉鑫、熊鲁霞等：《大上海都市计划：从规划理想到实践追求》，《上海城市规划》2014年第3期；侯丽、王宜兵：《大上海都市计划1946—1949——近代中国大都市的现代化愿景与规划实践》，《城市规划》2015年第10期；李百浩、郭明：《朱皆平与中国近代首次区域规划实践》，《城市规划学刊》2010年第3期；任竞：《六十七年前想建怎样的重庆城——解读〈陪都十年建设计划草案〉》，《红岩春秋》2013年第4期；赵耀：《〈陪都十年建设计划草案〉之研究》，重庆大学2014年硕士学位论文；龙彬、赵耀：《〈陪都十年建设计划〉的制订及规划评述》，《西部人居环境学刊》2015年第5期。

⑤ 牛锦红：《近代中国城市规划法律文化探析——以上海、北京、南京为中心》，中国法制出版社2011年版；吴东：《近代"都市计划委员会"制度研究》，东南大学2018年硕士学位论文。

学、建筑学、历史地理学的专业背景,因此论述内容、行文风格均体现专业特色。卫星城理论在近代中国的引入、传播史,还需史学工作者做进一步细致、深入的考察。

三、1949—1977年我国城市规划建设

1990年出版的《当代中国的城市建设》由城市规划界前辈曹洪涛、储传亨主编,综合叙述了1949—1986年我国城市建设的历史,并分别展示了城市规划、城市住房、供水、环境卫生等行业所取得的成就与49个不同类型、各有一定代表性的城市的建设实绩。①该书是概述。2000年以后,国内城市史专家何一民,城市规划专家邹德慈、李百浩和他们的团队,以及其他城市规划学者深入探讨新中国成立初期的城市规划史,主要成果可以分为三类。一是整体性论述。何一民、李益彬梳理了新中国成立初期城市规划事业的阶段、发展,不同类型城市的规划建设特征,揭示了其存在的问题、经验教训及影响。②黄立考察了1949—1965年城市规划工作各阶段特征、新工业城市规划类型、城市规划体系建构与嬗变、城市规划学科形成与发展。③李百浩、彭秀涛、黄立共同撰文,从20世纪50年代中国围绕苏联援助的156项重点工程进行的工业建设选址布局入手,研究了新兴工业城市的发展目标、类型与建设发展模式,剖析了新工业城市规划的类型与内容,阐述了新兴工业城市规划的本质、作用及其历史地位。④邹德慈和他的团队通过对史料搜集、整理,初步梳理了新中国城市规划发展的历史脉络,并编写了大事记。⑤团队成员李浩从城市规划工作的时代背景、技术力量状况、规划编制内容、规划方案特点,以及规划的审批、实施和评价等多个方面,对新中

① 曹洪涛、储传亨主编:《当代中国的城市建设》,中国社会科学出版社1990年版。

② 李益彬:《启动与发展:新中国成立初期城市规划事业研究》,西南交通大学出版社2007年版。李益彬是何一民的硕士生,何一民主编的《新中国建立初期城市发展与社会转型:1949—1957》(四川大学出版社2012年版)梳理了新中国成立初期城市规划原则、编制要求、特点等内容。

③ 黄立:《中国现代城市规划历史研究(1949—1965)》,武汉理工大学2006年博士学位论文。

④ 李百浩、彭秀涛、黄立:《中国现代新兴工业城市规划的历史研究——以苏联援助的156项重点工程为中心》,《城市规划学刊》2006年第4期。

⑤ 邹德慈等:《新中国城市规划发展史研究——总报告及大事记》,中国建筑工业出版社2014年版。

国“一五”时期八大重点城市规划工作进行了全方位的历史考察。[①]

二是对具体事件的论述。唐相龙通过还原兰州第一版城市总体规划的编制过程,总结兰州第一版城市总体规划在兰州规划史和中国现代规划史上的地位及其价值。[②]李浩考察了北京第一版城市总体规划的编制背景、过程、主要内容和技术特点,苏联专家对中国城市规划的技术援助,1957 年“反四过”运动发生的时代背景、主要情况及影响等。[③]侯丽比较了京沪两地 20 世纪 50 年代规划编制的苏联影响,指出京沪两地对套用苏联模式反应的地方差异。[④]

三是城市规划志、口述史著作、相关领导文集等编写。相当多的省市组织人员编写了城市规划志或城市建设志,其中有对新中国成立三十年间城市规划建设总体情况的阐述。此外,万里、刘秀峰等新中国城市规划部门领导的会议讲话文稿在整理后出版。[⑤]《五十年回眸——新中国的城市规划》《岁月回响:首都城市规划事业 60 年纪事》,是老一辈城市规划专家、学者、领导对从事新中国城市规划工作的回顾。[⑥]李浩在访谈了数十位新中国第一代城市规划专家后,出版口述史专著。[⑦]

学者在研究中常常会自觉地思考一个重要问题,即新中国城市规划思想的源与流,也就是苏联模式、西方现代城市规划及中国城市规划建设之间

---

① 李浩:《八大重点城市规划:新中国成立初期的城市规划历史研究》,中国建筑工业出版社 2016 年版。

② 唐相龙:《苏联规划在中国:兰州第一版总规编制史实研究:1949—1966》,东南大学出版社 2016 年版。

③ 李浩的主要文章有:《首都北京第一版城市总体规划的历史考察——1953 年〈改建与扩建北京市规划草案〉评述》,《城市规划学刊》2021 年第 4 期;《苏联专家穆欣对中国城市规划的技术援助及影响》,《城市规划学刊》2020 年第 1 期;《苏联专家对“一五”时期武汉市规划的技术援助》,《北京规划建设》2018 年第 6 期;《1957 年“反四过”运动的历史考察——兼谈对新中国城市规划发展的影响》,《城市规划》2016 年第 7 期。

④ 侯丽:《国家模式建构与地方差异——京沪两地 1950 年代规划编制的苏联影响之比较》,《城市规划学刊》2017 年第 2 期。

⑤ 万里:《万里论城市建设》,中国城市出版社 1994 年版;王弗、袁镜身主编:《建筑业的创业年代》,中国建筑工业出版社 1988 年版。

⑥ 中国城市规划学会编:《五十年回眸——新中国的城市规划》,商务印书馆 1999 年版;北京市规划委员会、北京城市规划学会主编印:《岁月回响:首都城市规划事业 60 年纪事》,2009 年版。

⑦ 李浩:《城・事・人:新中国第一代城市规划工作者访谈录》第一辑、第二辑、第三辑,中国建筑工业出版社 2017 年版。其中很多文章在《城市规划》等刊物上发表。

的关系。李百浩、李浩、唐相龙等学者认同:新中国城市规划经历了从延续近代都市计划到效仿苏联规划模式,再到自主规划的发展历史阶段;就西方和苏联城市规划两者而言,“苏联模式”尽管占主导地位,但“欧美经验”并未退出历史舞台。在此基础上,学者认为不应人为割裂历史时段,应该从长时段系统全面看待城市规划思想的流变和内涵。①

学者上述认识显然是对的。源于西方的卫星城理论在1949年后的新中国并没有消失殆尽,经历初期的尘封后于20世纪50年代中期开始被捡起,上海、北京等城市率先展开关于卫星城规划的讨论,并展开实践。

如前文所述,新中国成立后的三十年间卫星城规划建设并没有在全国普遍进行,在少数城市的实践也不是持续有效展开,所以它就如广袤天空中一颗时明时暗的星星,在新中国成立后众多重要且显著的事件中几乎没有一席之地。不过,它的价值终有彰显的时候,近年来一些学者进行了努力探究。具体而言,有关1949—1977年我国卫星城规划建设研究成果分为以下三类。

一是地方城市规划志、通史类专著中的概述。相较于《当代中国的城市建设》等通史类专著的简略介绍,《上海城市规划志》《北京志·城乡规划卷·规划志》等志书对各地卫星城规划建设有一定的综合叙述,着重于规划建设的基本内容。这些论述多被一些研究当代卫星城的文章在回顾时所引用。②

二是史料类成果。史学家忻平和他的团队搜集了1949年以来上海《文汇报》《新民晚报》《解放日报》等报刊中涉及卫星城的资料集结成书,并采访了数位上海卫星城建设的亲历者。③当年在城市规划部门工作的后奕斋、王

---

① 除了上文提到的李百浩、黄立、唐相龙等论著外,其他文章如李浩:《“一五”时期的城市规划是照搬“苏联模式”吗?——以八大重点城市规划编制为讨论中心》,《城市发展研究》2015年第9期;许皓、李百浩:《从欧美到苏联的范式转换——关于中国现代城市规划源头的考察与启示》,《国际城市规划》2019年第5期。

② 《上海城市规划志》编撰委员会编:《上海城市规划志》,上海社会科学院出版社1999年版;北京市地方志编撰委员会编:《北京志·城乡规划卷·规划志》,北京出版社2009年版。曹洪涛、储传亨主编:《当代中国的城市建设》,中国社会科学出版社1990年版。

③ 吴静主编:《上海卫星城规划》,上海大学出版社2016年版。忻平、陶雪松等采访:《结缘金山卫星城:见证上海改革开放的日本友人》,《东方早报》2016年11月22日;忻平、包树芳等采访:《动力卫星城:“北有哈尔滨,南有上海”》,《东方早报》2015年7月28日;忻平、包树芳等:《激情燃烧的岁月——上海重型机器厂原领导采访记》,《上海档案史料研究》2016年第2期。

同旦等人的回忆文章具有重要的史料价值。①

三是研究论著。党史学者黄啸、黄坚分别考察了"大跃进"时期上海卫星城决策背景、建设情况及基本经验，贾彦结合1978年以前上海工业布局调整，考察了卫星城与城市形态演变的关联。②近年来忻平和他的团队有较多研究成果。专著《上海城市建设与工业布局研究(1949—2019年)：以卫星城为中心》从卫星城和工业化角度探讨了上海城市建设与工业发展、社会生活、人口结构等方面的关系。忻平、陶雪松合撰的文章《新中国城市建设与工业布局：20世纪五六十年代上海卫星城建设》以计划经济时期上海卫星城为例，指出上海走出了一条具有上海特点、中国特色的城镇化与工业化深入融合发展之路。此外还有一些文章从20世纪50年代上海卫星城战略形成、上海卫星城工业主体与农村公社关系等方面进行了考察。③

除以上三类外，一些论著也有相关内容，但多为框架式或概貌性的介绍。如黄文忠在《上海卫星城与中国城市化道路》一书中对闵行、吴泾、嘉定、安亭、松江、金山卫、吴淞—宝山七个卫星城各自的演变情形作了框架式阐述，但未超出《上海城市规划志》所述内容。④苏莎莎和潘鑫的文章《上海卫星城建设的历史演化及其启示》考察了上海卫星城发展阶段的划分，概括了早期卫星城建设概况。⑤黄序比较了北京和上海卫星城发展的各自特点

---

① 后奕斋：《上海郊区工业城镇规划和建设的几点体会》，《城市规划》1980年第6期；王同旦：《五座老卫星城与两座财富之山——上海卫星城建设故事》，《上海城市规划》2009年第3期。

② 黄啸：《上海第一批卫星城建设》，《上海党史与党建》2010年第2期；黄坚：《工业化主导下的城市空间变奏——"大跃进"时期上海的卫星城建设》，《现代上海研究论丛》(8)，上海书店出版社2010年版；贾彦：《1949—1978：上海工业布局调整与城市形态演变》，《上海党史与党建》2015年第1期。

③ 忻平、吴静等：《上海城市建设与工业布局研究(1949—2019年)：以卫星城为中心》，上海人民出版社2019年版；忻平、陶雪松：《新中国城市建设与工业布局：20世纪五六十年代上海卫星城建设》，《毛泽东邓小平理论研究》2019年第8期；闫艺平：《上海卫星城工业三废污染对农副业的赔偿情况(1958—1978)》，《安庆师范学院学报》2016年第4期。笔者的文章有：《20世纪50年代上海卫星城战略形成的历史考察》，《史林》2019年第1期；《1958—1978年城乡关系考察——以上海卫星城企业与公社的互动为中心》，《党史研究与教学》2019年第4期；《关于闵行一条街的历史解读及其意义》，《上海党史与党建》2019年第9期。

④ 黄文忠主编：《上海卫星城与中国城市化道路》，上海人民出版社2003年版，第94—100页。

⑤ 苏莎莎、潘鑫：《上海卫星城建设的历史演化及其启示》，《上海城市管理职业技术学院学报》2008年第2期。

和异同,时段从20世纪50年代至2000年前后,指出上海卫星城在早期的选点、建设切入点、产业选择等方面占有优势。①

上海是1949—1977年我国卫星城规划建设的先行者,相比较北京等其他城市,上海持续进行卫星城建设且有一定成效,所以学者们的视野聚焦于上海。不过总体而言,不论是全国还是上海,都还有继续深入的研究空间。

四、改革开放以后我国城市空间形态演变

随着改革开放以来我国卫星城的大规模建设以及21世纪以来由新城到都市圈、城市群等城市空间形态的加速演变,立足于现实、为当前的建设建言献策的成果可谓汗牛充栋。这里概要介绍。

关于1978年以来卫星城、新城研究。新城是卫星城的升级,完全独立的卫星城即为新城,因此本书把两者研究合并在一起分析。从研究内容可分为三方面。第一,侧重卫星城、新城规划和建设的理论和实证研究。陈贵镛、何尧振介绍了20世纪80年代初上海卫星城规划和建设情况。黄文忠对上海卫星城与城市化道路,檀学文对北京卫星城人口变动,王圣学、张桂花等对西安卫星城规划布局均展开理论及实证研究。杨卡通过调查访问研究南京新城通勤行为空间。②第二,聚焦于卫星城、新城建设的反思和建议。这方面文章很多。仇保兴等论述北京卫星城发展现状、问题和对策建议。吴元波、黄文忠等学者阐述上海卫星城、新城亟待解决的现实问题。孔祥智、陈炎、储君等学者指出北京新城开发成效问题及面临挑战,提出建议。张捷等从国土空间规划背景下思考上海新城建设。冯灿芳等从法团主义视角提供嵌入性治理新城的建议。蹇彪论述新城人口导入的机理、影响因素

① 黄序:《北京、上海卫星城发展比较研究》,景体华主编:《2005年:中国首都发展报告》,社会科学文献出版社2005年版,第381—383页。

② 陈贵镛、何尧振:《上海卫星城规划和建设》,《国外城市规划》1985年第1期;檀学文:《北京卫星城人口变动及其对新城发展的启示》,《人口与经济》2008年第3期;张桂花等:《西安卫星城城市问题及其发展构思》,《天津城市建设学院学报》2007年第4期;杨卡:《大都市郊区新城通勤行为与空间研究——以南京市为例》,《城市发展研究》2010年第2期;王圣学主编:《大城市卫星城研究》,社会科学文献出版社2008年版;黄文忠主编:《上海卫星城与中国城市化道路》,上海人民出版社2003年版。

和策略。袁蕾提出应将新城定位于城乡一体化和区域联动发展的中间节点和纽带构建新城发展逻辑框架。①第三，关注都市圈、城市群中的卫星城、新城研究。这方面成果主要有：徐利权、谭刚毅、周均清以武汉都市圈为例，运用定量方法构建新城规划建设实效的测度模型，为都市圈新城转型发展提供借鉴；陈林生、鲍鑫培以上海临港新城为例，基于城市群协调发展研究新城创新环境存在问题。②

关于都市圈、城市群、经济带等研究。这方面研究成果很多，简略言之，既有综合性理论研究，也有聚焦长江三角洲城市群、京津冀城市群、雄安新区、粤港澳大湾区等规划建设的探讨。③

以上研究成果多从城市规划学、人文地理学、城市经济学等视角展开，指出当下建设中的问题，提出建议或构想未来，具有强烈的现实关怀，对本书研究对象的意义在于：在长时段范围内，为了解改革开放以后卫星城规划建设变迁提供了重要信息。

---

① 仇保兴：《卫星城规划建设若干要点——以北京卫星城市规划为例》，《城市规划》2006 年第 3 期；吴元波、吴聪林：《上海大都市新城建设与城镇空间布局的对策与模式分析》，《华东理工大学学报》(社会科学版)2010 年第 3 期；黄文忠：《上海发展卫星城亟待解决三大问题》，《福建论坛》2014 年第 4 期；储君、牛强：《新城对大都市人口的疏解和返流作用初析——以北京新城规划建设为例》，《现代城市研究》2019 年第 4 期；蹇彪：《论新城人口导入的机理、影响因素与策略》，《经济纵横》2011 年第 3 期；袁蕾：《基于城乡一体化的新城发展理论框架》，《中共天津市委党校学报》2014 年第 4 期；冯灿芳、张京祥、陈浩：《嵌入性治理：法团主义视角的中国新城空间开发研究》，《国际城市规划》2018 年第 6 期；张捷、肖宏伟、赵民：《国土空间规划背景下上海新城建设的若干分析与思考》，《上海城市规划》2021 年第 4 期；孔祥智、陈炎等：《北京卫星城发展的现状、问题和对策建议》，《北京社会科学》2005 年第 3 期。

② 徐利权、谭刚毅、周均清：《都市圈新城规划建设实效评估方法研究——以武汉城市圈为例》，《城市规划》2018 年第 1 期；陈林生、鲍鑫培：《基于城市群协调发展的郊区新城创新环境评价研究——以上海市为例》，《云南财经大学》2018 年第 11 期；蓝志勇：《雄安"新城"与京津冀城市群发展战略展望》，《国家行政学院学报》2017 年第 6 期。

③ 主要有姚士谋：《中国城市群新论》，科学出版社 2016 年版；马传栋：《山东半岛城市群建设》，山东人民出版社 2006 年版；陈永林：《城市群生态空间重构：以长株潭城市群为例》，黑龙江人民出版社 2019 年版；吴福象：《长三角城市群国际竞争力研究》，经济科学出版社 2014 年版；王钊：《长三角地区城市群落结构演化及其空间模式研究》，北京测绘出版社 2021 年版；叶唐林、毛若冲：《京津冀城市群创新能力提升研究》，首都经济贸易大学出版社 2021 年版；胡敏捷：《长江中游城市群区域一体化发展研究》，武汉大学出版社 2021 年版；贾宝胜：《城市崛起：新时代都市圈发展观察》，重庆出版社 2021 年版；彭秀良、马景文：《雄安新区：地理、历史与文化》，华东理工大学出版社 2014 年版；封小云：《粤港澳区域经济发展战略研究》，暨南大学出版社 2017 年版；王崇举：《长江经济带协同创新研究》，科学出版社 2019 年版。相关文章更是不可胜数。

五、国外学者相关研究

国外学者针对我国城市规划建设历史的研究很少,且主要集中于当代新城、城市群,如韩国学者赵世恩(Cho, Sea Eun)和金世勋(Kim, Saehoon)从住房供给体系和社会多样性角度探讨上海松江新城,新加坡学者吴木銮(Wu, Alfred M.)论述了财政分权对中国城市群的影响。①

根据对学术史的梳理可以看到,目前关于1949—1977年我国卫星城规划与建设的研究刚刚起步,且有着充分深入的空间。

一是以往研究集中在改革开放以后,尤其是对21世纪以来新城、城市群的探讨,通过建言献策为当今城镇化指明道路,因此研究群体多为城市规划学、经济学专业的学者及专家。

二是近代我国城市规划研究多从总体规划着眼,缺少卫星城理论的引介、传播及运用研究;当代我国城市规划历史研究方兴未艾,主要聚焦于城市规划发展历史脉络的梳理及新中国重点城市规划历史及口述史研究。

三是1949—1977年上海卫星城规划建设虽有一些成果,但缺乏全面、系统、深入的研究。

第三节　研究内容

本书正文分为六章,各章主要内容分别如下。

第一章:1949年以前卫星城理论的引入与上海的初步运用。梳理近代以来西方卫星城理论的引入和传播,考察民国时期市政专家对卫星城理论的认识,并探讨卫星城对上海的意义及1945年以后"大上海都市计划"中卫星城理论的初步运用。这段历史对1949年以后上海卫星城规划建设的兴

---

① Cho, Sea Eun, Kim, Saehoon, "Measuring Urban Diversity of Songjiang New Town: A Re-configuration of a Chinese Suburb," *Habitat International*, Aug.2017, Vol.66; Wu, Alfred M. Ye, Lin Li, Hui, "The Impact of Fiscal Decentralization on Urban Agglomeration: Evidence from China," *Journal of Urban Affairs*, 2019, Vol.41, Issue 2.

起提供了思想基础和人力储备。

第二章:1949—1977年上海卫星城规划的兴起与演变。以时间为经,以事件为纬,深入考察新中国成立后上海卫星城规划的兴起与演变历程:在经历数年的尘封后在20世纪50年代中期开始逐步兴起,至1959年底,上海确立了卫星城在城市整体布局中的重要地位,从此开启了从单一向组合城市的发展模式;1961年起,严峻的国内政治经济形势引发城市规划发展数次波动,影响全国卫星城规划工作,不过上海始终秉持卫星城理念。本章试图揭示:上海卫星城规划的兴起,与我国工业、城市建设的时代背景紧密相连,其演变受到国内政治经济形势变化的深刻影响;上海卫星城规划工作与国家职能部门及中央领导的支持密不可分,是全国先行者;上海对卫星城功能及意义的认识是逐渐深入的,最终形成的认识并不是西方卫星城理论的简单翻版,而是融合了我国工业建设、城乡建设、国防安全等综合因素的考虑,其中服务工业建设是核心。

第三章:卫星城工业建设。考察上海卫星城工业布局及建设概况,并分析工业建设成就。卫星城工业布局,契合国家和上海工业建设的总体要求,是上海整体工业布局的组成部分。在选点时,综合考察闵行、嘉定、安亭、吴泾、松江等地的地理水文、工业基础等情况。各卫星城以某行业为主导,企事业单位的迁建、新建、扩建在"全市一盘棋"中规划布局,企事业单位相互之间在空间分布、生产协作方面有着统一规划,同时又与中心城市有着密切联系。受时代所限,卫星城工业建设在经历短暂的高速度建设之后步伐放慢、艰难前行。但卫星城仍然取得了一定的工业建设成就,其意义也值得令人回味。

第四章:卫星城城市建设。上海卫星城建设初期,贯彻"就地工作、就地生活"的指导思想,城市建设进展迅速,各卫星城搭建了基本轮廓。但是政治经济形势的严峻,让卫星城城市建设蒙上阴影。工业化主导令卫星城城市建设的滞后性日趋突出。档案资料中各卫星城企业及职工的反映,形象地再现了卫星城在教育、商业、副食品供应等方面存在的问题及不足,呈现了卫星城职工生活的多重困境。作为卫星城城市建设的典型,闵行一条街反映了那个年代的政治、经济、文化生态。

第五章:城乡之间的交织与困境。本章考察卫星城在多大程度上完成连接城乡的使命和责任。围绕厂社互动,即卫星城工业主体与公社、生产队之间的互动,探讨双方在征地拆迁、“三废”污染处理中的交织及呈现的困境。卫星城企业与农村公社之间存在良性互动,但双方之间互动的实质是利益交涉,且往往与矛盾交织在一起。企业与公社之间投射的是国家工业建设和农业生产、城市和乡村之间的关系,在工农分割、城乡对立的体制下,厂社之间无法真正交融。城乡之间的这种困境恰是卫星城成为特殊“飞地”的注脚。这块“飞地”因城乡二元制度的混合而特征鲜明。特殊的治理产生诸多困境,也让卫星城处于城乡之间——孤立于城之外、又区隔于乡的尴尬位置。

第六章:评析。客观评价1949—1977年上海卫星城规划与建设的成效:形成各有特色的产业中心,促进上海工业结构和工业布局的调整;工业建设带动城镇发展,促使各卫星城具有城市雏形;在疏散市区工业和人口、促进城乡结合等方面,成效比较微弱。分析卫星城自身发展存在的问题、政府的努力及时代因素,并在同时期中西比较、与北京等城市间比较,以及与改革开放以后卫星城建设比较中审视1949—1977年上海卫星城建设的特征和成就。最后从空间形态演变、城市发展、规划思想及建设实践等方面分析上海卫星城规划建设的当代意义。

第四节　相关说明

首先要明确的是,这里的卫星城是近代意义上的概念,它与18世纪欧洲工业革命紧密关联,源起于工业和人口过度集中于城市之后为缓解“大城市病”而出现的一种城市形态。

城市学专家黄文忠对卫星城的概念作了清晰的界定:卫星城就是地处大都市周边、同大都市的中心城区有一定距离、具有一定数量人口规模,并且同大都市中心城区有着密切联系的新兴城镇,犹如地球的卫星一般,故形象地称其为卫星城。[1]黄文忠的定义突出了设立卫星城的条件，如位置、人口和与中心城市之间的经济联系等。其他学者在此基础上作了阐发，但大体未脱离这几个要点。[2]

基于此，有些学者把古代的某些县、镇也称为卫星城。如1980年赵其昌撰文《北京历史上的卫星城》，提出12世纪中叶北京开始出现卫星城，16世纪末又谋划卫星城。[3]书籍《曲阜的历史名人与文物》《先秦至五代成都古城形态变迁研究》分别提到鲁国的卫星城、汉朝成都的手工业卫星城。[4]2003年有文章指出西汉长安诸陵县是我国最早的卫星城市。[5]

从地理位置等要点来看，古代某些城市周围的郊县的确可以称为卫星城，不过城市学专家黄文忠等人在定义卫星城时其实已经默认了卫星城是西方工业革命的产物这一前提。这一点是不能忽视的。这也是本书所研究的卫星城的时代背景。即卫星城最早出现于欧美各国，它是工业和人口过度集中于城市之后为缓解"城市病"而出现的一种城市形态，它是大城市通过空间结构的扩展从而获得可持续发展的一种方式。

其次，本书对"卫星市""卫星城""卫星城镇""卫星城市""新城"几个名词稍加说明。学界一般把19世纪末霍华德田园城市思想作为卫星城理论的渊源。1910年以后，英美学者提出"卫星城"这一名词——satellite town。第二次世界大战以后，伴随大规模卫星城建设的展开，英国在1946年制定了《新城法》(*New Towns Act*)，以法律形式确立了新城建设的方针和策略。之所以用"新城"(new town)代替"卫星城"，是试图改变原先卫星城建设中的缺陷和不足，期待建立完全自足、独立的新城。

卫星城、新城概念源于英国。之所以使用town而不是city，与英国人

---

① 黄文忠：《上海卫星城与中国城市化道路》，上海人民出版社2003年版，第42页。

② 参考王圣学主编：《大城市卫星城研究》，社会科学文献出版社2008年版，第7页。

③ 赵其昌：《北京历史上的卫星城》，1980年8月北京历史学会学术论文。

④ 孔繁音：《曲阜的历史名人与文物》，齐鲁书社2002年版，第175页；张蓉：《先秦至五代成都古城形态变迁研究》，中国建筑工业出版社2010年版，第192页。

⑤ 李传永：《我国最早的卫星城市——论西汉长安诸陵县》，《四川师范学院学报》2003年第3期。

对两者的认知有关。在英国人看来,town 代表普通市镇,city 必须在政治文化上有特别地位。因此英国使用 town planning,意思是规划 town,使其演进成为 city。①

有意思的是,town 在我国词源中是"镇"的概念,但是我国并没有直译为"卫星镇""新镇"。民国时期市政学界引介时多称为"卫星市""卫星都市",俨然是"城市"的指称。我国 1949 年以后的数十年间皆用此称呼,"新城"名称的出现要到 20 世纪末。对比西方"卫星城"在 20 世纪 40 年代中期之后就已被"新城"代替,东西方对新城概念的使用差异,实际上符合各自城市化发展水平。

1949—1977 年近三十年里,我国各地对 satellite town 的译法稍显复杂。有称为"卫星城"或"卫星城市"的,也有称为"卫星城镇"的。前者被视为"城市",后者则是城市和乡镇的组合。在上海档案馆这一时期的档案资料中,"卫星城镇"是最常见的一种说法。从上海卫星城选址来看,也是以镇为建设中心。闵行、吴泾、嘉定、安亭、松江五大卫星城,分别是当时的上海县闵行镇、吴泾镇、嘉定县城厢镇、安亭镇,松江县城厢镇。②就其结果来看,建设成效也是止于"镇"。现在看来,1949—1977 年间称之为"卫星城镇"是十分妥当的。细细考究一下"卫星城镇"说法的来由十分有趣。它并没有直接引用"卫星城",而是造出了一个新词。改革开放以后,"卫星城镇"的称呼不大见到,一般称其为"卫星城",有时称其为"卫星城市",人们把卫星城更多视作"城"而不是"镇"。因为大众习惯,本书在论述时以"卫星城"统称,引用原文时则例外。

最后,对 1949—1977 年间上海的几个卫星城作简单说明。上海在 20 世纪 50 年代中后期试图兴建六座卫星城,不过,浏河③因成效不大在 1961 年转为工业点,另外五座卫星城为:闵行、吴泾、嘉定、安亭、松江。70 年代

① 参考了民国时期市政学者朱泰信的观点。朱泰信:《从城市规划说到国家规划》,《交大唐院季刊》1934 年第 3 卷第 3 期。

② 上海县闵行镇、嘉定县城厢镇、松江县城厢镇分别为各自县城所在地。

③ 严格意义上应称北洋桥卫星城。浏河以北的浏河镇在江苏太仓境内,浏河以南的北洋桥地区属上海嘉定。

初期金山卫被确定为石油化工基地，1978 年第一期工程完工，同年位于吴淞地区的宝钢开始动工。80 年代，上海号称拥有七大卫星城。但金山卫和吴淞—宝钢两座卫星城规划建设较晚，金山卫一期工程在 1979 年初建成投产，宝山钢铁总厂一期工程在 1985 年建成投产。因此本书的主要研究对象是 1949—1977 年的闵行、吴泾、嘉定、安亭、松江五大卫星城。

第一章　1949年以前卫星城理论的引入与上海的初步运用

卫星城理论是一个综合多种城市规划思想的学说，基石是霍华德田园城市理论，后来又结合区域规划、有机疏散等思想。20世纪20年代末，卫星城理论被引入我国并逐渐传播，战时背景促使卫星城理论进一步推广。第二次世界大战结束后，西方国家卫星城建设的普遍开展影响到国内"都市计划"编制，上海在"大上海都市计划"中出现卫星城方案。

第一节　欧美卫星城理论：渊源与演进

卫星城理论的思想渊源是田园城市理论。对于两者的关系，学界一直以来有争议。一些学者认为卫星城理论与田园城市理论是一致的，共同点多，不同点少。一些学者认为卫星城理论已脱离霍华德有关田园城市设想的初衷，两者有根本不同的城市规划设想。不管怎样，不能否认的是，卫星城理论脱胎于田园城市理论，它是田园城市运动的产物。同时，从20世纪全球城市实践来看，霍华德田园城市初衷在遭遇误解误识后，真正贯彻其思想的实践成效微弱，而脱胎于田园城市的卫星城，逐渐在全球范围内获得广泛实践，达到了"青出于蓝而胜于蓝"的结果。

一、田园城市：理论与运动

要了解卫星城理论，首先需要认识其思想渊源——被认为是20世纪最有影响的城市规划思想——田园城市理论。创始人埃比尼泽·霍华德(Ebenezer Howard)是英国的一名速记员，这是他的终身职业，因此他是一名业余规划师。霍华德一生中只写了一本著作，该书1898年首次以《明天：一条通往真正改革的和平之路》(*Tomorrow：A Peaceful Path to Real Reform*)为题出版，1902年以后以《明日的田园城市》(*Garden Cities of Tomorrow*)为题一再出版。

这本著作浓缩了霍华德的田园城市思想，实际包含两个层面。一方面，田园城市体现的是城乡交融的外在空间结构。城市用地1 000亩，周围是5 000亩的农业用地，人口32 000人。城市中心是圆形花园，通过六条林荫大道从中心通向四周，把城市划成六个相等的分区。住宅、展览馆等公共建筑有序分布，工厂、仓库等分布在城市外围。①由于有永久的绿带存在，城市发展不会越过绿带界限，从而控制了城市的无序发展，保存了乡间的田园风光。当一座田园城市到达它的人口规划极限时，霍华德认为可以在不远之处另建一座新的田园城市，长此以往，一个个田园城市将发展成为一个城市组群，其间以快速交通系统联系。霍华德称之为"社会城市"，见图1-1。②显然，霍华德设想中的田园城市与现实中的城市根本不同。现实中的英国城市，正因工业革命带来的城市化日益膨胀，像伦敦等大城市正遭受着人口、工业过度集中导致的诸多城市病：城市贫民窟、交通拥挤、生产污染、环境破坏、资源消耗等。霍华德反对这样的大城市，他设想的田园城市是城市和农村的结合体，"可以把一切最生动活泼的城市生活的优点和美丽，愉快的乡村环境和谐地组合在一起"③。霍华德认为这是一块具有吸引力的"城市—乡村磁铁"，将取代既有大城市。

另一方面，霍华德的田园城市思想具有社会改革的思想内涵。为了解决社会衰退的问题，自由、合作成为田园城市管理、运行的重点，核心是地方管理和市民自治。城市建设在"人民以集体身份拥有的土地上"④，"服务由

① [英]霍华德：《明日的田园城市》，金经元译，商务印书馆2000年版，第12—18页。

② 霍华德在书中专列一章"社会城市"。霍华德想象的复合中心型社会城市的模式图在第二版以及后面所有版本中被删除。在空间形态上，田园城市组群与依附于大城市的卫星城是一致的。

③ [英]霍华德：《明日的田园城市》，金经元译，商务印书馆2000年版，第6页。

④ 同上书，第107页。

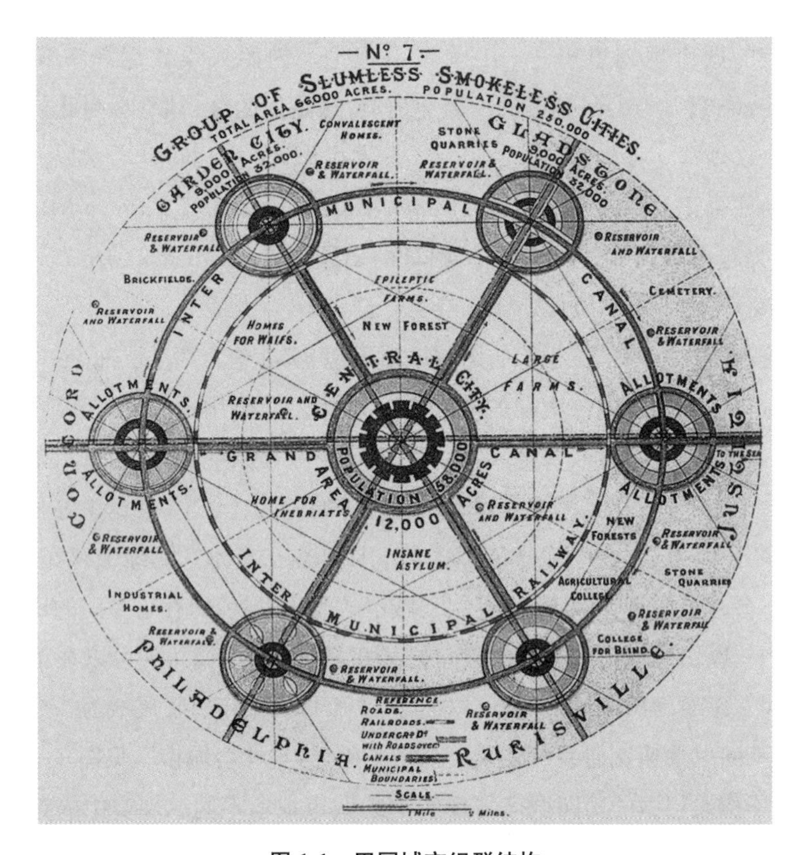

图 1-1　田园城市组群结构

资料来源:https://encyclopedia.Thefreedictionary.com/Ebenezer Howard。

城市政府提供,或者由被证明更加有效的私人公司提供,其他则来自于市民本身”,“市民可以通过使用建筑社团、友好社团、合作社团或贸易联盟所提供的资金,自己建造自己的房屋,而这些行为反过来又会促进经济发展”。①

在著作出版后,霍华德和一批志同道合之人致力于田园城市思想的传播,并积极展开实践,相继建设了莱切沃斯、韦林。很快,英国田园城市思想及运动影响到德、法、美等欧美国家。遗憾的是,在田园城市思想的传播过程中,霍华德的初衷遭到了误读,而且这种误读很大程度上是故意的。故意误读的原因与人们认为霍华德倡议的田园城市只是一种美好的梦想密切相

① [英]彼得·霍尔:《明日之城:1880 年以来城市规划与设计的思想史》,童明译,同济大学出版社 2017 年版,第 91 页。

关，包括“社会城市”愿景、社会改革方式，这些都被视作不符合现实世界的“半个乌托邦”。①即使在城市与乡村的结合方面，这个引发各界人士积极响应的关注点，也存在着各种不同的阐释。于是，在英国出现了以解决住房问题的田园郊区和一些小型的田园村。田园郊区，包括田园村的出现，并不是霍华德设想中的田园城市，但它们被冠以“田园”之名。截至 1914 年，英国建成或正在兴建至少 52 个这样的田园郊区。②这些田园郊区、田园村等都被视作田园城市的呈现，而且在德国、美国也是如此。

在田园城市运动中，霍华德的亲密追随者和合作者，同时也是莱切沃斯的真正设计者——雷蒙德·昂温，萌生了建设另外一种城市的想法。他认为，这种城市比田园城市更切合实际，更容易实践。昂温对卫星城理论的形成与演进、传播与实践的贡献是巨大的。不知何故，他的付出常被人忽视。学者在提到卫星城理论时，不是直接溯源自霍华德及其田园城市理论，就是提到美国学者泰勒(Graham Romegn Taylor)，或者主持“大伦敦规划”的英国学者阿伯克隆比。事实上，昂温的贡献不可忽视。

二、卫星城:田园城市的演进

昂温提出卫星城概念，得益于他参与霍华德倡导的田园城市运动。除了莱切沃斯，汉普斯德特是他早期设计的另一座引人关注的城市。1905—1909 年建设的汉普斯德特被视作英国田园城市运动的转折点，它不是独立的田园城市，而是以住房为中心、规划合理的田园郊区(*hampstead garden subueb*)。田园郊区的成功普及，触发了昂温提出卫星城理论的灵感。③

1912 年，昂温在其专著《拥挤无益》(*Nothing Gained by Overcrowding*)中主张将田园城市原则(即“社会城市”理念)运用于现有城镇，这是其首次萌生“卫星城”构想。④同年，昂温在曼彻斯特大学的一次演讲中提出：应在城

---

① ［英］彼得·霍尔:《明日之城:1880 年以来城市规划与设计的思想史》，童明译，同济大学出版社 2017 年版，第 92 页。

②③ 梁远:《近代英国城市规划与城市病治理研究》，江苏人民出版社 2016 年版，第 239 页。

④ Raymond Unwin, *Nothing Gained by Overcrowding: How the Garden City Type of Development May Benefit both Owner and Occupier*, London: Garden Cities and Town Planning Assn, 1912.

市周边建造半自治的城市,而不是完全成熟的田园城市。这一观点在 1918 年被写入为战后公共住房计划制定的官方文件中。英国学者彼得·霍尔认为,昂温在这里与纯粹的田园城市信条之间形成了明确而影响深远的分离。①

1914 年美国学者泰勒在杂志上以"satellite city"为题连续发表文章,1915 年编辑成册并出版《卫星城市:工业郊区的研究》(*Satellite Cities, A Study of Industrial Suburbs*)。该书针对的是美国这一时期工业远离城市的现象,泰勒把当时美国大城市郊区的工业城市统称为卫星城。②泰勒没有想到,他提出的新名词将很快风靡全世界,同时他本人被称为是第一个正式提出并使用"卫星城"这个概念的人,甚至一度被认为是卫星城理论的首创者。③

泰勒提出的"satellite city"新名词启发了英国的昂温等人,尽管他们对泰勒有关卫星城的理解不置可否。20 世纪 20 年代初期,昂温和其他规划家开始用"satellite town"④畅想伦敦未来的建设,并通过 1929—1933 年他在"大伦敦区域规划委员会"(GLRPC)的工作使其得到进一步发展。当然,昂温并不是孤军奋战,在英国有珀德姆(Charles Purdom)⑤、阿伯克隆比等志同道合者。

昂温等人设想的卫星城,与霍华德田园城市既有相同点又有明显不同处。在空间结构、功能分区上,在注重城市与乡村生活结合互补上,卫星城与田园城市是相同的。尤其是霍华德的"社会城市"和昂温设想的依附于大城市的卫星城在外在形态上高度一致。在此视角上,西方人常把两者等同起

---

① [英]彼得·霍尔:《明日之城:1880 年以来城市规划与设计的思想史》,童明译,同济大学出版社 2017 年版,第 67 页。

② Graham R. Taylor, "Satellite Cities," *Journal of Political Economy*, Vol. 24, No. 2 (Feb., 1916), pp.200—201.

③ 许多城市规划类论著都提到泰勒第一个正式提出并使用"卫星城"这个概念,且大多认为他是卫星城理论的首创者。

④ 泰勒最先提出"satellite city",英国借用该名词时将其改为"satellite town",可以看到英美两国对城市建设的不同认识。

⑤ 梁远在专著《近代英国城市规划与城市病治理研究》中提到:1922 年昂温撰写了专著《卫星城市的建设》(*The Building of Satellite Towns*),书中正式介绍了他所设想的卫星城,并认为该书的出版标志着卫星城市从此成为与田园城市相提并论的另一种规划思想。实际上,《卫星城市的建设》是珀德姆(Charles Purdom)在 1925 年撰写的,他和昂温一样,是第一批田园城市莱切沃斯和韦林的先驱和创始人之一,在 1919—1928 年间被任命为后者的财务总监。

来。但是卫星城与田园城市的不同也是十分鲜明的。田园城市是辟地另建，反对现有大城市结构，并有取代现有城市的目标。而卫星城建在大城市边缘，且依附于大城市。田园城市的市民们有着独立自主的生活，而卫星城无法独立于大城市之外。当然，与众多田园郊区一样，卫星城并不致力于社会改革。

尽管卫星城与田园城市有着很多不同，甚至昂温的行为在当时被霍华德支持者视作一种叛逆①，但是两者之间的密切关联是无法割断的。当时，尽管霍华德支持者不满昂温，但实际上自田园城市运动开始，他们便已不能掌控运动的方向了。田园郊区、田园村都被视作田园城市的类型，而且在实际建设上比纯粹的田园城市更为普遍，也更有影响力。卫星城也一样，自提出以后，便被当作田园城市运动的最新趋势。

卫星城源于田园城市，又是田园城市的演进。卫星城理论在实践中趋于成熟，它既受益于田园城市思想，同时也积极吸收各种城市规划思想。

首先，卫星城理论受到区域规划的深刻影响。区域规划始自帕特里克·格迪斯，他与另一位优秀的城市规划理论家刘易斯·芒福德合作，并吸收了部分霍华德思想，对世界城市规划产生了巨大影响。区域规划强调应以自然区域为单位进行广泛调查，把人口、产业和土地视为一个整体，最终建设的是一个具有一定的气候、土壤、植被、工业和文化整体性的地理面积的区域。区域规划的独特之处在于其不仅仅专注于城市界限以内，而是同时规划城市及外围环境。

区域规划自20世纪20年代在世界范围内广泛传播，并被视作城市规划新思潮。昂温和阿伯克隆比等城市规划专家均受到影响。昂温对区域规划赞誉有加，也正是受此思想影响，昂温认为卫星城不应孤立于大城市，而应该和大城市一起成为一个系统。

此外，卫星城理论受到城市分散主义的影响。城市分散主义，即主张限制大城市的无限蔓延，通过分散建设，解决城市人口密集、交通拥挤、就业困难等"城市病"。田园城市、卫星城、带形城市，无疑都是分散主义的城市类

---

① ［英］彼得·霍尔：《明日之城：1880年以来城市规划与设计的思想史》，童明译，同济大学出版社2017年版，第106页。

型。在西方,与霍华德、昂温等人同样主张城市分散主义的,还有赖特(Frank Lloyd Wright)、沙里宁等主要代表。20 世纪初芬兰的建筑设计师伊利尔·沙里宁提出“有机疏散理论”,1918 年按照有机疏散原则制定了大赫尔辛基规划方案。美国建筑师赖特在 20 世纪 30 年代提出“广亩城市”图景,设想每户周围有一英亩土地,居住区之间以超级公路连接,“广亩城市”将城市分散理论发展到了极致。

在吸收多种城市规划理论、思想后,昂温进一步完善了卫星城理论。他的思想呈现在 1933 年大伦敦区域规划报告中。这份规划覆盖了中央伦敦半径 25 英里以内的大约 1 800 平方英里的范围,注重开敞性,以形成富有吸引力的、大小不等的城市集群为目标。其中提到:新的工业区应该规划在距离中央伦敦 12 英里以内的自治性的卫星城内,或者在 12—25 英里距离之间的田园城市内。[①]这份报告已不仅仅是对区域规划的运用,它是昂温后期城市规划思想的呈现,包含了一些特别的内涵。实际上,这时昂温已经把卫星城、田园城市和区域规划等多种理论融合在一起,并有了新的发展。卫星城不再限于半独立,是可以有“自治性”的,这是一个跨越。此外,田园城市出现在规划中,可见昂温从未远离霍华德的影响。昂温后期对田园城市的态度,被彼得·霍尔认为是“为他在 1918—1919 年的大背叛进行了补偿”[②]。卫星城与多种规划思想的结合,也必将促进卫星城理论的继续发展。1944 年阿伯克隆比在“大伦敦规划”中,规划在伦敦外围 50 公里的半径以内建设八个自给自足的卫星城,后来被称为新城。

作为城市分散主义的代表,卫星城理论的传播及实践并不是一帆风顺的。因为城市分散主义始终面临着来自城市集中主义的指责和反对。与城市分散主义主张小城市不同,城市集中主义提倡大城市建设,认为大城市给人们带来美好的生活,大城市是未来城市化目标;针对既有大城市存在问题,认为通过改造就能解决。柯布西耶是集中派的代表,他主张提高城市密度建立理想城市,途径是建造高层建筑从而提高开敞空间的总量。

① [英]彼得·霍尔:《明日之城:1880 年以来城市规划与设计的思想史》,童明译,同济大学出版社 2017 年版,第 179 页。

② 同上书,第 180 页。

在霍华德田园城市思想及实验出现以前，城市集中主义并没有对手，也就是说，城市集中主义是广为认可的城市规划主张。田园城市、卫星城规划思想出现后，成为一股新生力量，并在与城市集中主义辩论中寻求着生机。1924年，卫星城理论传播史上的一件要事发生了。

1924年，第七次国际城市规划会议在荷兰阿姆斯特丹召开。欧美各国城市规划界的精英们在经历了激烈的思想交锋后，决定博采众长，吸收各类城市规划思想的长处，于是代表当时最先进的城市规划指南被写入会议文件。这份最新指南确定了城市规划的七项原则：控制、避免大都市的无限膨胀，通过建设卫星城市以分散城市人口，以绿化带环绕市区，关注机动车交通的增加，在区域性规划中考虑大都市问题，区域性规划的弹性，设立土地利用管理制度。①

以上七项原则是多种城市规划理论、思想的集合，其着力点仍在大都市发展，但是已经意识到大都市无限膨胀会带来严重问题，因此必须加强控制，后六项原则从六个方面对避免大都市无限膨胀给予指导。后六项原则包括了当时最引人关注的规划思想和主张，主要有卫星城规划思想、绿带主张、区域规划等。

1924年这次国际城市规划会议实则是对当时大都市集中主义和小都市分散主义的融合，由于其明确提出建设卫星城，卫星城很快成为国际上通用的概念，欧美各国更多的学者加入卫星城研究，进一步推动了卫星城理论的完善。同时卫星城规划建设陆续列入一些国家政府当局的议事日程。

不过，尽管分散派到处宣扬他们的主张并积极推动实践，但是他们的言行在很长时期只是城市规划建设历史中一支微弱的力量，“在一战后到1945年的这段时期，欧洲的城市发展是以集中化为主流的”②。当然这样的一段历史占有举足轻重的地位，“因为它们的出现向世人表明，城市除了往集中化的方向发展之外，还可以有另外一条选择道路”③。1945年后，新

① 王郁：《城市管理创新——世界城市东京的发展战略》，同济大学出版社2004年版，第195页。不像其他书籍只是简略介绍1924年阿姆斯特丹城市规划会议，该书对七项原则有详细阐述。20世纪30年代我国市政学专家王克也有相同介绍，见后文。

②③ [英]迈克·詹克斯等编著：《紧缩城市——一种可持续发展的城市形态》，周玉鹏等译，中国建筑工业出版社2004年版，第15页。

城建设在欧美普遍兴起,标志着城市分散主义被广泛接受。

综上,卫星城理论及实践源于西方,它与田园城市思想及运动有着密切联系。卫星城理论的形成和完善是一个渐进式过程,其中有着很多人的贡献,昂温的贡献不可忽视。卫星城理论的传播及运动的开展,始终伴随着城市分散主义和集中主义的争论。在卫星城实践过程中,卫星城功能逐渐发生改变,从最初解决大城市居住问题的卧城,到半独立的卫星城,再到战后自给自足的新城。

第二节　卫星城理论的引入和传播

近代以来的中国已卷入世界潮流之中,西方城市规划思想及实践情形在民国时期传入我国。日本译著是卫星城理论传入我国的开始,之后通过市政学者的介绍和传播,卫星城理论的内容逐渐变得清晰。战时背景促使卫星城的意义及重要性进一步凸显。

一、卫星城理论的初期引介

在介绍我国引介西方卫星城理论之前,需要简单介绍田园城市理论的引入和传播历程。清末以降,日本成为我国了解西方国家的重要渠道。据现有资料,我国最早于 1909 年在翻译日本书籍文章时提到霍华德及田园城市理论。[①]随后,有关田园城市译著及介绍在知识界逐渐传播。孙中山、孙科父子对西方田园城市运动的关注,是田园城市理论传播进程中的催化剂,引发南京国民政府时期自官员至市政学者广泛关注、宣传、研究田园城市理论。至 20 世纪 40 年代末,学者对田园城市理论热情不减。[②]

在欧风美雨浸润中,西方城市规划思想的发展和演进没能逃脱国人的

---

① 《吉林官报》1909 年第 12 期登载了摘自日本书籍《田园都市》中的一篇译文,参见《译丛:田园都市之理想(译田园都市)》,《吉林官报》1909 年第 12 期,第 37—42 页。同年,日本井上友一撰写的《欧西自治大观》著作被国人翻译出版。两篇论著详细介绍了霍华德及其田园城市思想。

② 田园城市理论传入我国历程及国人对田园城市的认识可参考笔者文章《近代国人对田园城市的认识》,《民国档案》2019 年第 3 期。

“火眼金睛”。紧随田园城市运动产生的卫星城理论，在时机酝酿成熟之际传入了我国。

与田园城市理论最早传入途径一样，日本译著同样是卫星城理论传入的重要“领路人”。1927 年，市政学专家、时任昆明市政公所督办的张维翰翻译了日本学者弓家七郎的专著《英国田园市》。该书主要介绍霍华德（该书译为“豪厄德”）田园城市思想及英国田园城市运动。书中在阐述霍华德“社会城市”（该书译为“复合田园市之计划”）主张时提到：以城市为中心，“于其周围二十英里之圆周上配置若干田园市，如卫星之状，而中心市与田园市间以及田园市与田园市间，永远设置公园或农业地，其交通则用宽阔平坦之道路与铁路为联络之机关。如是则相距最远之市亦不过十英里，用高速度铁路运输，十二分钟时即可达到。中心市与卫星市间之距离为三英里又四分之一，五分钟时可达到”①。

书中明确提到了“卫星市”，在外在形态上把霍华德“社会城市”与依附于大城市的卫星城对应了起来。尤为重要的是，书中认为霍华德田园城市主张中有很多空想成分，“对于已发达之城市，颇难实行。然豪厄德之卫星的田园市建设论，实为痛感现代大城市弊害之人士，所当切实研究者也”②。书中最后一句话是“点睛之笔”：“城市计划上最新提倡地区计划（regional planning），其根本思想，完全与田园市相同也。”③

弓家七郎不认同霍华德撇开现有大城市的田园城市建设主张，但非常赞同将霍华德“社会城市”理念应用到现有大城市周围，即“卫星的田园市建设”，他所提到的西方最新提倡的“地区计划”自然也与“卫星的田园市”相关。由于该书聚焦于田园城市，所以对“卫星市”“地区计划”并未详述。

1929 年，另一本日本译著《都市计划讲习录》有了进一步阐述。该译著是一本会议论文集。1925 年日本都市研究会邀请国内 20 位专家开设都市设计讲习会，会后集中专家讲习内容出版成书。专家中有日本都市研究会成员，内务省都市计划局官员，包括大阪市长及其他日本国内著名市政学

① ［日］弓家七郎：《英国田园市》，张维翰译，上海商务印书馆 1927 年版，第 29—30 页。

② 同上书，第 30 页。

③ 同上书，第 82 页。

者。该书是日本紧跟欧美进行城市规划建设的呈现,讲述了1924年国际城市规划会议后欧美最新都市计划,论述了日本在都市计划实施过程中对行政、交通、建筑等制度和规则的学习和运用。其中有两篇文章谈及卫星城。

大阪市长的讲述以英国“都市计划”为重点,详细介绍了田园城市的特征和内涵,随后在指出英国“田园都市计划最近的趋向”时,清晰描述了卫星城的特征:

> 大都市之发展不得毫无限制,而以中小都市分其势,大都市之周围建设许多附属的都市,犹如太阳之周围有许多卫星,此等卫星都市与中心大都市联合为一大系统,以求充实市民之生活内容者,真正的都市建设事业也。①

另一篇是日本内务事务官讲述的“欧美都市计划新倾向”。文章首先介绍欧美现行都市计划有大都市论和小都市论,指出大都市在经济、财政、市民精神上存在诸多弊害,表示认同小都市论。其次详细介绍英美等国近来提倡的“地方计划”②。在指出“地方计划”具有四个特点后③,点明其宗旨:“总而言之,地方计划之本旨在于分导人口于众小中心都市,以期防止一大中心都市之过度的集中。”④

文章引用了两位美国学者科密(Arthur C. Comey)、迴顿(Robert Whitten)的“地方计划”主张。两人分别描述了“地方计划”在空间形态上的两种不同呈现方式。科密认为应以“适当的计划统制交通干线以图分布都市之要素”⑤,实为带形城市⑥的特征。迴顿则指向在大城市周围建设卫星

---

① 日本都市研究会编:《都市计划讲习录》,李耀商译,上海商务印书馆1929年版,第25页。

② Regional planning,民国前期常译作“地区计划”“地方计划”“广域规划”,后期译作“区域规划”。其内涵体现了1924年国际城市规划会议精神。

③ “地方计划”四个特点为:第一,取分散主义而不取集中主义;第二,地方计划不以一都市为中心而以一地方所有各都市公共团体为中心;第三,不吞并邻接村邑而尊重邻接村邑之独立性;第四,不求实现单一的大都市而求于一定疆域内组织联立的复合的都市生活。参见日本都市研究会编:《都市计划讲习录》,李耀商译,第38页。

④ 日本都市研究会编:《都市计划讲习录》,李耀商译,上海商务印书馆1929年版,第39页。

⑤ 同上书,第41页。

⑥ 带形城市由西班牙工程师索里亚·玛塔(Arturo Soriay Mata)于1882年首次提出,他认为城市应该是带形发展,即以铁路作为城市的骨架,沿铁路及道路展开市政设施。美国学者科密主张区域规划,但是指向带状发展,详见Arthur C. Comey, “Regional Planning Theory: A Reply to the British Challenge,” *Landscape Architecture Magazine*, Vol.13, No.2(January, 1923)。

城："地方计划宜以一大都市为中心，其周围绕以许多卫星的都市。"①

两本日本译著，尤其是《都市计划讲习录》，不仅开启了卫星城理论在我国传播的先声，还在我国学者宣传卫星城理论的初期有着重要影响。不难想象，我国学者在介绍卫星城理论时会将《都市计划讲习录》作为参考资料。有学者直接照搬其中语句，如杨哲明编写《都市政策ABC》一书时就引用了《都市计划讲习录》中大阪市长的讲述内容，对卫星城的描述自然也是一样。②日本内务事务官的《欧美都市计划新倾向》一文，经学者稍作删减在刊物上登载。③1931年，尚在暨南大学就读的殷体扬④在《学生杂志》发表了《田园都市的理想与实施》⑤，在涉及欧美最新城市规划时，照搬了《欧美都市计划新倾向》中"地方计划"的四大特征，并选择美国学者迥顿的卫星城主张，内容与译著相同。⑥

这种引用、借用或略加删减的介绍，在西方新名词新理论进入我国的传播历史上并不鲜见。随着留学欧美人员的回国及国内市政学的逐渐兴起，知识界对西方城市规划动态日益关注，相关介绍不再局限于日本译著。

1931年，曾留学德国学水利工程、时任上海市工务局局长的沈怡在专著《市政工程概论》中介绍了欧美最新城市规划。他一方面指出田园城市取代现有大都市是不切实际的，"田园都市所能解决者，只为一部分之居住问题。故最近趋势，渐趋重于都市之田园化"。另一方面强调"几何学式的都市"能解决现有发达城市无限制发展："对于膨涨[胀]不开之大都市，不主张都市本身之扩充，而在周围附属市镇之建设。此种市镇，与都市本身，事先均经详细规划，联合而成为整个之系统。"⑦从书中草图和描述可知，几何学式的城市形态即在大城市周围建设卫星城的模式。

---

① 日本都市研究会编：《都市计划讲习录》，李耀商译，上海商务印书馆1929年版，第42页。

② 杨哲明：《都市政策ABC》，世界书局1930年版，第34—35页。

③ 丁明：《欧美都市设计之新倾向》，《市政月刊》第3卷第9期，1930年9月。

④ 1932年殷体扬从暨南大学毕业，一直从事市政学研究，后来他担任中国市政问题研究会会长，并主编《市政评论》。该刊物为国内权威性市政学术刊物，多有涉及城市规划的文章。

⑤ 殷体扬：《田园都市的理想与实施》，《学生杂志》第18卷第8期，1931年8月。

⑥ 殷体扬选择了迥顿而不是科密，很有可能他知晓两者的观点，并认可前者对"地方计划"的解读。

⑦ 沈怡：《市政工程概论》，上海商务印书馆1931年版，第65页。

和沈怡一样,留学美国的土木工程师赵国华也不认同田园城市取代现有大城市的观点,认为大城市有较大吸引力,摒弃不顾是不可能的。同时,赵国华在《地方计划概念》一文中提出了一些新的说法,指出西方"继田园都市学说以后,又有维持大都市学说,其中以美国苛满氏及最近法国古蒲西氏之计划,为其代表"。后有对两人主张的描述:美国"苛满氏"赞同"带状发展",法国"古蒲西氏"提倡"集中主义"。尽管文中未提供英文名,但推测可知两人分别为美国的科密①、法国的柯布西耶。作者不认同两人的城市规划主张,认为"地方计划"才是兼采众长、扬长避短的城市规划,并介绍了美国学者迥顿②的卫星城方案。他认为"卫星都市"的提法,"美人'卫顿'[迥顿]氏首先为之"。文章最后指出"地方计划"既能促成我国"都市之健全的发达",又可"救济农村及小市集之衰落,其方法或较救济大都市之衰落,更为重要"。③

20 世纪 30 年代初,市政学者朱皆平④更为深入地介绍了卫星城理论。朱皆平受西方近代区域规划理论先驱格迪斯的影响很深,他自称"以盖德斯[格迪斯]教授之城市哲学为归"⑤。格迪斯赞同城市分散主义,他把 19 世纪和 20 世纪城市区分为古机械时代和新机械时代,即 19 世纪在煤与蒸汽的广泛使用下,城市集中现象出现,20 世纪电与煤油的利用促使汽车与道路、电力事业发达,从而有利于城市分散。显然,"地方计划"吸收了格迪斯的区域和城市分散理念。从格迪斯针对 1924 年国际城市规划会议撰写的一份综述来看,他认同会议提出的"地方计划"主张。⑥

---

① 《都市计划讲习录》中译为"科密"。赵国华清楚介绍了科密带形城市主张,不过他提出科密主张是维持大都市的学说并不准确,带形城市规划也是城市分散主义的一种。

② 该文译为"卫顿","卫顿"应与《都市计划讲习录》中"迥顿"为同一人,即 Robert Whitten。

③ 赵国华:《地方计划概念》,《建国月刊》第 8 卷第 6 期,1933 年 6 月。该文又以《都市计划与地方计划概念》为名,载《道路月刊》第 41 卷第 1 期,1933 年 7 月。

④ 朱皆平,原名朱泰信,今人多以前者称他。他于 1924 年毕业于交通大学唐山学校,后来又先后留学英法两国,攻读城市规划和卫生工程,1930 年回国,次年任教于交通大学唐山学校。1942—1943 年,朱皆平被南京国民政府聘任为中央训练团高级班专家讲师,主讲城市建设,战后主持武汉区域规划编制。

⑤ 朱皆平:《城市规划之物质科学的基础》,《交大唐院季刊》第 1 卷第 4 期,1931 年 6 月。在该文中,朱皆平把 Town Planning 译为"城市规划",这和民国时期普遍称"都市计划"不同;并将"格迪斯"译为"盖德斯",两者为同一人。

⑥ 参见 Patrick Geddes, "International Town-Planning Congress, Amsterdam," *The Sociological Review*, Vol.a16, No.4(October, 1924) pp.351—352。

朱皆平吸收了格迪斯的理念，并形成自己的城市观。反对大城市、提倡小城市成为他一生开展城市规划研究和实践的基本思想。他明确提出：古机械时代的城市——庞大城市，新机械时代的城市——卫星城市。[①]朱皆平认同在英、德、法、美等国普遍盛行着的卫星城运动（satellite-town movement），指出建设卫星城是解决大城市因人口集中导致诸多弊病的重要途径。他着重指出，孤立地建设卫星城并不可行，“合理的城市系统”才是城市发展的方向。朱皆平所指的“合理的城市系统”，就是遵循区域理念，在大城市周围建设卫星城、大城市和卫星城共同构成城市系统。他介绍了英国卫星城运动的进展：“利物浦大学城市规划教授亚波克兰比[阿伯克隆比]与一班文事社会学家”正在致力于“城市系统计划”，“他们做有许多的广域规划报告（Regional Planning Report）”，他们准备以伦敦为中心，“成为一个‘伦敦系统’（London System）”。阿伯克隆比以主持“大伦敦规划”而闻名。在指出西方新城市运动的两大特征：分散大城市、建立“城市系统”后，他还指出另一个特征：“发展工业，同时不忘农业，或说在城市不忘乡野”，并特地注明：我国因工业落后“见欺于列强”。[②]

此外，朱皆平清晰解读了卫星城的性质。他说，按照泰勒的定义，卫星城“是一个独立的文事单位，有着他自己的集合生命，是有现代城市各种经济、社会以及文化的特点；虽然是维持着他自己的存在，同时对一个大城市却有依靠的关系”[③]。这里直指卫星城与大城市的关系：卫星城既有一定的独立性，又与大城市保持密切联系。朱皆平进而指出，根据这样的定义，莱切沃斯、韦林两个“园林城市”“便可算是伦敦的卫星城市”。[④]莱切沃斯被英国视为第一座田园城市，而韦林在1920年初建时西方就有人把它视为伦敦“一个明确的卫星”。[⑤]

---

① 朱皆平：《城市规划之物质科学的基础》，《交大唐院季刊》第1卷第4期，1931年6月。

② 朱皆平：《新城市运动》，《时事月报》第8卷第3期，1933年3月。

③ “文事”是朱皆平对Civic的翻译，今天多译为“市政”。“文事学”“文事单位”“文事社会学家”等词汇经常出现在朱皆平的文章里。

④ 朱皆平：《新城市运动》，《时事月报》第8卷第3期，1933年3月。

⑤ Reiss, R. L., “Welwyn Garden City: Illustrated,” *The Town Planning Review*, Liverpool Vol.8, Iss.3(Dec.1, 1920).

卫星城理论源自西方，对于从西方传入的新学说，不同途径、不同学者的介绍，有利于对全貌的了解。因视角、认识等原因，有关卫星城理论的介绍存在不尽正确的地方。尤其是卫星城理论是一个吸收多种城市规划思想、在英法美等多国传播，同时又正在向实践推进的复杂体。如前文所述，英国的雷蒙德·昂温、阿伯克隆比、珀德姆等人对卫星城理论的形成及运动的开展有着突出的贡献。同理，卫星城理论传播到法美等国后也有一批人在致力于研究和推广，包括迥顿等。至于"卫星城"名词的提出者，并不是赵国华所说的迥顿，而是泰勒。但是，泰勒在1914年最早提出的"satellite city"只是针对美国远离大城市的工业区。朱皆平引用泰勒对卫星城性质的阐述，是张冠李戴，对卫星城性质作出清晰阐释的应是昂温等人。①

不论是对外文著作的翻译或引用，还是知识精英不同视角的介绍，都呈现了理论传播初期的样貌。介绍涉及多方面，既不详尽，也有错误，但这并不妨碍让更多人知道介绍对象；虽然介绍不是研究，只是点到为止，但也融入了学者对国内城乡现状的思考。

二、战时防空背景下卫星城理论的传播

从防空角度考虑城市规划始于第一次世界大战期间，但彼时航空事业、空军力量正在发展中，田园城市、卫星城运动的先驱在解释"疏散""小城市"的意义时，只是把防空作为锦上添花的事项，重点是其理论的先进性。世界空军进展飞速，至第二次世界大战时已显其威力，防空背景下城市分散主义思潮在西方盛行一时。作为日军最早侵略且长期遭受日军空袭威胁及伤亡的国家，我国对防空城市规划的关切与自身的生存攸关。

在以防空为目的、以疏散为原则的战时背景下，"小都市分散计划"盛行一时。分散大城市的工业和人口到卫星城，成为符合战时防空背景的城市规划。这一时期，众多专家纷纷撰文著书，进一步深入阐释卫星城理论。

首先，突出卫星城的重要意义。

---

① 民国时期国内其他学者如董修甲、蒋遇圭也提出泰勒为卫星城学说的倡导者，皆晚于朱皆平，很有可能受朱皆平影响。

战时背景下，卫星城的防空价值得以凸显。朱皆平指出，卫星城或城市系统的城市分散“吻合抗战需要，所以疏散物资，减少空袭威胁”[①]。建筑理论家、设计家郑祖良[②]肯定“地方计划”的防空意义，反对再出现密集的大都市，沿海大城市如上海、南京等“应设法在卫星式的都市系统底下，在母都市之外，应设法计划分建子都市，以达到疏散人口之最终目的”[③]。

市政专家王克[④]明确指出“地方计划”就是“适应防空的都市计划”。他认为卫星城规划在布局上具有充分的防空适应性：“卫星式的分布，划分着分区用途地域，互相间永留着绿地，这种分散的配置，恰是足以分散敌机目标，使敌机空袭发生困难，即减低其空袭能率，尤其是永留绿地，在平时划定为各种绿地的用途地域，调剂市民生活，在非常时又是粮食蔬菜畜牧等食料的生产供给地。”[⑤]他还强调，战争给予重新建设城市的良好机会不能轻易错过，要吸收过去的教训，制定每一个城市的规划，而“必然的以原有城市为市中心区，四周分数若干区域，自然形成为卫星都市，是近代最理想的都市计划”[⑥]。

卫星城“疏散”的最初旨趣——解决大城市无限制膨胀问题，这时被专家结合我国现实作出解释。与西方不同，民国时期我国城市化进程刚刚起步，并未出现像西方那样严重的城市问题，但是我国也存在城市人口集中、房屋建筑过密、环境卫生条件恶化等现象。吴嵩庆[⑦]认为：“城内的建筑密如蜂窝，几乎看不到一块满意的空地”，因此“在各国认为人口集中建筑集中的严重，这问题对于我国更为严重”。[⑧]殷体扬以沿海发达城市为例，指出民众“要受那不卫生，不道德，不和谐的都市种种罪恶”[⑨]。所以，为促进我国

---

① 朱泰信：《实业计划上之城市建设》，中国市政工程学会编印：《市政工程年刊》，1944年。

② 郑祖良，笔名为郑梁，文章多用笔名。广东中山人，现代建筑理论家；就读于广东省立勷勤大学（华南理工大学前身）建筑工程系；任国立中山大学教师，《新建筑》主编，《市政评论》杂志编辑、研究部主任，陪都建设计划委员会技士。

③ 郑梁：《论都市人口之集散》，《市政评论》第6卷第6期，1941年6月。

④ 王克曾在日本研习军事和政治，并担任中华全国道路建设协会日本市政考察专员。

⑤ 王克：《适应防空的都市计划》，市政评论社1937年版，第38页。

⑥ 王克：《疏散与都市计划》，《市政评论》第6卷第3期，1941年3月。

⑦ 吴嵩庆毕业于法国巴黎市政学院，长期在军界、政界任职，担任职务主要有航空委员会主任秘书、湖北省财政厅长等。

⑧ 吴嵩庆：《疏散问题》，《市政评论》第6卷第2期，1941年2月。

⑨ 殷体扬：《都市农村化问题》，《市政评论》第6卷第2期，1941年2月。

城市的健康发展,疏散是必须的,而战争对城市的破坏恰是战后"大阔斧地改造过去畸形发展的都市的绝妙机会"①。此外,我国工业化尚处于胚胎中,但是西方城市发展实践对我国是一种借鉴。"我国战后工业化建设中,工业城市必如雨后春笋,滋生起来,人口也将由乡村涌到这些新兴城市来。"②到时,西方因产业革命引发的大城市诸多问题将在我国普遍出现,因此我国"于开始时应借镜美英,免蹈覆辙"③。

有专家还强调卫星城促进城市和乡村均衡发展的意义。分散大城市工业和人口到卫星城,既有利于城市的改造和繁荣,"这些卫星分布愈广愈远,都市的本身,亦必愈臻繁荣"④;也有利于乡村建设,"是希望促进中国社会发展,使农村工业化及早完成的必然的步骤"⑤。进一步讲,在大城市周围建设卫星城能促进城乡结合、工农结合,从而达到城市和乡村的均衡发展。时任防空技术研究会营建组组长的卢毓骏⑥肯定苏联五年计划中工业均衡分布论和英国分散工业于乡村的市乡设计法,指出我国战后在向工业化迈进的过程中"若无特殊情形,理宜提倡工业之广播乡村"⑦,"使工业地与农村合一,使人口分散及于各小都市,如卫星式之形态而予分布,以达成都市与乡村之平衡发展"⑧。王克将卫星城建设作为表(城市)里(乡村)结合,促进都市乡村化、乡村都市化的重要途径。⑨

其次,从学理层面进一步介绍卫星城理论,主要体现在三方面。

一是深入挖掘"地方计划",阐明卫星城理论是西方城市规划的趋势。王克详细介绍了1924年国际城市规划会议通过的七项纲领,即"地方计划"

---

① 王俊杰:《近代欧美各国对于都市计划的贡献:抗战后都市建设的借镜》,《欧亚文化》第1卷第2期,1939年4月。

② 谭炳训:《论城市复员与建设》,《经济建设季刊》第2卷第4期,1944年4月。

③ 周宗莲:《市区计划与国土计划》,《经济建设季刊》第3卷第3—4期合刊,1945年。

④ 吴嵩庆:《疏散问题》,《市政评论》第6卷第2期,1941年2月。

⑤ 郑梁:《论新工业地区的确立与农村工业化》,《抗战月刊》第3卷第7—8期,1941年5月。

⑥ 卢毓骏,字于正,1920年留学法国,1925年起在巴黎大学都市计划学院作研究员;1928年回国后先后在南京市政府工务局、考试院工作,从事建筑设计和城市规划工作,抗战时期担任防空技术研究会营建组组长。

⑦ 卢于正:《都市计划法修正原则要点》,《现代防空》第3卷第4—6期合刊,1944年11月。

⑧ 卢毓骏:《新时代工业化之应有认识》,哈雄文、娄道信主编:《公共工程专刊》第1集,中央印制厂1945年版,第48页。

⑨ 王克:《我国市政建设必具的条件》,《市政评论》第6卷第2期,1941年2月。

的具体内容，其中第一、二项纲领为“避免大都市无限制膨胀”，“谋人口分散以建设卫星都市为防止过大都市一种方法”。[①]他强调：“地方计划是卫星都市演变而为都市计划趋势的确立”，“确实是一个谋现代都市生活福利的都市计划理想，所以近十年来各国都市计划的趋势，全以地方计划为目标，这也可以说是一种应有的趋势”。[②]王克在书中描绘了伦敦、大阪两种“地方计划方式之卫星都市”，见图 1-2。

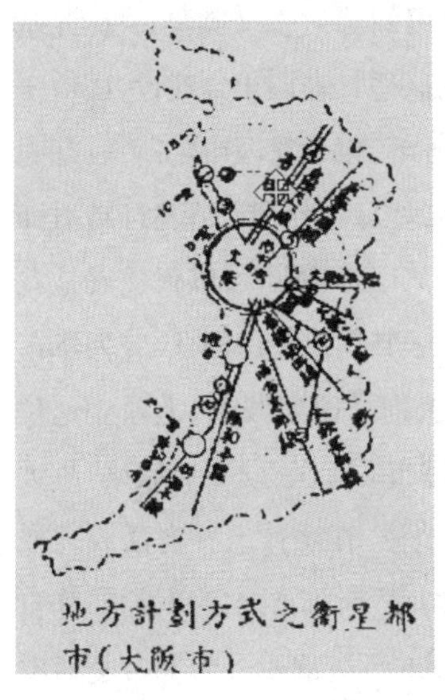

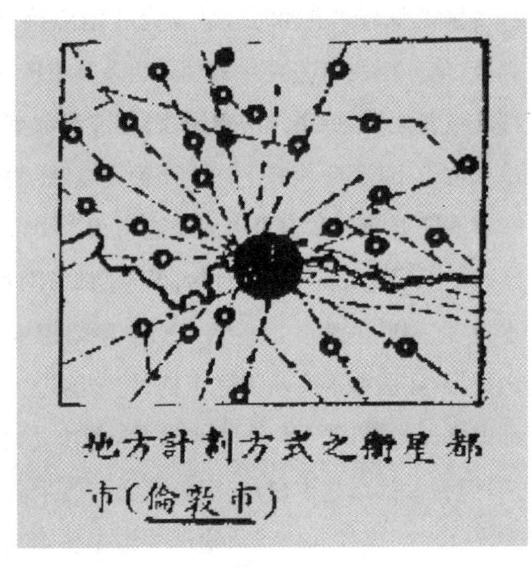

图 1-2　“地方计划”方式之卫星城

资料来源：王克：《都市计划之现趋势——地方计划》，《市政评论》1937 年第 5 卷第 6 期。

二是解读西方卫星城运动先驱及其思想。朱皆平在 1942 年发表的一篇文章中介绍了昂温及其城市规划思想。他称昂温（其译为“安文”）是近代城市规划的泰斗，并着重介绍了昂温在 1930 年“大伦敦区域规划报告”中提出的“城市发展之花样论”（pattern theory of city development）。“城市发展之花样论”突破城市界限，把周围农村放在一起规划，在此区域范围内将民居、工厂、商场等建筑物与其周围空隙之地按比例布置配合，并突出开放地带（包括农场、园林和绿化带）的重要性。朱皆平高度评价昂温的“花样

① 第 3—7 条分别从绿带围绕、交通、公共福利、法律等方面提出要求。
② 王克：《都市计划之现趋势——地方计划》，《市政评论》第 5 卷第 6 期，1937 年 6 月。

论”,认为不仅对于近代城市规划的贡献“至为伟大”,而且“将来影响于世界各处城市发展,至如何程度,尚无人敢于断定”①。相比其他学者只是注意到昂温是追随霍华德推进田园城市运动的合作者,朱皆平则有着更为深入的关注和解读。

三是细致分析了田园城市与卫星城之间的关系。市政专家董修甲②将卫星城和田园城市放在一起进行分析阐释。他指出“花园都市、卫星都市,都主张工业与住宅同时分散”,是我国应该采用的分散主义类型。③在此基础上,他分析两者关系:一方面,两者具有密切联系,“花园市之建设,固应于都市设备之外,保留多数田园,种植五谷蔬菜等等,以供花园市之所需;即卫星式之都市,亦应兼有上述之两种设备”。两者在城市便利及农村环境方面有着共同处,因此“卫星市即花园市也”。同时,田园城市“可以附建其他花园式的卫星都市,并可有许多的卫星都市围建于其四周也”,因此“花园都市本身,即为卫星都市”。④另一方面,两者又有区别。田园城市“为独立地位之都市,在法律上有法人之资格,但与附近大都市并无关系,毫无联络,故大都市之设备,不能利用”;卫星城“亦有独立之地位,在法律上并有法人之资格,但为大都市之卫星市;因与大都市关系密切,故大都市之一切设备,如自来水、电气、煤气、电话等,均可分接于各卫星市;而最重要者为都市交通上之设备,更可接通于各卫星市,使彼此交通方便,联络极易也”。⑤也就是说,田园城市是独立自主的,而卫星城虽有一定的独立性,但总体上是中心城的附属,与中心城紧密联系。

在阐述卫星城理论的意义、内容之外,一些专家提供了战后开展卫星城

---

① 朱泰信:《近代城市规划原理及其对于我国城市复兴之应用》,《工程:中国工程学会会刊》第15卷第3期,1942年6月。

② 董修甲,1918年从清华大学毕业后赴美留学,主修市政经济学、管理学,1921年回国。先后在南京中央政治学校、武汉大学、复旦大学等担任教职,其间兼任政府部门行政职务,先后任汉口特别市政府工务局长、江苏省政府委员兼建设厅厅长、苏浙皖税务总局秘书长,1940年后在汪伪政府任江苏省政府委员兼财政厅厅长等职,抗战胜利后南京国民政府对董修甲以汉奸罪判处,其在拘捕时逃脱,此后销声匿迹。

③ 董修甲:《都市建设的分散主义之实施》,《国民经济》第1卷第4期,1937年8月。

④ 这里指向霍华德“社会城市”设想。

⑤ 董修甲:《都市建设的集中主义与分散主义》,《国民经济》第1卷第1期,1937年5月。

建设的初步设想。1937 年，董修甲针对现行市组织法、自治法提出修改建议，其中提到：首都人口至百万时应分建卫星式都市于其四郊；超过百万人口的省会城市应分建卫星式都市。人口在二十万以上的一般城市，应分建为两市但可彼此互相合作；如与附近大都市相近，则可为其卫星都市。[①]这里，把百万人口作为大城市建设卫星城的基本数据，同时二十万也是城市疏散的标准之一。朱皆平的认识基本相似，他将百万以上人口的城市称为特大城市，指出"战前五个百万以上人口之城市"都有必要建设卫星城，同时指出人口在二十万以上的城市必须疏散，十万人口对城市而言最为舒适。[②]董修甲在分析全国实施分散主义城市建设的条件后，提出应设立四种协助机关：商业机关、慈善机构、合作社组织、政府机关，介绍了西方田园城市制度及做法，并主张由各省政府致力于基础设施建设，查明人口以确定母市和卫星城，在土地调查等工作后制订区域初步计划、工商业发展计划和住宅建筑制度规定等。[③]

综上，卫星城学说逐渐成为我国战时背景下适应防空的一种重要城市规划理论。专家突出卫星城的防空价值，是基于我国战时遭受日军空袭威胁及实际损失的现实考量；突出卫星城在控制大城市无限制膨胀和均衡城乡上的意义，也契合了我国城乡建设需求及对工业化的展望。同时，专家既重视学理阐述，也开始关注实践问题。

第三节　"大上海都市计划"中的卫星城设想

1945 年第二次世界大战结束后，欧美各国普遍展开卫星城建设，改变了之前零星试验、"建而不兴"的状况。西方的这股浪潮也席卷到中国。在内政部营建司的主持下，各大城市积极吸收西方先进城市规划思想，同时立足于城市人文地理等实际情形，展开新一轮的城市规划。对上海来说，规划

①③　董修甲：《都市建设的分散主义之实施》，《国民经济》第 1 卷第 4 期，1937 年 8 月。

②　朱泰信：《实业计划上之城市建设》，中国市政工程学会编印：《市政工程年刊》，1944 年。

卫星城符合城市特性和需求。上海在编制“大上海都市计划”过程中,吸收西方卫星城理论,作出了一些设想。

一、抗战胜利后城市规划编制中卫星城理论的初步运用

1945年以后,欧洲各国开展战后重建工作。1946年英国通过了《新城法》,并按照大伦敦规划展开城市建设。这时的大伦敦规划是在战时阿伯克隆比规划基础上的完善,区域范围更为扩大,计划在伦敦周围建设八个卫星城。这些卫星城与之前不同,强调自给自足,因此被称为新城。战后英国新城运动很快波及欧美各国,这一动态信息也很快传入我国并影响到各大城市的城市规划编制。

抗战胜利后,在内政部营建司的主持下,城市规划工作紧锣密鼓地开展起来。至1946年底,我国已有重庆、南京、上海、北平、天津、武汉、长沙等十五个城市设立“都市计划委员会”,开展城市规划和建设事宜。[①]由于战后百废待兴,时局又很快不稳。在这样的形势下,完备详细的城市规划不可能短期完成,编制大纲或草案成为首要。这些大纲、草案充分借鉴吸收了西方先进城市规划理论和技术方法,在成果架构、内容等方面体现出专业化、现代化水平,对后世影响极深。

这一时期,人口均超过百万的城市有北京、上海、天津、重庆、武汉等大城市[②],各大城市在编制大纲、草案时均把建设卫星城列入规划。

《武汉区域规划初步研究报告》体现了规划主持者和报告撰写者朱皆平的城市规划设想。他借鉴大伦敦规划,将武汉区域空间分为三个层次:市中心、大武汉市区域与武汉区域。他认为整个武汉城市系统,即以武汉三镇为母体,以周围八县内之城区及市镇为“卫星”,其存在又系于交通建设与动力分布之普遍程度。[③]武汉区域规划体现了朱皆平的“城市系统”“城市网”理

① 哈雄文:《战后我国都市建设之新趋势》,《市政评论》第9卷第8期,1947年9月。

② 战后我国人口超过百万的大城市还有广州、沈阳、南京。南京作为首都,注重政治区规划,编制了《首都政治区建设计划大纲草案》。没有找到广州、沈阳编制城市规划的资料。

③ 朱皆平:《武汉区域规划初步研究报告》,湖北省政府武汉区域规划委员会印,1946年版,第5、38页。朱皆平对武汉所作的区域规划已有后来所称的都市圈之意,因此武汉区域规划是最为超前的。在大武汉市区域与武汉区域的设计中,朱皆平十分肯定卫星城的重要地位。

念。朱皆平指出卫星城市系统的发展，“一方面使工作者与工作场所相离甚近，市民无须投身于每日交通线上，以增加不必要之拥挤程度。另一面则使线结放开，而以区域内之大小城市，为其结点，作渔网式之布置”①。简而言之，卫星城与中心城成为一个系统，而且卫星城之间互有沟通，同时卫星城是相对独立的。

重庆规划中的卫星城方案较为详细。在卫星城数量上，重庆规划计划了12处“卫星市”、18处“卫星镇”、18处“预备卫星镇”，指出如果碰到特殊情形，重庆人口增至三百万时，“可将十八个卫星镇及十八个预备卫星镇渐次扩大至卫星市。同时将其他村镇，亦逐次改为卫星镇”。②其对各类市镇性质有不同说明。“卫星镇”集合若干邻近相隔之居住单位而成，是社会组织中最重要部分，但是显然不是独立的，只是“配以适当公共建筑物”；“卫星市”集合若干“卫星镇”而成，若在郊区，“则为一独立之卫星市”，不过仍以半岛为母城。③

卫星城的位置，“应取与半岛中心区有极方便而迅速交通路之地带，方可使其渐次发展”。卫星城的人口，“拟以五万至六万人口为最大单位，并按人口增长情形，配以适当之卫星数目，渐次由市中心向外发展”。卫星城自身建设上，“市内各种建筑物，应合乎近代需要 ，成为市民安全愉悦方便之境地，而其结构应配合市民社会组成与需要”。在管理上，其指出可在“卫星市”实施保甲制度：将卫星市内面积分为九区，每区各设十保，每保十甲，每甲十户，每户按平均以五人至六人计算，则每区为五千至六千人，“使每区组织简单整齐，藉以健全基层组织，奠定地方自治”④。同时，其突出郊区干路线的重要，必须“完成各卫星集团与市中心区之交通，并加强各集团间之联系”⑤。此外，重庆规划还对卫星市镇布局、公共建筑种类和用地面积，以及卫星市镇与市中心交通网道作了较为详细的说明，并列出12处“卫星市”道路工程费用概算，绘制“卫星市”城市分区图、市中心详图和住宅区详图。

北京、天津规划中有关卫星城论述较为简洁。北京计划建设7处“卫星

---

① 朱皆平：《武汉区域规划初步研究报告》，湖北省政府武汉区域规划委员会印，1946年版，第13页。

② 陪都建设计划委员会编印：《陪都十年建设计划草案》，1947年版，第27页。

③ 同上书，第104—106页。重庆规划中的“卫星镇”，与西方邻里单位类似。

④ 同上书，第106页。

⑤ 同上书，第130页。

市”:丰台为铁路总货站区,海淀为大学教育区,门头沟、石景山为工矿区,香山、八大处为别墅区,沙河、清河、孙河为卫星市,通县为重工业区,南苑、北苑、西苑为防卫区。“各卫星市四周均绕以绿带或农耕地带,并以北平为中心,设备放射式之高速交通道路联络之。”①天津计划“卫星都市采用田园都市制,具有大都市所有各项设施并保有多量田园地带。人口数量亦有限制,与中心都市皆以高速度交通网密切联系,使市民享有都市及乡村两种幸福,即所谓都市乡村化是也”②。

北京、武汉等大城市在战后都市计划编制中运用了卫星城理论,大纲、草案中出现了卫星城方案。总体而言,各大城市对卫星城的设想是框架式的,相关问题也没有得到清晰而统一的认识,包括卫星城人口数量、与母城的距离、卫星城类型等。对上海而言,卫星城的意义更为突出,不过在“大上海都市计划”编制中,同样只有卫星城规划建设的初步构想。

二、卫星城对于上海的意义

相比于其他城市,卫星城对于上海是一种更为迫切的需求。之所以这么说,是因为上海在现代化发展程度上最接近西方大城市,至 20 世纪 30 年代,上海已发展成为集航运、贸易、金融、工业、信息中心为一体的多功能经济中心,有“东方的巴黎”之称。西方规划建设卫星城是为了试图解决“大城市病”,而上海是国内最有可能发生“大城市病”的城市。因此,卫星城对于上海的意义远甚于国内其他城市。导致“大城市病”的两个关键因素是工业和人口。

(一)工业建设及分布

上海近代工业自开埠以来迅速发展,至 20 世纪三四十年代已成为全国工业基地。据 1933 年调查,当时上海的工业产值占全国工业产值的 51%,资本总值占全国的 40%,产业工人人数占全国的 43%。③到 1948 年,上海已有 88 个工业行业,共有大小工厂 12 576 家,产业工人 450 588 人。④

① 北平市工务局编印:《北平市都市计划设计资料(第 1 集)》,1947 年版,第 55 页。

② 天津丛刊编辑委员会编:《天津市政府》,天津市政府秘书处编译室印 1948 年版,第 38 页。

③ 杨公仆、夏大慰:《上海工业发展报告——五十年历程》,上海财经大学出版社 2001 年版,第 1 页。

④ 孙怀仁主编:《上海社会主义经济建设发展简史(1949—1985)》,上海人民出版社 1990 年版,第 4 页。

上海工业结构以轻工业为主，尤以纺织业领先全国。1948年，在88个行业中，纺织、面粉、卷烟、造纸、橡胶、皮革、肥皂、火柴8个行业为主要行业。棉纺织业拥有纱锭230万枚以上，占全国(除东北外)的50%；电力织布机57 378台，约占全国的60%；毛纺锭12万枚，占全国的80%左右；卷烟设备1 087部，占全国的70%以上；机制面粉占全国产量的38.5%；当时我国的橡胶、制药、铝制品、搪瓷等工业的生产能力，也大部分集中于上海。①1949年轻纺工业产值占全市工业总产值的88.2%，其中纺织、面粉等8个行业的产值就占全市工业总产值的76%；重工业的产值仅占全市工业总产值的11.8%。②

一方面，近代上海工业实力雄厚，是全国工业基地。另一方面，近代上海工业在发展中又存在诸多缺陷。一是结构不平衡，轻工业为主，重工业基础薄弱；二是轻纺工业所需要的五金器材、化学原料和大部分棉、毛、烟叶等原料都依靠海外进口；三是企业中绝大部分是小厂，存在设备简陋、技术落后、产品重复的不足。此外，还有一个不足是布局不合理。

据1936年《上海市年鉴》统计，1934年上海共有1 687家工厂，公共租界、法租界共聚集了47.9%的工厂，闸北占34.02%，南市占11.14%，浦东占6.94%。③上海市中心区工厂数量最多，原本闸北工厂数量可与之匹敌，但是“八一三”淞沪抗战致使闸北工厂全毁，南市、浦东等处的工厂也遭受严重的炮火摧残。之后，各区工厂逐渐恢复，但租界发展更快。同时在战争状态下，不少工厂迁入租界，使得中心区域工业分布较为混乱。所以，上海中心区工厂集中、分布混乱成为战后上海工业布局的一大特点。

由于一市三治的统治方式，上海工业布局缺乏统筹规划。同时，“所有工业差不多都占满了沿江沿河的地段。黄浦江及苏州河两岸几乎全部为码头、仓库、工厂所占。沿苏州河两岸建满了仓库及厂房，没有一段较长的滨河路，更谈不上在沿江沿河地区留出一些公用的绿化地带”。此外，工厂与住宅混

① 孙怀仁主编：《上海社会主义经济建设发展简史(1949—1985)》，上海人民出版社1990年版，第4页。

② 上海社会科学院《上海经济》编辑部编：《上海经济1949—1982》，上海社会科学院出版社1984年版，第78页。

③ 上海市文献委员会编印：《上海市年鉴》(1936年)，N4。

杂,1949 年解放前,几个较集中的工业区共有工厂 2 263 家,占 22.5%;非工业区的有 7 816 家,占 77.5%,其中在住宅区内的竟有 5 586 家,占 58.3%。更为严重的是不少易燃、易爆、有毒害的工厂也分布在住宅区的里弄内。①

工业发达、工厂集中、工业布局不合理,这些是 20 世纪 40 年代上海工业布局及建设的状况。战后“大上海都市计划”确定“工业应向郊区迁移”的原则,正是基于工业集中于市区、极为拥挤的状况。

(二) 人口规模及密度

上海之所以成为大城市,与近代以来人口的急剧增多紧密相连。据邹依仁统计,解放前近百年间,包括地区扩大的因素在内,整个上海地区的人口增长了 9 倍左右,净增长的人口数达到近 500 万人。他指出,上海人口无论从绝对增长额出发,或者从人口相对增长率出发,人口是逐渐稳步增加着,而且越到后期人口增加得越多越快。②从 1852 年的 54 万人到 1949 年的 545 万,上海百年间人口的增长速度和规模在全国是独一无二的,也是世界城市人口增长史上的奇迹。这也足以证明“魔都”的魔力。

从人口总量来看,上海是全国当之无愧的第一名。表 1-1 是 1947 年全国大城市人口总数的比较。在我国 12 个大城市中,上海人口排名全国第一,而且比排名第二、第三的北京、天津均多二百多万人。

表 1-1　1947 年全国 12 个大城市人口比较

序号	城　市	人口数(万)	序号	城　市	人口数(万)
1	上　海	430	7	重　庆	100
2	天　津	172	8	青　岛	79
3	北　平	160	9	哈尔滨	76
4	广　州	140	10	汉　口	75
5	沈　阳	112	11	西　安	59
6	南　京	102	12	大　连	54

资料来源:根据《天津市主要统计资料手册(第 2 号工商专号)》(天津市政府统计处编印,1948 年版,第 2 页)整理。需要指出的是,武汉若包括汉口、汉阳、武昌在内,1947 年人口达 100 万。参见苏长梅主编:《武汉人口》,武汉出版社 2000 年版,第 7 页。

① 同济大学城市规划教研室编:《中国城市建设史》,中国建筑工业出版社 1982 年版,第 122 页。
② 邹依仁:《旧上海人口变迁的研究》,上海人民出版社 1980 年版,第 3、7 页。

再来看上海人口密度情况。邹依仁统计了 1865—1946 年间上海人口密度。从 1865 年的每平方公里 1 240 人增加到 1950 年 1 月每平方公里 8 060 人，大约增长了 6 倍。①与总人口增长速度一样，上海人口密度增长也是很快的。

需要指出的是，以上统计的上海人口密度是根据上海总面积计算，是平均人口密度。上海人口分布的实际情况是，四分之三的人口集中于中区，即 87.6 平方公里聚集了三百多万人口，而其余一百万人口分布于八百多平方公里中。1946 年上海在编制战后都市计划时明确指出这是一种畸形的发展，必须加以改正，"而疏散政策，乃属必要"②。

1948 年，《上海市建成区暂行区划计划说明》对中区人口密度又作了更为详细的分析，指出：建成中区总面积 87.6 平方公里，其中 56.7 平方公里为已成之市区，其余为农耕土地。已成市区的 56.7 平方公里集中了 3 186 766 人（民政局 1947 年人口统计），平均密度每平方公里 56 204 人，即每公顷 562 人。此为总密度，如果去掉农耕地、工厂等非居住处所面积，平均密度合每公顷 640 人。③表 1-2 将上海与世界各大都市人口密度作了比较。

表 1-2　1948 年上海与世界大城市人口密度比较

城　市	平均总密度（人数/公顷）	最劣地区（人数/公顷）
纽约市	96.3	1 112
曼哈顿（住宅区）	330.9	466.8
芝加哥	66.2	—
柏　林	243	672
伦敦（市中心）	596	889.2
上　海	640	4 130

资料来源：《上海市建成区暂行区划计划说明》（1948 年 10 月），第 1—2 页。

从以上表格可知，上海市中心人口密度远高于世界各大城市，比伦敦还高出一些。该说明指出："根据伦敦新都市计划人口密度将减低至每公顷 335 人，相形之下，本市人口密度拥挤之程度，可谓已达极点。"④

① 邹依仁：《旧上海人口变迁的研究》，上海人民出版社 1980 年版，第 21 页。

② 上海市都市计划委员会编印：《大上海都市计划总图草案报告书》，1946 年版，第 14 页。

③④ 《上海市建成区暂行区划计划说明》（1948 年 10 月），第 1 页，赵祖康编：《上海市都市计划委员会报告、记录汇订本》，上海市都市计划委员会印，1948 年版。

综上,上海人口规模庞大,人口密度也是如此。在和世界大城市、国内各城市比较之后,情况更为突出。工业、人口的集中,是上海较之国内其他城市更为严峻的现实。西方卫星城理论因中心城工业、人口的过度集中而提出,目标是疏散中心城工业和人口。因此,卫星城对于上海的意义是重大的,这也是上海在战后都市计划编制工作中运用卫星城理论的根源。

三、“大上海都市计划”中的卫星城设想

20 世纪 30 年代上海曾编制“大上海计划”,但是由于租界存在,“大上海计划”只是偏于一隅的城市规划。抗战胜利后,上海结束了分割格局,全市的统一为新城市规划提供了充足条件。上海市政府明确由工务局负责都市计划工作,1946 年 1 月设立技术顾问委员会,3 月成立都市计划小组。8 月正式成立上海都市计划委员会,共有委员 28 人,市长吴国桢兼任主任委员,工务局局长赵祖康兼任执行秘书,市政府各有关局长 8 人为当然委员,另外市政府聘请了建筑、工商、金融等方面的工商业者及专家共 18 人。这些专家中有多位欧美学者以及从欧美留学回来的建筑师、工程师,包括:中国建筑师学会理事长陆谦受,圣约翰大学建筑系教授鲍立克(德籍犹太人),大同大学教授吴之翰,中国最早的建筑大师庄俊,市工务局设计处处长姚世濂,园林处处长程世抚,以及钟耀华、金经昌等富有市政建设学识的专家。

上海都市计划委员会成立后,积极开展都市计划编制。1946 年 12 月,完成《大上海都市计划总图草案报告书》初稿。1947 年 2 月编制二稿,之后陆续完成铁路、港口、绿地系统、建成区干路系统计划初步研究报告等专题工作。在上海解放之前,总图核心人员绘制完成《上海市都市计划三稿初期草图》。1950 年 7 月,经时任上海市长陈毅批准,三稿刊印。所以,“大上海都市计划”包含以上总图初稿、二稿、三稿以及各专题报告。

“大上海都市计划”编制工作汇集了具有国际视野的技术精英群体,其成果丰富,且融入了西方最新城市规划理念和技术。有学者称之为“中国第一次在现代化理论指导下的较为完整的规划实践”,“可以视为 1940 年代中

国规划学科发展向现代转型的一个集大成者”。[①]在“大上海都市计划”中，“有机疏散”“快速干道”“绿带隔离”“区域规划”等最新城市规划理念有着充分的呈现，其中包括卫星城理论。

首先，从疏散的角度阐明卫星城的重要性。

二稿第一章专讲人口问题，提到：“一个都市不能无限制的膨大发展下去，否则我们将要遭遇到严重的困难。伦敦、纽约目前拥挤的情形，实在足资我们警惕。”处理剩余人口的唯一办法，“只有把这些人口疏散，分布在我们市界之外，造成所谓‘卫星市镇’来解决”[②]。针对上海人口问题，一方面通过分析预测城市未来数十年可能达到的人口总数，指出今后我国伴随工业化的展开，城市人口的集中是必然趋势，因此预测 25 年后上海人口将达到 700 万，50 年后将达到 1 500 万。[③]另一方面强调中区人口密度问题，指出上海现有四百万以上人口的四分之三集中于 80 平方公里的中区，而中区土地仅占全市 9.6%，“此项畸形之发展，必须加以改正”[④]。

除了过密人口需要疏散，工业向郊区疏散是“大上海都市计划”中的另一要点。二稿指出，过去五十年中，世界各大都市均有将工业远离城市中心向城市四周发展的趋势；这种在美国和欧洲已实行或部分实行的工业和人口疏散情形，上海在以后五十年中也可能达到，但是“我们的计划是要设法达到他们在社会发展的过程中，每一个阶段的理想地步”，因此“必须实行相当的疏散”。[⑤]

总之，“过剩人口同工业一定要向市区以外疏散——所谓卫星市镇的布置”[⑥]是“大上海都市计划”编制过程中极力强调的。

其次，在“大上海”范围内展开规划。

---

① 侯丽、王宜兵：《大上海都市计划 1946—1949——近代中国大都市的现代化愿景与规划实践》，《城市规划》2015 年第 10 期。

② 上海市都市计划委员会编印：《大上海都市计划总图草案报告书（二稿）》，1948 年版，第 9 页。

③ 同上书，第 4—8 页。

④ 上海市都市计划委员会编印：《大上海都市计划总图草案报告书》，1946 年版，第 14 页。

⑤ 上海市都市计划委员会编印：《大上海都市计划总图草案报告书（二稿）》，1948 年版，第 11 页。

⑥ 同上书，第 14 页。

西方卫星城理论吸收了区域规划思想，而区域范畴对卫星城实践而言确实是首要，因为卫星城位于大城市远郊。在之前的都市计划中，聚焦于大城市中心，既是理念所限，也与远郊往往和中心城并非同属一个行政范围有关。吸收了区域规划思想的卫星城理论及实践，首先要解决的是在更大的区域内作城市规划，因此往往需要突破行政范围。“大上海都市计划”概念中的“大上海”，其内涵就在此。初稿对此有明确介绍：“本计划之大上海区域，属于长江三角洲地域之一部，包括江苏之南、浙江之东。其界限为北面及东面均沿长江出口，南面滨海，西面从横泾南行经昆山及滨湖地带而至乍浦，面积总计 6 538 km^2。”①计划界限已经突破上海行政范围，面积也比现有城市面积扩大了近十倍。技术精英们知道，只有扩大区域，疏散才真正可行；也只有以此为范围，卫星城规划的探讨才有可能。新中国成立以后上海于 1958 年、1959 年先后把江苏省十个县划入版图，上海市面积扩大至近六千平方公里，随后远郊卫星城建设红火兴起。可以说“大上海都市计划”为后来城市规划建设指明了道路。

第三，作出关于卫星城数量、人口、性质等规定。

“大上海都市计划”的技术专家陆谦受指出，“大上海”区域计划面积 6 538 平方公里中，现有 893 平方公里，其余 5 646 平方公里大致分配如下：“郊区 115 平方公里，乍浦金山卫等地区 229 平方公里，卫星市镇 27 个，每个占地约 15 平方公里共 405 平方公里，绿地 500 平方公里，广场 300 平方公里，农作地 4 105 平方公里。”②也就是说，上海计划建设卫星市镇 27 个，不可谓不多。

有关单个卫星城人口数量，总图中并没有明确说明。不过对人口密度有过解释。初稿中提出应按每平方公里 10 000 人的人口密度指标，而且各区人口密度各有不同，中心区每平方公里 10 000 人至 15 000 人之间，新市区内之人口密度，划分为紧凑发展标准(每平方公里 10 000 人)，半散开发展标准(每平方公里 7 500 人)及散开发展标准(每平方公里 5 000

① 上海市都市计划委员会编印:《大上海都市计划总图草案报告书》，1946 年版，第 6 页。

② 陆谦受:《大上海都市计划及土地使用述略》，《市政评论》第 8 卷第 6 期，1946 年 8 月。

人)三种。并特地指出:卫星市镇之人口密度,亦照上述规定(后来制作成图,见图1-3)。[①]在二稿中,专家又调整了人口密度指标,认为初稿所建议的人口密度“似乎失之过小,对于五十年内的上海发展并不适用”,所以“暂定为总平均密度每平方公里10 000人的数字”。接着算出住宅区内人口密度为每平方公里17 500人,并指出:和英美比较,我们的数字是很高的密度;但是英美和我国地理条件不同,所以我们应按照我国城市经济地理状况确定密度标准。[②]再参考当时德国田园城市按每平方公里5 000人作为理想密度,可以说体现了基于上海城市现实的考量。

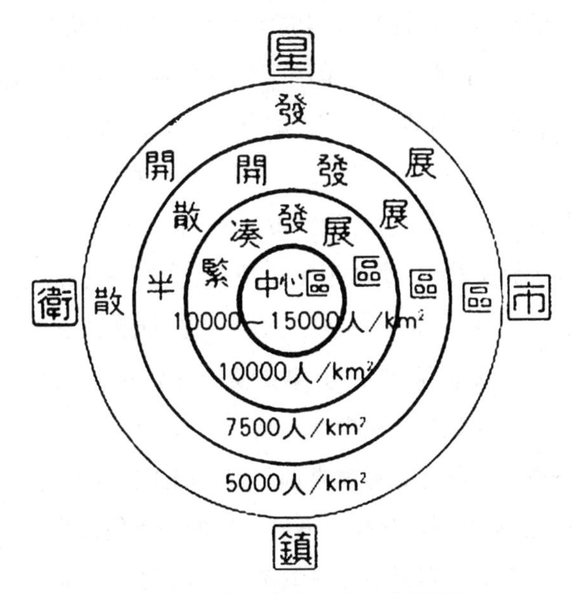

图1-3　“大上海人口分层发展图”

资料来源:上海市都市计划委员会编印:《大上海都市计划概要报告》,1947年版,第5页。

在卫星城性质上,上海在总图中指出每个卫星城都是一个独立的单位,但仍以中心城市(即母城)作为它们经济及文化的中心。[③]

从以上论述可以看到上海都市计划委员会在编制“大上海都市计划”时

① 上海市都市计划委员会编印:《大上海都市计划总图草案报告书》,1946年版,第12页。

② 上海市都市计划委员会编印:《大上海都市计划总图草案报告书(二稿)》,1948年版,第12页。

③ 同上书,第9页。

已有卫星城设想。不过这个设想是模糊的，它并没有明确规划哪些地方建为卫星城、怎么建、各卫星城具体功能等。所以“大上海都市计划”只是呈现了对西方卫星城理论的初步运用。后来陆续编制的各专题研究报告，都以现有市区范围为主。至于原因，仍是行政管辖所限。就如二稿中所说：“照理应开头就作有计划的区域发展，但本会工作，既限以上海市界为对象，在这方面暂不能作更进一步之讨论。惟有使本计划的内容，能充分和合理地利用现有市区范围而已。”①

和武汉、重庆等城市相比，上海都市计划中的卫星城设想更为模糊。联系战后政治经济环境，也可说是务实的上海不愿过多考虑“未知”之事。

战后各大城市从事都市计划编制工作，可谓困难重重。赵祖康在二稿序言中指出落实都市计划的“三难”：“国家大局未定，地方财力竭蹶，虽有计划，不易即付实施，其难一也；市民谋生未遑，不愿侈言建设，一谈计划，即以为不急之务，其难二也；近代前进的都市计划，常具有崭新的社会政策、土地政策、交通政策等意义在内，值此干戈遍地，市尘萧条之际，本市能否推行，要在视各方之决心与毅力而定，其难三也。”②赵祖康的“三难”指向明确：一是国家动乱，社会不安定，财政窘迫，缺少实施计划的政治经济社会条件；二是市民不能积极参与和配合，缺少群众基础；三是计划中新政策的推行将遭遇各种困境，不易顺利进行。赵祖康基于现实的担忧并不是杞人忧天，这些困难和困境在其他城市同样存在。良好环境的缺乏使得都市计划编制工作屡屡受挫，完善的都市计划根本无法编制完成，更别提实施。

源于西方的卫星城理论，于民国时期传入我国，在进一步传播后，成为我国重要的一种城市规划理论，并被运用于战后上海等大城市的城市规划编制中。这段历史是1949年以后上海卫星城规划建设的源起和基石。它提供了思想基础和人力储备。初步的规划方案标志着近代城市规划的转型。当然，在不同的时代对卫星城理论的认识和运用终会发生变化。

---

① 上海市都市计划委员会编印:《大上海都市计划总图草案报告书(二稿)》,1948年版,第14页。

② 赵祖康:“序”,载上海市都市计划委员会编印:《大上海都市计划总图草案报告书(二稿)》,1948年版。

第二章　1949—1977年上海卫星城规划的兴起与演变

新中国成立后,卫星城设想遭遇尘封。20世纪50年代中期开始,国家方针政策、苏联城市规划、上海城市定位调整及目标的逐步明确,以及"大跃进"运动的发动,诸多因素推进、影响了上海兴建卫星城的决策历程。至1959年底,上海确立了卫星城在城市整体布局中的重要地位,明确了从单一向组合城市的发展方向。20世纪60年代,严峻的国内外政治经济形势使得卫星城规划工作遭遇"滑铁卢",不过卫星城理念得以延续。

第一节　1949—1955年:卫星城设想的尘封

一、国家工业化战略及城市建设方针

社会主义工业化是中国共产党的既定目标。早在中共七大上,毛泽东就论述了工业与国家富强之间的关系:"没有工业,便没有巩固的国防,便没有人民的福利,便没有国家的富强。"①1949年新中国成立后,随着民主革命遗留任务的完成和国民经济的恢复,集中力量推进工业化成为中心任务。

追求工业化源于落后的生产力水平。我国是典型的农业国家,尽管近代以来已有一定程度的工业建设,但是1949年中国共产党接手的是一个一

① 《毛泽东选集》第3卷,人民出版社1991年版,第1080页。

穷二白的农业国家。在1949年国民收入总额中,只有12.6%来自工业,68.4%来自农业。至1952年,在第一产业中就业的人员占总经济活动人口的比例高达83.5%,在第二产业中就业的人员所占的比重仅有7.4%。①产业结构中工农业比重失调。此外,轻工业在国民经济中占绝对优势,重工业基础薄弱。以近代我国工业中心上海为例,1948年重工业的产值仅占全市工业总产值的11.8%②。

与低下的生产力水平长期相伴随的是区域之间发展的不平衡。根据1935年地理学者胡焕庸的人口地理分布研究,从云南腾冲与东北齐齐哈尔连成一条直线,线之西北占全国面积约五分之三,5万人口以上的城市仅有9个;线之东南5万人口以上的城市就有约160个。而50万人口以上的13个大城市则全部在线之东南。③这条"胡焕庸线"从人口分布角度呈现了我国城市化情形,也被视为新中国工业布局不合理的有力论据。一方面是工业集中于东南沿海地带,呈现出畸形繁荣。据1952年的统计,我国沿海各省的工业产值占全国工业总产值百分之七十以上。④广大内陆地区处于自然经济或是半自然经济的落后状态。另一方面,东南沿海地带的工业主要是轻工业。

落后的工业化及不合理的工业布局,是新中国亟须解决的难题。而这道难题的解决,不仅关乎社会主义工业化及现代化的实现,也是新生政权面对严峻国际形势的必然选择。新中国成立初期,西方对我国实行封锁和禁运。美苏之间的冷战、东西方的对峙、朝鲜战争的爆发,这些摆在眼前的困局令国防安全问题成为新中国首要问题。因此尽快发展以重工业为基础的军事工业体系,是新中国成立初期工业化道路的必然选择。面对我国落后的工业发展,1954年毛泽东曾感慨:"现在我们能造什么? 能造桌子椅子,能造茶壶茶碗,能种粮食,还能磨成面粉,还能造纸,但是,一辆汽车、一架飞机、一辆坦克、一辆拖拉机都不能造。"⑤

① 郑有贵主编:《中华人民共和国经济史1949—2012》,当代中国出版社2016年版,第8页。

② 上海社会科学院《上海经济》编辑部编:《上海经济1949—1982》,上海社会科学院出版社1984年版,第78页。

③ 董鉴泓:《第一个五年计划中关于城市建设工作的若干问题》,《建筑学报》1955年第3期。

④ 《工业地区的合理分布与限制沿海城市的盲目发展》,《解放日报》1955年8月12日。

⑤ 《毛泽东文集》第6卷,人民出版社1999年版,第329页。

针对落后的工业化现状，中央优先发展重工业，肯定苏联关于生产力的合理分布与均衡发展方针："社会主义城市发展方向的特点是：生产力的适当分布和全国自然资源、动力、原料的充分使用，引导我们走向消灭城乡对立的道路；那就是在从前那些没有工业的、落后的、野蛮的地区，发展现代化的工厂并创造高度的社会主义城市文化。"①

以重工业为中心、合理分布生产力的工业化路径，至1953年"一五"计划制定时被正式确立。"一五"计划把重工业的基本建设作为重点，并首先集中力量进行苏联帮助我国设计的156个工业单位的建设；在对生产力的配置上，明确指出："必须在全国各地区适当地分布工业的生产力，使工业接近原料、燃料的产区和消费地区，并适合于巩固国防的条件，来逐步地改变这种不合理的状态，提高落后地区的经济水平。"②

简单而言，工业的合理分布、对资源的充分利用、消灭城乡差别，这些与苏联工业化路径、目标相同，不同的是我国特别强调国防安全。基于新中国面对西方国家的威胁及战争爆发的可能，战备原则被中央重视，之后局势的演变也让该原则始终得到重视。我国工业集中于沿海地带的现实，从经济、国防以及消灭城乡对立、节约建设资金等各方面来看都是不合理的。

以重工业为中心、合理分布生产力的工业化路径及理念，影响并主导了新中国城市建设方针的制定。

第一，新中国城市建设的总方针是为工业、为生产、为劳动人民服务，尤其城市建设必须保证国家的工业建设、为社会主义工业化服务。国家一再强调：城市的建设和发展从属于社会主义工业的建设和发展，城市的发展速度由社会主义工业发展的速度来决定。③相应地，城市规划也被视作国民经济计划的延续。④

---

① 卡冈诺维奇：《莫斯科和苏联其他城市的社会主义改造》(1931年6月)，建筑工程出版社编辑部编：《社会主义城市建设》，建筑工程出版社1955年版，第101—102页。

② 中共中央文献研究室编：《建国以来重要文献选编》第六册，中央文献出版社1993年版，第423页。

③ 《贯彻重点建设城市的方针》，《人民日报》1954年8月11日。

④ [苏]阿方钦科：《苏联城市建设原理讲义》(上)，刘景鹤译，北京高等教育出版社1957年版，第42页。

第二,合理分布、重点建设是城市分布和建设必须遵循的原则。“城市靠工业而生存,而工业的配置是依靠生产配置的规律来决定的,因之城市的分布和发展,也是由生产配置规律来决定的。”①城市合理分布而不是集中于沿海,是国家新的城市布局方案。1954 年国家对各类城市进行了分类和排队。第一类:新工业城市,它们是 141 项目重点建设地区,也是全国的重点城市;第二类:重大扩建的城市,这类城市过去有一定工业基础,现在有一些新建和扩建的重大工业项目;第三类:局部扩建或改建的城市,这类城市新工业的建设任务不多,原有公用事业设备可以利用;第四类:一般无工业建设的城市,基本上应维持现状,加强维护和管理工作。②为了生产力的合理分布和均衡发展,也由于国家经济力量的薄弱,内地新工业城市成为国家重点建设对象,而沿海大城市因缺少重点项目被视为扩建、改建对象。

第三,控制大城市规模、发展中小城市成为城市建设的基本理念。这一点符合生产力的合理分布。对此,“一五”计划非常明确:“建国初期城市建设的任务不是发展沿海的大城市,而是要在内地发展中小城市,并适当地限制大城市的发展。”③说是“适当限制”大城市发展,但是在重点建设、稳步前进的方针下,在“不应在大城市中建设新工业企业”而工业又是城市建设“灵魂”的现实情形下,大城市的发展基本停滞。

总之,1949 年后的中国,与之前相比,不仅存在政权鼎革后社会性质的不同,更是在此基础上存在工业化战略及路径、城市建设方针等诸多重要区别。也就是说,原先城市规划赖以生存的政治经济环境发生了重大改变,其适用性自然遭遇困境。

二、社会主义上海的城市定位

解放前,上海是中国最大的工商业城市,是全国的经济、金融、文化中心。1949 年以后,在中央的统筹布局中,上海城市功能、地位发生了改变。

① 曹言行:《城市建设与国家工业化》,中华全国科学技术普及协会 1954 年版,第 3 页。

② 同上书,第 34 页。

③ 中共中央文献研究室编:《建国以来重要文献选编》第六册,中央文献出版社 1993 年版,第 312 页。

由于上海地处沿海，又在国防前线，一些产品距离原料产地和销售市场较远，因此在新中国工业布局的版图上，曾是全国工业中心的大城市上海不再占有中心位置。对上海的定位，1953年初华东局工业会议已明确提到，上海和华东地区在今后相当长远的时期中，都不是国家建设的重点，而是应充分利用现有企业的基础和设备，发掘潜在力量，为国家积累资金，培养技术和管理人才，以支援国家建设中具有决定意义的重工业和国防工业。①

由于不是国家建设的重点城市，"一五"期间上海没有一项国家重点建设项目。上海在制定本市的"一五"计划时，确定了"维持利用、调整改造"的建设方针，提出：坚决服从国家关于巩固国防、工业合理布局的要求；对上海积极改造，发挥上海工业基地的作用，支援全国重点建设。②

从建设实际来看，这一时期上海工业建设从发展方面考虑得少，维持方面考虑得多。③1955年，鉴于台海局势的紧张，上海城市"不适合原子时代的要求"更加凸显。④出于国防安全考虑，中共上海市委按照党中央的指示，提出了"必须贯彻紧缩和加强上海的方针"。这一方针否定了之前的"利用""调整"，突出了"限制"：上海应该坚持一般不再扩建和新建工业，支援内地需要，同时严格限制私营工商业的盲目发展，一般不再批准开设新的工厂、商店。⑤

1949—1955年上海重在维持乃至紧缩的方针，使得这一时期上海发展很慢。不进则退，上海的整个经济形势出现了前所未有的滑落态势。至

---

① 当代中国研究所编：《中华人民共和国史编年：1953年卷》，当代中国出版社2009年版，第80页。

② 中共上海市委党史研究室编：《上海社会主义建设50年》，上海人民出版社1999年版，第138页。

③ 1956年8月柯庆施在上海市第一届人民代表大会第四次会议上总结解放几年来上海发展情况时有这样的反省。参见柯庆施：《调动一切力量，积极发挥上海工业的作用，为加速国家的社会主义建设而斗争》(1956年8月3日)，中共上海市委党史研究室、上海市档案馆编：《上海市党代会、人代会文件选编》(下册)，中共党史出版社2009年版，第345页。

④ 1955年2月7日陈毅在上海市第一届人民代表大会第二次会议上作政治报告，提出："人口往城市集中，工业基地设在大城市，这是不适合原子时代的要求。"参见中共上海市委党史研究室、上海市档案馆编：《上海市党代会、人代会文件选编》(下册)，中共党史出版社2009年版，第267页。

⑤ 《中共上海市委第二书记陈丕显在政协上海市第一届委员会第一次全体会议上的政治报告》，《解放日报》1955年5月16日。

1955年上海已经面临困难重重、难以发展的局面。从上海工业总产值来看,1952年为66.6亿元,1953年有一定发展,达到91.5亿元,1954年为96.37亿元,而1955年则出现倒退,减至91.42亿元。[①]全国工业总产值1955年比1954年增长5.6%,上海反而下降了2.8%。[②]这样的经济数据倒退现象,是上海发展历史上极少见的,也是上海逐渐失去活力的表征。

城市定位影响了上海的经济建设,在一个停滞不前甚至有倒退现象的城市,以拓展城市空间为基础进而展开建设的卫星城设想根本没有适宜的生存土壤。

三、苏联城市规划对中国的影响

苏联在20世纪20年代中后期,曾经出现过城市集中主义与分散主义的讨论。城市集中主义主张在苏联发展巨大的城市进而赶上并超过资本主义国家。城市分散主义则主张像西方那样实施卫星城、有机疏散理论。针对两种不同观点,苏联采用强制干预的措施使得双方都遭到沉重打击。苏联既批评城市集中主义不从苏联的经济制度出发,盲目地附和资本主义;又斥责城市分散主义是对马列主义关于消除城乡对立的曲解。[③]之所以如此,与此时苏联已确立生产力合理分布与均衡发展、控制大城市发展的方针密不可分。1931年联共(布)党中央全会决议指出:“我们不要像资本主义国家的大城市那样的将大量人口集中在狭小地段上的发展形式”,同时对生产力合理分布,工业要靠近原料、动力基地,禁止继续在大城市中建设新工业等作出了明确规定。[④]苏联领导层相信,“有系统的工业分布和‘新的人口分布’可以避免人口过度集中于大城市的毛病”[⑤],因此不需要运用来自资本

① 龚仰军主编:《上海工业发展报告》,上海财经大学出版社2007年版,第87页。

② 孙怀仁主编:《上海社会主义经济建设发展简史(1949—1985)》,上海人民出版社1990年版,第197页。

③ [苏]卡冈诺维奇:《苏联城市建设问题》,程应铨译,上海龙门联合书局1954年版,第73—74页。

④ [苏]阿方钦科:《苏联城市建设原理讲义》(上),刘景鹤译,北京高等教育出版社1957年版,第83—84页。

⑤ [苏]卡冈诺维奇:《莫斯科和苏联其他城市的社会主义改造》(1931年6月),建筑工程出版社编辑部编:《社会主义城市建设》,建筑工程出版社1955年版,第106页。

主义的城市分散主义。

此外，苏联对欧美分散主义的批判也与意识形态对立相关，“即使分散措施可以被采用，我们也从来没有忘记我们仍然被资本主义世界这个饥渴、有力的敌人所包围着。在这样的形势下，将无产阶级集中在有限的空间里，将他们的力量联合起来变得十分重要……”①。意识形态的差异和产生的敌对情绪，足以让苏联驳斥包括卫星城理论在内的欧美分散主义。在苏联看来，包括卫星城在内的资本主义社会城市建设的建议，都是“纸上谈兵，是不能实现的设计方案”②。

意识形态的对立，以及对合理分布生产力的自信，让苏联对欧美分散主义持排斥态度。由于在全国新建、扩建工业城市，摊子铺得较大，于是针对每座城市，苏联采取了以市区为中心的“统一紧凑”建设模式。

统一紧凑模式对百废待兴、百业待举且采取同样工业建设方针的新中国来说，特别具有实用价值。为了能“集中力量打歼灭战”，以有限的财力物力发展城市工业，新中国成立初期，我国在城市建设集中与分散问题上，强调集中原则，认同城里建好了再向城外发展；反对盲目分散建设，批评那是“城里城外到处开花，天上地下经常打架”③。1954年6月召开的第一次全国城市建设会议检查了过去四年城市建设工作存在盲目、分散建设的问题，认为把工厂摆的过于分散、远离市区，会增加市政建设费用，这种盲目分散主义的倾向“违背国家重点建设的方针和社会主义城市建设的基本原则”④。会议正式提出了城市规划要贯彻“全面规划、分期建设、由内向外、填空补实”的原则。⑤

---

① ［英］凯瑟琳·库克：《社会主义城市：1920年代苏联的技术与意识形态》，郭磊贤译，载张兵主编：《城市与区域规划研究》第6卷第1期《城市规划与建设史》，商务印书馆2013年版，第231页。

② ［苏］阿方钦科：《苏联城市建设原理讲义》（上），刘景鹤译，北京高等教育出版社1957年版，第11页。

③ 曹言行：《城市建设与国家工业化》，中华全国科学技术普及协会1954年版，第35页。

④ 孙敬文：《新中国建立以来城市建设的初步总结与今后的任务》（1954年6月），《中国建筑业年鉴》编委会编：《中国建筑业年鉴1996》，中国建筑业工业出版社1996年版，第678页。

⑤ 《第一次全国城市建设会议》，《中国建筑业年鉴》编委会编：《中国建筑业年鉴1996》，中国建筑业工业出版社1996年版，第681页。

新中国成立初期,苏联城市建设指导思想随着苏联专家的到来在我国各城市得到落实。在北京城市改建问题上,发生了“梁陈方案”和“专家方案”之争。“梁陈方案”由梁思成、陈占祥提出,建议中央行政中心区离开北京旧城,在西郊另建,强调分散布局。最终,在苏联专家提出的方案面前,“梁陈方案”被否定。1950 年 3 月苏联专家巴莱尼柯夫等来到上海指导城市规划。专家提出了《关于上海市改建及发展前途问题》的意见书,认为“大上海都市计划”是根据欧美资本主义城市发展经验而编制的,对其加以否定;对“卫星市镇”构思给予批评,认为不切合社会主义上海的实际情形;并提出上海城市改建须遵循一条原则,即应以扩充现有市区面积之方法来进行,同时提出城市改建应符合中共中央华东局关于上海市性质的看法。①

苏联专家对卫星城规划带有资本主义色彩的认定足以让原城市规划不再执行,而其提出的以市区为中心并扩大的改建方式是当时苏联城市建设的经验翻版。苏联专家的指导意见主宰上海城市规划建设很多年,1953 年苏联专家穆欣指导编制的《上海市总图规划示意图》在城市布局上依然采取此种意见。另外,苏联专家提到的城市改建应符合城市性质的提法可谓一语中的,明确指出了城市性质对城市规划及建设的重要影响。上海不是重点建设城市,自然不应考虑远郊,更应以市区为中心紧凑发展。

以上论述似乎表明,我国以苏联为指引的工业化路径及城市建设方针是卫星城理论被抛弃、卫星城设想被尘封的“罪魁祸首”,但实际上两者之间的关系十分微妙。“合理分布生产力”“限制大城市发展”与卫星城理论在避免人口和工业过于集中、追求分散的目标上具有一致性。合理分布生产力既针对全国地区,也针对某座大城市。对大城市来说,合理分布生产力即指向在其远郊展开工业建设,同时人口向远郊的疏散也符合限制大城市规模的思想。苏联和我国限制大城市发展的措施,是不在大城市建设新工业企业,这与卫星城吸收大城市中心区的工业及人口、控制大城市的规模,在某种程度上有着异曲同工之妙。还有,卫星城通过疏散使得工业、人口不集中

① 《上海市人民政府工务局关于本市今后建设改进及发展方面会议的文件》,1950 年 5 月,上海市档案馆,B257-1-32。

于市区，实际上也符合我国的战备指导思想。所以，苏联和我国的工业布局、城市规划指导思想与卫星城理论在一定程度上是暗合的。这种暗合预示着一旦认识改变，解读也会改变。

第二节　1956—1957年：卫星城方案的提出

一、《论十大关系》重要讲话对城市规划建设的影响

1956年，伴随在朝鲜战争结束、台海局势稳定基础上中央对国际形势的客观判断，以及社会主义三大改造的顺利推进，我国开始重点考虑社会主义建设问题。同时，在多年全面学习苏联的建设过程中，我国发现一些“水土不服”的问题。

1956年初，毛泽东花了两个多月时间，先后听取了34个部委有关经济建设的汇报，经过总结概括，在4月政治局扩大会议上作了《论十大关系》的报告。“十大关系”涉及经济、政治、文化各方面，其中“工业和农业，沿海和内地，中央和地方，国家、集体和个人，国防建设和经济建设，这五条是主要的”[①]。

这篇报告被视为我国探索社会主义建设道路的开端，正如毛泽东1960年在《十年总结》中所说：“前八年照抄外国的经验。但从1956年提出十大关系起，开始找到自己的一条适合中国的路线。”[②]

报告明确了建设社会主义的基本指导思想是必须根据本国情况走自己的道路。走自己的道路，意味着对苏联建设社会主义经验教训的反思。这种“以苏为鉴”的思想体现在对经济建设的深入思考：在重工业和轻工业、农业的关系上，认为我国继续优先发展重工业，但是“农业、轻工业投资的比例要加重一点”。在沿海工业和内地工业的关系上，指出发展内地工业仍是基

---

① 《毛泽东文集》第7卷，人民出版社1999年版，第370页。
② 《建国以来毛泽东文稿》第9册，中央文献出版社1996年版，第213页。

本方向,但是限制发展沿海工业是错误的,“好好地利用和发展沿海工业的老底子,可以使我们更有力量来发展和支持内地工业”。在经济建设和国防建设的关系上,强调加强国防建设的重要性,但“可靠的办法就是把军政费用降到一个适当的比例,增加经济建设费用。只有经济建设发展得更快了,国防建设才能够有更大的进步”。①

《论十大关系》报告对于新中国建设和发展是一次重大的战略变化,对上海而言也是意义重大。毛泽东在听取各部门汇报时,针对上海、天津等工业基地是否利用的问题,曾十分明确地指出:“限制发展是错误的,不能限制发展,应该是充分利用或充分合理利用。”他赞成利用上海等沿海城市发展轻工业积累资金,“上海赚钱,内地建厂,这有什么不好?这同新建厂放在内地的根本方针并不矛盾”②。《论十大关系》报告发表不久,中央直接推动上海调整发展战略。1956 年 5 月,陈云到上海,带来了毛泽东以及党中央对“上海有前途,要发展”的期望。③陈云的转达释放了中央发展上海的信号,这对正苦恼于城市经济发展过慢的中共上海市委、市政府来说是一次适逢其时的思想解围,更是一次思想解放,不仅使他们意识到紧缩、限制上海发展的错误,而且让他们毫无顾忌地抛弃了之前重维持、轻发展的思想,最终促使上海城市定位得到调整。

有了国家的直接支持,上海于 1956 年 8 月召开第一届人民代表大会第四次会议,会议通过了“充分利用,合理发展”的工业建设方针。大会确定了调整原先上海工业经济门类不合理的结构,明确必须对上海工业包括纺织工业、轻工业和重工业进行积极的改造和合理的发展,其中要求重工业产值的增长比例比纺织、轻工业大;并提出只要充分利用、合理发展上海工业,就可以使上海工业最大限度地符合加速国家的社会主义工业化的要求,就可以更有效地发挥工业基地的作用,更好地支援全国的重点建设。④“充分利用,合理发展”工业方针的提出,标志着新中国成立后上海“老工业基地”战

① 《毛泽东文集》第 7 卷,人民出版社 1999 年版,第 24—27 页。

② 逄先知、金冲及:《〈论十大关系〉发表前后》,《百年潮》2003 年第 12 期。

③ 中共上海市委党史研究室等编:《毛泽东在上海》,上海书店出版社 2003 年版,第 65 页。

④ 中共上海市委党史研究室、上海市档案馆编:《上海市党代会、人代会文件选编》(下册),中共党史出版社 2009 年版,第 346—350 页。

略定位正式确立。①也正是从 1956 年起，上海开始了新中国成立后的第一次发力建设。

《论十大关系》报告对城市规划建设也有着指导意义。一方面，报告对外国先进技术及科学文化体现出一种较为开放的姿态，提出“一切民族、一切国家的长处都要学，政治、经济、科学、技术、文学、艺术的一切真正好的东西都要学”②。开放的姿态有利于对西方城市规划理论的学习和借鉴。另一方面，在城市规划上注意“以苏为鉴”，强调脱离“教条主义”。1956 年 9 月，国家城市建设部部长万里③在上海城市建设工作干部大会上作了《关于上海市的城市建设问题》报告，指出城市规划要从实际出发，应该根据上海的实际情况开展城市近期和远期规划，一定要注意克服教条主义。④总之，城市规划思想的转变必将促进我国城市规划工作的转型。

二、苏联对卫星城的新认识

苏联转变卫星城认识的先声，是在 1955 年 11 月召开的全苏第二次建筑师代表大会上。大会书面报告指出了苏联工业分布和工业区规划存在的问题，认为国家强调的合理分布生产力、控制大城市发展的工业布局和建设方针并没有得到落实。虽然中央一贯禁止在大城市建设新工业，“但是由于新工厂的兴建，主要是由于现有企业的发展和合并，而使工业在大的中心城市中仍然不断地集中”，在农工业产品的整个生产中，很大一部分都集中在 15—20 个大城市里；此外，有的城市的工业建设的规模和速度，也正在为这些城市变为大工业中心创造着各种条件。报告指出，正是在“统一紧凑”主张下，工业和居住建筑都集中在一起，从而使工业区不断扩大。⑤

① 朱婷：《20 世纪 50—70 年代上海“老工业基地”战略定位的回顾与思考》，《上海经济研究》2011 年第 7 期。

② 《毛泽东文集》第 7 卷，人民出版社 1999 年版，第 41 页。

③ 1956 年 5 月，国家城市建设局从建筑工程部划拨出来，成立城市建设部，万里由局长改任部长。1958 年 2 月，城市建设部、建筑工程部、建筑材料工业部合并成为建筑工程部。

④ 万里：《万里论城市建设》，中国城市出版社 1994 年版，第 31—40 页。

⑤ [苏]米申科：《城市中工业的分布和城市工业区的规划》，城市建设部办公室专家工作科译，城市建设出版社 1956 年版，第 7、10 页。

针对工业企业集中在大城市的偏向,报告提出具体改进措施:“在这些大城市中,只允许修建直接为城市需要而服务的企业(建筑工业、修理厂、作坊、某些食品企业),而在最大的城市(莫斯科、列宁格勒、基辅)中,上面所说的那些企业主要是摆在郊区卫星城市一带。”[①]这里,曾经被归于资本主义国家分散主义的“卫星城”出现在报告中,可以视作尘封的卫星城设想开始“解冻”。

苏联对卫星城模式的正式肯定,是在1956年2月苏共二十大会议上。赫鲁晓夫在苏共二十大总结报告中在谈到改善居住条件的措施时特别指出,必须分散莫斯科、列宁格勒、基辅、哈尔科夫等大城市的人口和在这些城市周围“建立一些设备完善的小城市”,这些小城市应该距离大城市远一点,要有良好的居住条件,同时必须把一些企业也迁到这些小城市里去,使劳动人民能在那里工作。[②]赫鲁晓夫没有直接说卫星城,但实际上他描述的小城市就是卫星城。苏共二十大以后,苏联建筑师[③]开始转变对卫星城的认识。就如列宁格勒总建筑师卡明斯基所说,苏共二十大报告提出的要在大城市周围建立设备齐全的卫星城的问题,具有特别重大而现实的意义,“在国内许多大城市的周围建立不太大的、但是设备齐全的卫星城,是解决城市现状问题的最合理的办法”[④]。

疏散大城市工业和人口到卫星城,曾经被认为是资本主义国家的城市规划原理,但是基于现实情形——莫斯科等大城市工业、人口日益集中,苏联改变了原先认识,卫星城对于控制大城市发展的意义被凸显出来,卫星城对社会主义国家的适用性不再被怀疑。也就是说,苏联不再深信通过禁止在大城市建设工业等行政命令就能控制大城市工业和人口的集中,“大城市必然要增长,而且增长很快很大(这点很重要)”,而“大城市的用地

① [苏]米申科:《城市中工业的分布和城市工业区的规划》,城市建设部办公室专家工作科译,城市建设出版社1956年版,第14页。

② 《第一批卫星城市》,唐炯译,《城市建设译丛》1956年第8期。

③ 苏联把从事城市规划及建筑、工程等行业的专家统称为建筑师。

④ B. 卡明斯基:《论卫星城规划方案的原则》,《城市建设译丛》1956年第12期。

又不可能无止境地扩大”，因此在大城市周围建立卫星城，“实质上是目前的唯一出路”。[①]

苏共二十大以后，卫星城理论很快成为苏联建筑师的关注热点。为了了解英国等国家卫星城规划建设，他们一方面到伦敦、巴黎等城市参观访问，另一方面搜集资料深入研究。在了解大伦敦规划以及芬兰赫尔辛基、丹麦哥本哈根、瑞典斯德哥尔摩等国家大城市卫星城规划建设情况的基础上，苏联建筑师对本国卫星城规划的具体问题展开了热烈的讨论。主要内容包括以下三方面。

第一，英美等国卫星城规划建设情况。

苏联建筑师梳理了英美等国卫星城的演变，指出了卫星城的发展阶段：从卧城到半独立型到完全独立型。[②]并介绍了瑞典斯德哥尔摩最大的卫星城魏林比、英国伦敦最新建设的哈罗卫星城等规划建设情况，包括人口规模、与中心城距离、规模、内部结构、道路系统、工业特征等详细情况。[③]

由于社会性质的不同，苏联建筑师介绍英美等国卫星城规划建设时持慎重态度，尤其在看待卫星城成效时。他们指出，在资本主义制度下，卫星城建设会遇到很大的困难。在工业企业迁移方面，迁移到卫星城困难大、数量不足，而企业迁移后空出的用地还是当作工业用地使用；在分散中心城人口方面，大伦敦规划迁出41万人口至卫星城，“到1957年1月为止，迁到新城内的只有128 600人”。因此，在英美国家这些大城市现有的地区内停止其人口的继续增长和人口密度的继续增大，“实际上是不可能做到的事”[④]。言外之意是：只有社会主义国家能利用卫星城来达到疏散工业和人口的目的。

第二，苏联卫星城性质。

---

① B.卡明斯基：《大城市的人口疏散问题》，《城市建设译丛》1957年第2期。

② E.B.索科洛瓦：《国外新城市的建设》，《城市建设译丛》1957年第11期。

③ A.B.伊康尼科夫：《国外大城市的发展方法》，《城市建设译丛》1957年第3期；B.什克瓦里科夫：《英国城市的规划与修建》，《城市建设译丛》1957年第7期；Ю.雅拉洛夫：《卫星城魏林比》，《城市建设译丛》1957年第1期；B.瓦西里也夫等：《瑞典的新卫星城——魏林比》，《城市建设译丛》1957年第9期。

④ E.B.索科洛瓦：《国外新城市的建设》，《城市建设译丛》1957年第11期；A.B.伊康尼科夫：《国外大城市的发展方法》，《城市建设译丛》1957年第3期。

在卫星城性质的认定上,苏联不认同英国大伦敦规划中完全独立的卫星城。苏共二十大上,赫鲁晓夫在谈到改善居住条件的措施时提出在大城市周围建设小城市,要求小城市要有一些工业,并且设备完善,还提到小城市建设可以用拨给大城市住宅建设的经费来完成。着重于居住条件的改善是苏联卫星城规划建设的指导思想。1956 年苏联建筑科学院城市建设研究所在编制"城市规划和修建法规"草案时提出:"在现有特大城市已形成的生活居住用地及其周围森林公园的范围外布置新的建筑区,形成单独的居住区(卫星城市),它们与城市的中心区及几个主要的工业区之间都有方便的铁路和公路的交通联系。"①

在苏联看来,卫星城是"单独的居住区",但是它并不是卧城,其实质是半独立性的卫星城。"卫星城与一般的居民点不同","好像是中心城市的一个区",有一定工业,有行政机构和商业等公共服务设施,同时与中心城仍有密切联系,这种联系通过铁路、公路系统取得。②在卫星城,"一部分居民将在主要城市内工作,而另外一部分居民将从事地方性的工业生产",卫星城居民拥有生活方面的良好条件,同时"也要享用主要城市内的大型文化福利机构"。卫星城的工业"应该是那些在公共卫生方面无害的工业,主要是食品工业、轻工业和建筑工业"③。苏联对卫星城性质的认定,成为莫斯科等大城市卫星城规划的指南。

第三,卫星城布局、规划原则及规模、距离等详细规划。

针对卫星城布局,苏联建筑师提出规划:卫星城的中心区将布置有文化福利设施和行政办公大楼,如市党委、市苏维埃、邮局、商店、市场、戏院、电影院、少年宫等。每一个卫星城中都有一个宽阔的文化休息公园、6—8 个运动场,一个大体育场(其中设有足球场、游泳池),以及一些停车库;在城郊还布置有医院,并附设门诊部和产科;在环境良好的地方有寄宿中学和养老院;卫星城靠近河湖和绿地,民众居住房屋前后应绿树成荫。④卫星城布局

① 苏联建筑科学院城市建设研究所编:《城市规划与修建法规(草案)》,城市建设部译,北京城市建设出版社 1956 年版,第 13 页。

② B.卡明斯基:《大城市的人口疏散问题》,《城市建设译丛》1957 年第 2 期。

③ П.包马查诺夫:《论卫星城的设计》,《城市建设译丛》1957 年第 7 期。

④ 《第一批卫星城市》,唐炯译,《城市建设译丛》1956 年第 8 期。

明显受到西方霍华德田园城市规划的影响。有的苏联建筑师直接说明:“这些市镇应该是一些真正的花园城市。”①

列宁格勒总建筑师卡明斯基提出了一些基本的设计原则:(1)必须使大量的对外公共交通尽量靠近居住街坊;(2)如果卫星城市不很大,可以规划成基本上没有市内公共交通的城市;(3)卫星城依靠主要城市的文化机关和生活福利机关网来为居民服务的,因此可以不按照普通城市的定额来设计剧院、博物馆、大的百货公司和其他一系列的公共建筑;(4)卫星城市用地的发展应有一定的限度。②

针对卫星城规模,卡明斯基认为应根据不同大城市情况而定,像列宁格勒、莫斯科这样的大城市,卫星城人口最好在5万—10万人;比莫斯科和列宁格勒小的城市,卫星城人口在25 000—35 000。③莫斯科建筑师包马查诺夫认为卫星城应保证宽敞地居住4万—6万人,并提到莫斯科总图设计院拟制了两个方案,一个是6万人口,一个是4万人口。④此外,有人认为每个卫星城大致居住5万人,⑤还有人认为至多只能供3万—4万居民居住,以最好地利用周围的自然环境和新鲜空气。⑥

针对卫星城与中心城距离,苏联建筑师指出,一方面“因为距离很近就会使主要城市与卫星城混在一起,但是如果距离很远,就必然会增加这些卫星城市第一期的建设费用”,另一方面要考虑到对中心城在某些方面的依赖。⑦关于具体距离,建筑师有着不同看法。有的说20—40公里比较合适⑧;有的说30—50公里⑨;有的说应布置在远离中心城45—50公里的半径以内⑩;有的说距离不得小于30—35公里,又不得超过50—60公里⑪;有

① M.巴尔什:《莫斯科周围的新居住区》,《城市建设译丛》1956年第11期。
② B.卡明斯基:《大城市的人口疏散问题》,《城市建设译丛》1957年第2期。
③ B.卡明斯基:《论卫星城规划方案的原则》,《城市建设译丛》1956年第12期。
④ П.包马查诺夫:《论卫星城的设计》,《城市建设译丛》1957年第7期。
⑤ B.达维多维奇:《城市和村镇的规模问题》,《城市建设译丛》1956年第12期。
⑥ M.巴尔什:《莫斯科周围的新居住区》,《城市建设译丛》1956年第11期。
⑦ A.库兹涅佐夫:《城市建设实践中的几个问题》,《城市建设译丛》1956年第12期。
⑧ B.巴布罗夫:《新的城市规划和修建法规》,《城市建设译丛》1957年第1期。
⑨ 《第一批卫星城市》,唐炯译,《城市建设译丛》1956年第8期。
⑩ П.包马查诺夫:《论卫星城的设计》,《城市建设译丛》1957年第7期。
⑪ B.卡明斯基:《论卫星城规划方案的原则》,《城市建设译丛》1956年第12期。

的认为随着汽车运输和电气化铁路运输进一步的发展，距离可以加长到60至70公里①。

综上，1956—1957年，苏联建筑师对卫星城理论及规划展开了热烈的讨论和研究。这是苏联历史上第一次对卫星城理论展开全面探讨，也由于是第一次，对很多问题充满着争论和不同意见。在热烈探讨的同时，莫斯科、列宁格勒等大城市的卫星城规划工作也在积极开展。

三、我国对卫星城认识的转变

1955年底苏联在全苏建筑师第二次代表大会上最早提出要把一些企业建在大城市卫星城，焦善民、蓝田、王文克三人作为中国建筑学会的代表参加了这次会议。②三位代表中，除了蓝田为铁道工程专家外，焦善民时任建筑工程部部长助理，王文克时任建筑工程部城市建设总局副局长。1956年8月29日至10月7日，应中国建筑学会的邀请，苏联建筑师代表团一行十人访华。③两国建筑师代表团的互访与交流，有利于我国了解苏联城市规划思想，包括卫星城理论。

翻译苏联城市规划方面的书籍、文章是重要途径。1956—1957年，《城市中工业的分布和城市工业区的规划》(该书为苏联第二次建筑师代表大会文件集)《城市规划与修建法规:草案》《苏联城市建设原理讲义》等书相继出版。这些书或多或少介绍了苏联对卫星城的认识。相比于书籍，这一时期在城市建设部主办刊物《城市建设译丛》中的相关译文数量多，而且介绍更为详细，涉及苏联转变卫星城认识的经过及对卫星城的探讨等。这实际上体现了城市建设部对卫星城的关注，城市建设部试图通过对苏联的介绍传播卫星城相关信息，同时苏联卫星城认识及规划建设对我国来说也是一种参考和借鉴。

苏联专家参与我国城市规划工作，这也是我国受苏联影响的重要途径。城市建设部聘请了苏联专家指导我国城市规划，同时苏联专家还到各地去

---

① Л.М.特维尔斯科依:《论列宁格勒的郊区规划》,《城市建设译丛》1957年第6期。
② 《学会活动简讯》,《建筑学报》1955年第3期。
③ 《苏联建筑师代表团应邀来我国访问》,《建筑学报》1956年第6期。

指导。毫无疑问，苏联专家会介绍苏联最新城市规划理念。事实也是如此。1957 年，在苏联专家指导下，北京正式提出了《北京城市建设总体规划初步方案》。该初步方案提出了“子母城”布局，母城即中心区，子城是周围市镇，提到将在远郊有计划地发展几十个卫星城镇。①与此同时，上海也在积极规划新的城市布局。同样，上海也邀请了苏联专家指导工作。后文将详述。

此外，1956 年《论十大关系》讲话后学习外国先进技术和科学文化的开放姿态，让城市建设部及专家们大胆介绍欧美卫星城模式。如前文所述，翻译苏联建筑师对英美等国卫星城理论的研究是一种方式，此外，也有我国学者对英国卫星城文章的译介。

译介英国卫星城的文章共有三篇，两篇是译文，一篇是介绍，涉及英国伦敦的两个卫星城：哈罗、贝席尔登。时任城市建设部工程师的周干峙在译文中介绍了哈罗邻里单位规划设计原则，包括邻里单位社会结构概况、交通概况、风景及住宅概况。②清华建筑系的程应铨指出哈罗吸取了过去 50 年英国在城市规划学研究中所获得的许多积极成果，详细介绍了哈罗新城规划中的六大重要特点：居住地点接近工作地点，利用自然条件规划城市，人工建筑与自然风景结合，道路分工，用邻里单位的方法组织住宅，公共、行政、商业建筑集中布置。③还有一篇是建筑工程师白德懋对贝席尔登的译介。贝席尔登计划容纳十万人，是英国最大的一个卫星城。译文论述了贝席尔登总体规划的制定，工业区、住宅区、商业区的布局，交通路线分布，以及学校、俱乐部等公共服务设施的建造状况。④在译文最后有作者的“译者按”，总结了贝席尔登规划中的特点，并指出其中的一些不足。

一方面，我国学者对英国这两座卫星城的介绍，体现了一种学习、借鉴的姿态。就像程应铨所说：“总的来讲，哈罗城的规划思想带有很大的启发性，它反映了生活要求、经济、自然条件及技术发展对城市规划的影响，可以丰富一下我们的思路。”另一方面，我们“以苏为鉴”、有分析有批判地向国外

---

① 《北京市委关于北京城市建设及总体规划方案的文件》，1958 年 6 月 8 日，北京市档案馆，131-001-00056。

② 干峙译、志群校：《新哈罗市镇》，《城市建设译丛》1956 年第 12 期。

③ 程应铨：《伦敦附近卫星市哈罗规划中的一些特点》，《城市建设》1957 年第 1 期。

④ 《新镇贝席尔登》，白德懋译，《城市建设译丛》1957 年第 6 期。

学习。“对于外国的规划经验,主要是通过具体的例子学习它的好的规划方法,千万不要硬搬某种固定的规划形式或图案。”①白德懋则在“译者按”中小结:“综上所述,资本主义国家的卫星镇如贝席尔登的建设经验可能是成功的,但我们不能生搬硬套,因为对我国情况来看也许不切合实际;他们的建设经验也可能是失败的或者根本是空想,但是对我们也许有用处。总之,要看到资本主义国家由于落后的社会制度和腐朽的阶级关系的限制,市镇建设有很大的局限性和很多无法克服的困难。规划设计中反映的是如何更好地为剥削阶级服务,争取资本家获得最大的利润。”②

除了译介苏联、英国卫星城文章,少数学者开始思考我国卫星城规划建设问题。有人指出,我国必须“多搞中小城市”,但是对超过百万人口的城市,如北京、上海、天津等,如再要扩大,就应当首先考虑发展卫星城,以避免大城市的一些难以解决的矛盾再发展下去,“如果等到发展得象[像]伦敦、莫斯科那样时才考虑卫星市,那就太迟了”③。

城建专家潘基礩在指明卫星城对合理利用大城市的重要意义后指出,卫星城的特征可以概括为:是一个独立的城市,又不是一个独立的城市。接着他提出了制定卫星城规划方案的基本原则:第一,卫星城必须布置足够组成城市的基本物质要素,不能将卫星城市规划为没有或者缺乏物质要素的“卧城”;第二,卫星城应根据它的基本物质要素对交通运输的要求,建立在中心城市的对外交通线上(如铁道、公路、水道等),以便利用这些已成设备承担卫星城市与中心城市之间的主要交通运输任务;第三,卫星城必须有足够的合于居住条件的住宅区,并应有能满足居民日常生活需要的商业与公共服务设备,使居民工作在哪里,生活也在哪里;第四,卫星城与中心城市的距离,在一般速度的机动交通工具的条件下,应在15—20公里范围之内(约一小时行程),使居民在一日之内,可以从容地来往于两市之间,并有足够的时间选购商品、参观展览或做其他社会活动;第五,所谓卫星城市体系,虽然实际上就是一个大城市或特大城市,但各个城市仍有较充分的独立性。因

① 程应铨:《伦敦附近卫星市哈罗规划中的一些特点》,《城市建设》1957年第1期。
② 《新镇贝席尔登》,白德懋译,《城市建设译丛》1957年第6期。
③ 商志原:《多搞中小城市》,《城市建设》1957年第8期。

此，在计算城市人口时，应根据卫星城的特征，它的服务人口应较一般同规模城市的百分比为低，而中心城市则应当较高。其他，如为居民服务的文化福利系统的定额，则应分析卫星城对中心城市的依赖范围与程度，根据具体情况采用。[①]这篇登载在《城市建设》上的文章，是在学习苏联认识基础上的归纳，基本上论述了社会主义国家的卫星城模式，也成为后来我国卫星城规划的重要参考。

根据现有资料，可以获知毛泽东对“花园城市”有所了解。1956年10月，中共上海市委书记柯庆施在一次市长办公会议上听取了市规划建筑管理局副局长后奕斋的一份汇报，汇报中提到在可能的条件下发展卫星城1—2处，首先可集中发展闵行。[②]听取汇报以后，柯庆施非常兴奋，提到毛泽东曾经和他有一次谈话，毛泽东说：“过去有个英国的空想社会主义学者，曾提出过‘花园城市’的理论，你们上海也可以考虑，可以组织人研究一下，如果写出来文章，我让《红旗》杂志给你们登。”参加这次会议的柴锡贤（时在市规划建筑管理局工作）后来回忆这幅场景时仍然印象深刻。[③]霍华德在提出田园城市理论时受到英国多位空想社会主义学者的影响，包括英国16世纪著名的文学家、政治家、思想家托马斯·莫尔和19世纪初期城市“乌托邦”思想家代表欧文。不过，霍华德本人并不是英国空想社会主义学者。不管怎样，毛泽东对该理论的关注及对上海城市规划的重视是显而易见的。同时，上海后来卫星城决策演进显然与柯庆施的决定密切相关。

同一时期，主管我国经济建设的国务院副总理李富春关注着城市规划和建设工作。1957年4月17日，李富春向中央报告：城市的发展和建设必须加以控制，如果北京附近需要发展，不如就现有城市周围再建一些卫星城市更为合适。[④]李富春是我国经济建设的重要领导者，他对卫星城的肯定和

---

① 潘基礩：《论卫星城市规划方案的基本原则》，《城市建设》1957年第7期。

② 《上海城市规划志》编撰委员会编：《上海城市规划志》，上海社会科学院1999年版，第96页。

③ 李浩：《城·事·人：城市规划前辈访谈录（第五辑）》，中国建筑工业出版社2017年版，第48页。柴锡贤在接受采访时指出，毛泽东提到的英国人就是霍华德。

④ 邹德慈等：《新中国城市规划发展史研究——总报告及大事记》，中国建筑工业出版社2014年版，第118页。

提议具有重大意义。之后,李富春多次在讲话中提到建立卫星城。

1957年起《人民日报》开始公开报道卫星城相关信息。1957年4月27日《人民日报》一篇文章在介绍兰州工业建设情况时提出:新兴工业区——西固区将是兰州市的一个绿色“卫星城”。①这则报道公开表露了我国对卫星城的认可。之后,《人民日报》陆续报道了苏联卫星城建设动态。1957年4月29日,一篇文章称卫星城建设是苏联城市建设的一个新发展,“苏联第一座容纳六万五千居民的设备完善的卫星城将在莫斯科附近的希姆金区建立起来”②。10月25日的一篇文章提到卫星城是“既合适又具有时代意义的名称”,再次详细介绍苏联第一座卫星城兴建情况,并指出:“在第六个五年计划期间,莫斯科将要修建好几座这样的卫星城。”③11月25日其登载了中国建筑学会副理事长梁思成的一篇文章,提出“在一些大城市附近建造卫星城”是苏联城市规划在向新的方向迈进,而苏联建筑和城市建设的经验是“社会主义建设的最主要的借鉴”。④

总之,在各种因素交织及推动下,1956年起我国转变卫星城认识,并开始了初步探讨。

四、上海展开卫星城方案的探讨

1956年起,在毛泽东和党中央的关心、支持下,上海制定了“充分利用,合理发展”的工业建设方针。从上海工业实际情况来看,上海拥有工业实力和发展潜力。尽管新中国成立初期上海工业重维持、轻发展,发展速度减慢,但实力仍十分雄厚:上海工业产值占全国工业总产值的五分之一,主要工业现有设备如纱锭占全国三分之一以上,金属切削机床和锻压设备占全国三分之一。⑤同时上海工业有着很大的潜在力量:技术力量强大,技术水

① 《新的城市在前进,兰州的西固区》,《人民日报》1957年4月27日。

② 《苏联第一座“卫星城”将在莫斯科附近诞生》,《人民日报》1957年4月29日。

③ 《新的五年计划中城市建设的新发展:莫斯科正在兴建卫星城》,《人民日报》1957年10月25日。

④ 《学习苏联城市建设和建筑的经验》,《人民日报》1957年11月14日。

⑤ 《调动一切力量、积极发挥上海工业的作用、为加速国家的社会主义建设而斗争——柯庆施同志在上海市第一届人民代表大会第四次会议上的报告》,1956年8月,上海市档案馆,B123-3-890-1。

平较高;工业设备的利用率还较低;各种工种比较齐全,易于互相协作。

根据“充分利用、合理发展”的方针,中共上海市委提出了工业建设的大体规划。重点放在重工业建设,包括机电、精密仪表、造船、钢铁、化学等工业。“上海将要成为全国制造中小型机械、造船工业的基地之一;上海的轻纺工业将有所发展;上海将大力生产高级产品以满足国内外的需要;上海将争取在第二个五年计划期末,工业总产值比 1957 年计划水平约增长 80%,争取在第三个五年计划期末比 1962 年计划水平约再增长 49%。”①

在新中国工业化蓝图上,上海的重要性开始凸显。因此,以工业为主导的城市规划建设迎来了新的契机。与此同时,国内对卫星城的关注和宣传、苏联专家的建议也影响到上海城市规划工作的进行。

1956 年 5 月,上海邀请时任国家城市建设部规划设计局副局长王文克和苏联专家巴拉金来沪参加上海市城市规划工作座谈会。苏联专家巴拉金指出,上海城市人口的集中和公用设施的混乱是很突出的。他提出,城市过大,在经济上和战略上都是不利的。经过几次座谈后,巴拉金指出上海的城市规划应该研究两种方案:“第一类是紧凑发展的方案,如现在所提出的。第二类是分散的,如利用闵行等现有的基础,发展卫星城镇。”根据上海情况和专家的发言,上海市规划建筑管理局领导提出了上海城市发展方向的三种方案:紧凑的向北区发展、沿黄浦江延伸方向带形发展、分散的卫星城镇式的发展。对于三种方案,巴拉金认为应按照上海的具体条件进行分析。②这次座谈会是上海对城市规划方案的初步探讨。建立卫星城已被作为一种可能性提出。

1956 年 9 月,以苏联建筑师协会书记处书记沙洛诺夫为首的苏联建筑师代表团一行十八人在国家建设委员会苏联专家克拉夫秋克、城市建设部城市设计院史克宁副院长的陪同下再次来到上海。苏联建筑师对上海人口之多、规模之大表示担忧,因此他们纷纷认为上海应该考虑采用卫星城的办法。他们介绍了莫斯科、列宁格勒关于卫星城的规划设想。有建筑师指出,

---

① 《全党努力,实现“充分利用、合理发展”的工业方针》,《解放日报》1956 年 7 月 27 日。

② 《上海市城市规划工作座谈会记录》,1956 年 5 月 4 日,上海市档案馆,B8-2-15。

是否可考虑发展距市区 40—50 公里,甚至 70 公里以外的地方,布置一些工业,采用 4—5 个卫星城市,每个约 10 万—25 万人。由于此时苏联国内也正处于卫星城相关理论的探讨中,因此介绍并不深入,同时各位建筑师的建议不尽相同,如关于上海人口数量,有的认为最好能限制在 500 万人左右,有的认为应该减少至 300 万左右。①

1957 年 5 月,国家卫生部苏联专家尼基金来沪指导时指出,上海人口过多不经济的、不合算,建议规划局与有关各局成立人口工作组专门研究上海的人口问题。并提出苏联采用卫星城的办法解决大城市人口问题,认为上海有研究考虑的必要。②

在新的形势下,上海城市规划专家开始设想卫星城方案。1956 年 9 月,上海市规划建筑管理局在编制《上海市 1956—1967 年近期规划草图》时,提出除原有沪东、沪南和沪西三个工业区内的大部分工厂可以就地建设、改造外,建立近郊工业备用地和开辟卫星城的规划构想。同年 10 月,在副市长曹荻秋主持的第二十一次市长办公会议上,市规划建筑管理局副局长后奕斋详细汇报了这份城市规划。③

之后,上海市规划建筑管理局会同有关专家开始研究卫星城建立的相关实践问题,包括选址、规模大小及人口比例构成等。在选址问题上,提出两种可能:一是结合利用上海附近现有城镇,二是新建为主。其中“通过区域规划充分研究利用附近现有中小城镇作为卫星城市的可能性”④成为先期重点考虑问题。

综上,1956 年起卫星城作为一种可能性,被列入上海城市规划方案。这一时期上海对卫星城的认识,主要有以下两个特点。

---

① 《苏联建筑师代表团在上海市规划建筑管理局座谈会上的发言》,1956 年 9 月 22 日,上海市档案馆,A54-2-35-119。

② 《上海市卫生防疫站关于尼基金对上海市城市规划的意见》,1957 年 5 月,上海市档案馆,A54-2-156-20;《上海市卫生局关于苏联专家尼基金对上海市提出城市规划意见建议分别成立研究工作小组的函》,1957 年 7 月 10 日,上海市档案馆,A54-2-158-131。

③ 《上海城市规划志》编撰委员会编:《上海城市规划志》,上海社会科学院 1999 年版,第 96 页。

④ 《上海市城市规划勘测设计院关于检送上海市城市规划定额指标修正意见的报告》,1957 年 9 月 15 日,上海市档案馆,A54-2-158-198。

第一，在卫星城功能上，侧重于市区人口的疏散。

分散市区的工业和人口，从而有效遏制大城市的过度膨胀，这是欧美各国对卫星城功能的基本认识。苏联专家的指导意见中，十分强调上海人口过多、规模过大，而这点切中上海城市人口问题，从而使得卫星城疏散市区人口的功能被重点关注。

上海人口集中伴随近代以来的城市化进程，1949年后全市人口继续增加，市区更为集中：1952年全市人口572万，其中市区505万；1957年全市人口689万，其中市区609万。①对于人口集中的危害，上海有着清醒的认识，也多次提到为了防止上海人口过多而带来的国防安全、市政管理和人民生活必需品的供应等问题，必须对市区人口进行有效的控制。②

1956年之前，上海有效控制市区人口的途径主要体现为疏散人口至外地或回乡：初期以大量非生产性人口迁出上海为主，后来以支援外地建设迁出一批职工，1955年在紧缩政策下大规模动员人口回乡迁出779 138人。③

1956年起，卫星城逐渐作为疏散市区人口的途径之一。1957年5月，上海市规划建筑管理局在提到今后人口规划时指出通过两大措施解决人口过多问题：一是大力宣传节育，二是输送劳动力平衡城市人口。在第二大措施中，既包括输送劳动力以支援新区建设，也包括输送劳动力至卫星城——“可以考虑建立卫星城市的办法，分散城市中一部分基本人口。这样也就疏散了一部分城市人口”④。基本人口即企事业单位的劳动人口。输送劳动力至卫星城，意味着同时迁移企事业单位，但更重要的是分散基本人口最终可以疏散市区人口。1957年11月，上海市民政局在制定的《上海市人口工作方案》中，把建立卫星城作为“避免人口过于集中”、控制城市人口的一大措施。⑤

---

① 上海市统计局编：《胜利十年：上海市经济和文化建设成就的统计资料》，上海人民出版社1960年版，第8页。

② 《关于上海人口、地方工业等几个主要问题的调查报告》，上海市档案馆，B5-2-20-111。

③ 上海市公安局户政处编：《上海市人口资料汇编(1949—1984)》，1984年，第17页。

④ 《上海市规划建筑管理局城市规划处关于上海市人口现状及今后规划的初步意见》，1957年5月28日，上海市档案馆，A54-2-158-24。

⑤ 《上海市民政局关于上海市人口工作方案(草案)》，1957年11月23日，上海市档案馆，B168-1-882-27。

1956—1957年,尽管上海在城市规划方案中提到建设卫星城,但此时更加看重的是其对疏散人口的意义,对卫星城与工业建设之间的认识尚不清晰。

第二,在城市布局上,卫星城方案仅为备案。

1956—1957年,上海工业基建项目迅速增多,每个项目的规模,也从零星添建增加到数十万元,乃至百万元以上的投资。面对上海日益增多的工业建设项目,上海此时谋划了市区为主、近郊为辅的工业布局。一是填空补实,即在市中心区范围内对企业展开调整改组,就地扩建解决,如肇家浜以南地区;二是发展近郊区,以安排新建迁建项目。[①]设立近郊工业区早在1953年苏联专家已提出,后来上海辟建桃浦为化学工业区,不过建设进度很慢。[②]1956年,上海决定在第二个五年计划期间建设三个近郊工业区:桃浦、彭浦、漕河泾,并在1957年7—8月间开始施工。[③]

与1956年之前以市区为中心的紧凑发展相比,市区为主、近郊为辅的工业布局已经向外扩建。当然仍属于紧凑发展模式。可以看到,尽管上海在规划工业布局时提到在远郊开辟卫星城,但属于远期规划。之所以如此,根本原因是因为上海虽然在1956年确定"要发展",但是中央也指出,上海发展是为了"更好地支持和配合新工业基地建设的需要",同时上海工业建设重点放在轻工业。[④]对中央的指示,上海有着清醒认识,柯庆施曾对"充分利用、合理发展"工业方针有过解释:"我们既要批判轻视上海工业的作用和把上海工业潜力估计过低的思想,也要反对不从全面考虑、不从实际出发而盲目扩大生产的思想和做法。"[⑤]因此,上海是"合理发展",不是"大发展"。[⑥]

---

① 《中共上海市城市建设局委员会关于上海工业布局和城市发展方面的若干体会》,1960年2月,上海市档案馆,A54-2-638-14。

② 吕文:《赵祖康副市长访问记》,《文汇报》1957年1月10日。

③ 陈加奇:《上海新工业区巡礼》,《文汇报》1957年8月25日。

④ 《论十大关系》报告指出:"必须更多地利用和发展沿海工业,特别是轻工业。"毛泽东:《论十大关系》,《人民日报》1976年12月26日。

⑤ 中共上海市委党史研究室、上海市档案馆编:《上海市党代会、人代会文件选编》(下册),中共党史出版社2009年版,第349页。

⑥ 参见《关于继续动员农民回乡生产的宣传提纲(草稿)》,1957年1月5日,宝山区档案馆,8-2-004-012。

所以，虽然1956—1957年上海工业建设项目，尤其是重工业建设项目逐渐增多，但仍保持在"充分利用"市区工业基础和原有条件、适当向外扩建就能满足生产建设需要的状态。

由于卫星城方案只是城市布局中的备案，所以直到1957年10月，作为最早提及的卫星城闵行发展方案仍未确定。当时上海市基本建设委员会建议市规划勘测设计院对闵行发展编制总体规划，提出两种建议：第一，就闵行的地理条件考虑它作为上海卫星城镇的可能，并据此作一个卫星城镇的规划方案；第二，研究上海有否沿黄浦江作带形城市的发展，是否有将闵行与市区联系起来的可能，据此将闵行作为上海的一个区考虑规划方案。提出把这个问题交给规划设计院作为一个课题加以研究，而且"在该院具体工作安排上，可以根据该院的具体工作条件和目前的主要任务，安排得稍后一些，以不影响当前的主要工作任务为原则"①。

两种建议反映了闵行的规划尚处于待定状态，而研究可以"稍后一些"的情形说明了卫星城备案的地位。当然此时建立卫星城的条件还未成熟。卫星城需建在远郊，而上海的远郊很多地方属于江苏、浙江两省，闵行镇当时就属江苏省上海县管辖。②

第三节　1958—1960年：卫星城地位的确立

"大跃进"运动从1957年底开始酝酿发动，1958年起扩展至全国。在高速度是总路线灵魂的指示下，各行各业纷纷而动，工业建设更是重中之重。在这股风潮中，城市规划伴随工业建设不断调整，上海卫星城战略得以推进，进而确立了在城市布局中的重要地位。

---

① 《上海市基本建设委员会关于闵行地区的规划》，1957年10月21日，上海市档案馆，A54-1-32。

② 为了闵行等地的归属问题，新中国成立以后上海市与江苏省多次沟通商讨，华东局曾一度同意闵行镇划归上海市、撤销上海县制。1956年后，上海再次向国务院申请将上海县、嘉定县等地划归，于1958年先后得到国务院的批复同意。1958年之前，闵行属江苏省上海县管辖，但是上海电机厂、汽轮机厂的建设离不开上海的投资和管理。

一、中共上海市委决定建立卫星城

1957年10月在党的八届三中全会上，毛泽东强调“多快好省”口号，统一党内对经济建设规模和速度问题的认识。11月，在苏联提出十五年赶上和超过美国后，毛泽东在第一次莫斯科会议上提出中国十五年钢产量赶上或者超过英国的目标。12月，刘少奇代表党中央在中国工会第八次全国代表大会上公开宣布了国家的这一目标。[①]

1957年12月至1958年1月初，中共上海市第一届代表大会第二次会议召开，拉开了上海“大跃进”的序幕。1月10日，会议通过了中共上海市委第一书记柯庆施所作的《乘风破浪，加速建设社会主义的新上海》报告。在第五部分，报告号召争取提前和超额完成第二个五年计划，实现中央提出的钢铁等产量赶超英国的目标，为此列出了上海必须完成的十二条任务。每条任务用简短的文字加以说明，除了大力发展工业生产、争取“全国农业发展纲要(修正草案)”的提前实现、繁荣科学文化等任务外，第九条任务是关于控制上海人口的：

> 适当安排上海的剩余劳动力，积极鼓励上海青年和要求就业的人，到农村参加农业劳动。在上海周围建立卫星城镇，分散一部分小型企业，以减轻市区人口过分集中。提倡有计划生育，加强人口管理，争取将上海人口限制在700万左右。[②]

这条任务中，控制和规划上海人口的举措——输送劳动力到农村、疏散市区人口到卫星城以及计划生育，之前被民政局、规划建筑管理局作为规划方案，在这次会议上提出意味着其作为政策得以确立，表明上海作出了建立卫星城的正式决定。

“在上海周围建立卫星城镇，分散一部分小型企业，以减轻市区人口过分集中”，这种论述沿袭了原先对卫星城主要功能的认识，即以疏散市区人口为重，分散一部分小型企业服务于人口的疏散。控制城市人口是加速建

---

① 中共中央党史研究室：《中国共产党历史第二卷》上册，中共党史出版社2011年版，第464—472页。

② 《乘风破浪，加速建设社会主义的新上海！》，《解放日报》1958年1月25日。

设新上海的保障，建立卫星城则是上海人口政策的体现。

这次会议是上海“大跃进”序幕拉开的动员会。上海决定建立卫星城始于这次会议。值得一提的是，上海在这次会议上使用的是“卫星城镇”概念，后来一直如此。止于“镇”、未成“城”是计划经济时期上海卫星城建设面貌的呈现，从这个角度来说，“卫星城镇”的提法是对未来的一种预定。

为了适应上海城市建设发展的需要，“加速进行社会主义新上海”，中共上海市委向国务院呈请将嘉定、上海、宝山三县划归上海市管辖，1958年1月17日获国务院批准。这三个县划归的意义，正如《解放日报》所报道：“这三县划入本市后，对本市整个城市规划和建立卫星城镇，将有重大作用，特别是对本市副食品供应状况将会大大改善，对下放干部进行劳动锻炼和其他方面亦将会带来有利条件。”①

中共上海市委作出建立卫星城的正式决定后，各有关部门立即着手卫星城选址、设厂条件、发展方向的调查和研究。1958年2月，城市规划勘测设计院工作组对闵行、松江、青浦、昆山、嘉定、南翔六个地方的设厂条件进行了初步调查。4月5日，上海市计划委员会、建设委员会组织各工业局、市政工程局和教育局开会讨论设厂及设立学校问题，会议提出卫星城暂时考虑嘉定、南翔、闵行三镇。这应该是基于嘉定、上海县划归管辖的考虑，并提出设厂原则：与原有城市生产协作不大，初期建设对市政工程、公用事业配合要求不大并可充分利用城镇原有设施。②

二、重工业建设推进中卫星城作用日益突显

1958年5月党的八大二次会议提出“鼓足干劲，力争上游，多快好省地建设社会主义”总路线，之后“大跃进”运动、人民公社化运动在全国全面展开。片面追求工农业生产和建设的高速度，打乱了原先的计划。有学者指出，按照国家计划委员会、国家建设委员会原来的设想，在第二个五年计划时期内，上海等地除扩建几项工业以外，同东北、华北地区一样，都要大力支

① 《嘉定、宝山、上海三县划归本市管辖》，《解放日报》1958年2月18日。

② 《上海市计划委员会关于召开研究在卫星城镇设厂及设立学校问题会议的通知》，1958年4月4日，上海市档案馆，A54-2-312-7。

援其他地区,以求在第二个五年内,各大协作区都能建成比较完整的工业体系。可以说是“大跃进”的发动冲击和打乱了原来的计划和部署。①

也就是说,按照国家原先计划,上海是“合理发展”,以支援内地建设为目标。正是1958年“大跃进”运动的全面展开,使得重工业建设像一匹脱缰的野马超速向前,上海重工业建设的规模和速度也随之加快。在这样的背景下,1958年5月上海市计划委员会制定了《1958—1962年上海工业发展规划纲要》(以下简称《纲要》)。

《纲要》明确了“二五”期间上海工业发展的总目标,是要把上海建设成为全国一个以重工业为中心的具有先进技术水平的综合性的工业基地:“主要是以重工业为中心,向高级的、精密的、大型的方向发展,多搞新产品,赶上并超过国际水平”;同时加强对科学工作的领导,培养高级技术力量,使科学技术更好地为生产服务。《纲要》着重提出要大力推进重工业建设,要求“重工业的增长速度要大大超过轻纺工业”②。

在推进上海重工业建设、实现工业目标的规划中,卫星城成为其中的重要内容之一。《纲要》中明确提出应“逐步建立卫星城镇,适应工业建设的需要”,计划在距离上海市中心60公里的范围以内,建立3—5个卫星城镇,“以便合理分布第二个五年工业建设项目,繁荣附近中小城镇和改善市区人口过分集中的状况”,并根据交通运输方便、有一定公共设施可以利用的原则,对卫星城的建立作了两步考虑:

> 第一步先将闵行、南翔、嘉定三个地方作为本市迁建工厂的卫星城镇:闵行作为大型、重型机电工业区,南翔作为小型、轻型机电工业区,嘉定作为轻纺工业区。第二步还考虑将昆山和松江作为本市的卫星城镇。③

对《纲要》中涉及卫星城的这段内容稍作分析可以发现:第一,“适应工业建设的需要”“合理分布第二个五年工业建设项目”成为建设卫星城的重要因素;第二,规划闵行、南翔作为机电工业区,正契合了《纲要》中“初步建成较为完整的机电工业基点”的目标;第三,因有前期的调查基础,卫星城规

---

① 中国社会科学院、中央档案馆编:《中华人民共和国经济档案资料选编(1958—1965)》,中国财政经济出版社2011年版,“前言”,第6页。

②③ 《1958—1962年上海工业发展规划纲要》,1958年5月16日,上海市档案馆,B29-1-108-59。

划比之前更为明确，而且计划建立3—5个卫星城，说明工业建设中卫星城作用的提升。

之后，在多次对闵行、嘉定、南翔等镇进一步深入调查后，市城市规划勘测设计院在1958年8月至10月间先后编制了三个地方的规划图和说明报告，认为闵行地理位置、自然条件优越，交通运输条件良好，已有工业同市区工业协作密切，动力供应及各项服务设施均有一定基础，因而作为上海市的第一个卫星城镇，首先进行建设。①

重工业建设的需要推动了上海卫星城从规划走向实践，但是，相比于卫星城刚刚起步，近郊工业区在数年的建设中已初具规模。因此1958年上海工业布局总体上采取了以近郊工业区为主、卫星城为辅的方针。

这一方针清晰呈现在1958年9月上海市基本建设委员会制定的一份关于城市总体规划图的说明报告中。为适应上海工业建设的推进，这一时期共规划了11个工业区、9个工业备用地。11个工业区是重点建设对象，市区有沪东、沪西、沪南3处，近郊区有蕰藻浜、北新泾、桃浦、漕河泾、周家渡、彭浦、吴泾等7处，另外一个是闵行。9个工业备用地用于以后工业发展，嘉定、南翔、安亭、北洋桥等地在列。②

在工业"跃进"中，卫星城与近郊工业区的主要目标是一致的，都为了发展工业，因此两者都被称为工业区。这份规划的要点在于：

一是近郊工业区是此时上海工业布局的中心。11个重点建设的工业区，7个在近郊。相比之前以市区为中心、近郊区为辅的工业布局，近郊区的作用受到重视。二是闵行卫星城列入工业布局。一方面说明已确认闵行的重要地位。原先作为卫星城候选的嘉定、南翔则被归入工业备用地，说明它们还不是重点建设对象。另一方面则突显了卫星城工业建设的本质，也是后来闵行等卫星城常被称为工业区的原因所在。三是"卫星城"淹没于"工业区"的这种表述揭示了卫星城作为城市布局的一种方向，其地位尚不突出。

① 《闵行总体规划说明书》，1958年10月30日，上海市档案馆，A54-1-72。

② 《关于申请审批全市总体规划图及中区规划图的说明报告》，1958年9月4日，上海市档案馆，A54-1-72。

需要说明的是,这份报告中吴泾被确定为近郊工业区展开建设,定位为上海市郊区的一个化学工业区,后来又被认定为卫星城。其实在近郊工业区和卫星城都服务于工业建设的背景下,区别两者的主要依据是与市中心的距离。卫星城应与市中心多远,最初没有明确,后来才确定卫星城与母城的合适距离为20—40公里。闵行离市中心35公里,被视作卫星城没有疑义。吴泾离市中心25公里,最初被划入近郊区,标准调整后就被视作卫星城。①

三、卫星城在城市布局中地位的确立

1958年底中共上海市委书记、市长柯庆施在市三届人大一次会议上指出:“改造上海变成高级的工业、文化、科学基地,把上海变成花园的城市。”②在1959年5月市三届人大二次会议上,柯庆施再次强调:“今后上海不但是工业城市,而且是花园城市”,并提出“市区最多300万人”,要“建设卫星城”。③

同时,1959年上海市域再次扩大。随着江苏省松江、金山等七个县划归上海④,上海全市土地面积扩大至5 910平方公里⑤,为城市工业建设的发展提供了更为广阔的空间。

上海城市发展目标的明确以及市域的扩大,对城市总体规划的编制工作提出了新要求。在市委市政府看来,之前上海先后做过许多规划方案,但是城市规划中的重要原则长期摇摆不定,所以都未定案,是时候提出总的意见了。

1959年4月,国家建筑工程部工作组与苏联专家一起到上海指导城市规

---

① 吴泾何时从近郊区转为卫星城,在档案资料中查找不到。根据现有资料,在1959年《关于上海城市总体规划的初步意见》中吴泾已是卫星城。

② 中共上海市委党史研究室、上海市档案馆编:《上海市党代会、人代会文件选编》(下册),中共党史出版社2009年版,第480页。

③ 《上海市第三届人民代表大会第二次会议由柯庆施市长作总结报告》,1959年5月,上海市档案馆,B1-1-733。

④ 《川沙、青浦、南汇、松江、奉贤、金山、崇明七县划归本市》,《解放日报》1958年12月13日。

⑤ 上海市统计局:《上海市国民经济和社会发展历史统计资料:1949—2000》,中国统计出版社2001年版,第3页。

划编制工作。中共上海市委确定了城市规划建设的基本方针，即“建立卫星城镇、压缩旧市区人口至300万左右”①。从4月至10月，经历多次讨论及完善，《关于上海城市总体规划的初步意见》(以下简称《意见》)编制完稿。②

《意见》开宗明义，提出上海城市规划和建设的基本方针是“建立卫星城镇、压缩旧区人口”，指出通过卫星城疏散一部分工业和人口，为工业发展、市区改建、市民生活条件的改善“创造了必要的条件”。这一指导思想贯穿全稿，尤其在主体内容——旧市区、近郊工业区、卫星城工业和人口规划意见中进行了深入的阐述。

概括而言，卫星城的重要地位体现在工业布局和城市规模控制两个方面。

首先，“压缩旧市区、控制近郊区、发展卫星城镇”成为上海工业布局的总原则。《意见》指出：只有把旧市区的工业通过调整改组加以缩减，在近郊工业区不再多摆工业项目而加以严格控制，在远郊卫星城开辟新建迁建工业的基地，才能有利于上海工业劳动生产率的不断提高，有利于向高、精、大、尖方向发展。

《意见》明确了卫星城对上海工业建设的重大意义。一方面说明新建、迁建项目的大量增加对城市空间、资源提高要求。这些工业对建设条件和生产工艺布置要求较高，有些工业还有特殊的设厂要求，如污水处理，防护要求或需环境幽静、防尘防震，等等。另一方面详尽介绍了市区和近郊区工业建设存在的问题。市区工业主要问题是：工厂过分集中，小厂很多，用地狭窄；厂房简陋，设备陈旧；布局不合理。近郊工业区在用地方面已经接近饱和，“如果再摆些工厂及其相应的住宅，会造成城市规模过大、引起各种弊端；如再增加新的工业项目，居住区的布局也将发生困难”。

其次，卫星城在城市规模控制中有着重要意义。《意见》明确指出：改变上海城市工业混乱、人口集中现状的出路只有一条，即把旧市区人口减少到300万左右(连近郊工业区共400万左右)，把一部分工业和人口疏散到郊

① 工作组在总结时提到：中共上海市委明确上海建设和城市发展方针是编制工作顺利开展的首要原因。《工作情况汇报(第四号)》，1959年11月15日，上海市档案馆，A54-2-718-111。

② 《关于上海城市总体规划的初步意见》，1959年10月，上海市档案馆，A54-2-718-34。

区卫星城去。

《意见》突出卫星城疏散工业对疏散人口的意义，强调“如果不疏散工业、不减少工业职工，只依靠输出服务人口和职工家属是达不到降低城市人口的目的的”，因此卫星城是一个接纳从市区疏散的工业和人口的基地。

《意见》详细论证市区人口缩减至300万的可能性，指出：除了正在建设的闵行、吴泾外，近期可以开辟安亭、松江、嘉定、北洋桥①，并建议青浦、朱泾、南桥、周浦、奉城、南汇、川沙、枫泾、崇明、堡镇等处都可以列入卫星城的长远规划中，其全部人口总数远期将发展到180万—200万左右。②详见表2-1。

表2-1　1959年上海卫星城工业布局及人口分布

序号	名　称	性　质	与市区距离（公里）	现有人口	规划总人口（万）	备　注
1	闵　行	机　电	31	65 000	20	
2	吴　泾	化　工	22	5 000	8	
3	松　江	综　合	39	48 500	20	
4	嘉　定	科研、精密仪器	34	29 000	12	
5	安　亭	机　电	33	5 000	10	
6	北洋桥	化　工	39	6 700	10	
7	青　浦	综　合	40	18 000	10	
8	塘　口	修造船	24	—	5	
9	南　桥	化　工	41	11 000	8	
10	周　浦	机　电	20	20 000	5	
11	川　沙	轻　工	26	23 100	8	
12	朱　泾	机　电	55	11 000	8	
13	枫　泾	建材冶炼	64	9 000	6	
14	奉　城	化工轻纺	43	2 500	6	
15	南　汇	—	44	10 000	8	
16	崇　明	化　工	70	18 000	6	
17	堡　镇	—	45	18 000	5	
	其他卫星城镇共计				30万—50万	远景保留
	总　计			28万	180万—200万	

资料来源：《关于上海城市总体规划的初步意见》，1959年10月，上海市档案馆，A54-2-718-34。

① 即浏河卫星城。

② 卫星城镇远期人口发展到180万—200万，是指城镇人口，不包括农业性质的集镇人口。

综上,《意见》明确指出了卫星城在工业布局、城市规模控制中的重要地位。卫星城不再是备案或辅助,而是真正在上海总体布局中有了一席之地。

此外,《意见》解释了卫星城的性质:“卫星城镇是一种半独立性的新式的居民点。它具有基本独立的经济基础和大体完整的城市生活,但又与母城保持有相当密切的联系。”与苏联一样,上海明确建设半独立性的卫星城;“居民点”的表述也受到苏联影响。此时的西方各国已由卫星城转向新城,新城是具有完全独立性的卫星城。应该说,建设半独立性的卫星城是符合我国社会主义建设时期的选择。苏联和我国在 1956 年前后才开始接纳西方的卫星城理论并展开讨论研究,需要一个消化过程,逐步推进建设是适宜的。同时我国的国情决定了只能是先期展开半独立性的卫星城建设,因为我国城市化水平较低,设在远郊的卫星城不可能独立发展为各方面条件成熟的城市。

1959 年编制完稿的这份《意见》长达 70 页、近 4 万字,它的意义不容忽视。

第一,首次明确了市域扩大后城市总的发展方向和基本轮廓,为进一步编制近期规划、详细规划和展开建设提供了指导思想。

第二,明确了城市建设方针。尽管《意见》有着“大跃进”时代的烙印,后来由于建设项目压缩以及“文化大革命”的干扰,城市总体规划意见未能全面实施,可是它提出的“压缩旧市区、控制近郊区、发展卫星城镇”在 1960 年被完善为“逐步改造旧市区、严格控制近郊工业区规模的继续扩大、有计划地发展卫星城镇”①,并被作为上海城市建设方针,70 年代又被形象地称作“市区抓改造,近郊抓配套,新建到远郊”②。该城市建设方针不仅在六七十年代得到贯彻,而且影响到改革开放以后很长时期内上海的城市规划和建设。

---

① 《上海人民政府志》编纂委员会:《上海人民政府志》,上海社会科学院出版社 2004 年版,第 678 页。

② 《关于上海高速度发展生产,严格控制城市规模的调查》,1975 年 4 月 18 日,上海市档案馆,B246-2-1405-19。

第三,揭示了建设卫星城的根本动因。最初卫星城疏散城市人口、控制城市规模的功能受到重视,工业"跃进"中卫星城对上海工业布局和重工业建设的作用逐渐凸显,此时已明确卫星城在工业布局和建设,以及控制大城市规模两方面的重要意义。

第四,标志着上海城市空间形态从单一城市转变为包括市中心区、近郊工业区与远郊卫星城的组合城市。至60年代初,上海建成闵行、吴泾、嘉定、安亭、松江五个卫星城和一批近郊工业区;70年代中期以后又开始建设金山卫、宝钢两个卫星城。上海城市发展的实践证明当时所提出的组合城市是具有前瞻意义的。

第五,对于20世纪50年代的上海而言,《意见》的编制还是那个年代上海卫星城规划走在全国前列的标志。建筑工程部工作组的指导及参与使国家职能部门对大城市发展卫星城有了深入认识,正如工作组在总结时所提出的:"经过这一段时期的实际工作,我们更进一步感觉到逐步建设现代化城市和大城市建立卫星城镇的方向的正确性,它不但适用于上海,对全国各大城市的改建,都具有普遍意义。"①从中看出,上海卫星城规划及建设被作为全国的一个蓝本,且被寄予很大希望。

1959年11月,上海确定了1960—1962年卫星城建设计划:除继续建设已辟建的闵行、吴泾外,1960年开辟浏河、嘉定、安亭、松江四个卫星城镇,1961—1962年开辟青浦、南桥、朱泾、塘口、周浦、航头六个新的卫星城镇,并作为1960年的工业备用地。对1960年计划开辟的四个卫星城镇,上海初步明确了它们的发展方向:安亭成为中等规模的、以机电工业为主的卫星城镇;嘉定以尖端科学技术研究为中心,并适当设置若干与科学研究有关的精密的无害工业;浏河开辟为重化学工业区;松江规划为较大的综合性的卫星城镇。②

需要说明的是,在1958年的规划中,嘉定被规划为轻纺工业为主的卫星城,这次规划把其方向调整为科技中心,这与中央发展科学的指导方针紧

① 《工作情况汇报(第四号)》,1959年11月15日,上海市档案馆,A54-2-718-111。
② 《关于1960年开辟新的卫星城镇的报告》,1959年11月18日,上海市档案馆,A54-2-749-10。

密相关。1956年中央提出“向科学进军”，为追赶国际高新科学技术的发展趋势，中科院新建一批尖端科技研究所，同时计划在华东地区建立科研基地。1958年11月在上海市科学技术工作会议上，中共上海市委提出“向尖端科学技术进军”，并号召要“苦战三年”，争取赶上世界先进水平①，并很快确定“科学技术为生产服务”的方针。1960年1月，聂荣臻在上海市科技工作会议上提出：“上海的工业发展一定要建筑在高度科学技术水平上”，“向高、精、尖进军”，“要把上海建设成为世界上重要的科学技术中心之一”。②可见，发展科学服务于工业建设。同时，嘉定是否能成为科技中心，还得看发展状况。这也是1959年《意见》中并没有特别提到科技发展，而是把嘉定卫星城置于工业建设总体规划中的原因。直到1983年，嘉定通过技术鉴定，被定为科学卫星城。③需要指出的是，20世纪五六十年代调整嘉定以发展科学技术为主，借鉴了苏联的“科学城”模式。④

四、对卫星城认识的深入

1959年10月《关于上海城市总体规划的初步意见》编制完成后，上海城市规划部门继续深入对卫星城意义的探讨，至1960年初提出了完整的论述。第一，建立卫星城是合理调整工业布局、发展重工业的需要。第二，建立卫星城是逐步改建旧市区的必要条件。第三，建立卫星城可以促进城乡结合，进一步带动农业生产的发展。卫星城分布在远郊，与农村紧密相连，农村可以更多地接近现代化城镇，城乡之间的交通联系更为便捷，“可以进一步加强工农业生产的密切联系和配合协作，促进农业的机械化和电气化的提早实现”，更重要的是，“城镇的合理分布和农村居民点的布点规划和建设可以密切结合起来，对逐步消灭城乡差别具有重大的作用”。第四，建立

① 《中共上海市委科学技术委员会1958年11月召开上海市科学技术工作会议和市科学技术协会成立大会会议文件之一》，1958年11月，上海市档案馆，A52-1-1。

② 丁公量：《上海科技发展60年：老同志的会议与纪实》，上海科学普及出版社2009年版，第144页。

③ 陈斌：《百余行家一致通过技术鉴定，嘉定镇被定为科学卫星城》，《解放日报》1983年4月10日。

④ 《西伯利亚将出现科学城》，《文汇报》1957年12月1日。苏联西伯利亚科学城于1958年动工，于1960年初步建成。

卫星城对处于国防前哨的上海具有重要意义。①

以上四点中,前两点与以前认识一致,后两点为新增内容。四个方面共同说明了建设卫星城的“深刻意义”。后两点的提出对上海来说确实有些后知后觉,正如市城市规划设计院副院长熊永龄所说:“过去城市规划贯彻国防观点和支援农业技术改造是不够的。”②

至此,上海对“为什么建卫星城”有了完整的认识。概括而言,卫星城之所以得到深入探讨并在城市总体布局中确立重要地位,与建设卫星城符合国家战略需求紧密相关。

首先,卫星城建设符合国家优先发展重工业的工业化战略。“一五”时期我国开始走优先发展重工业的工业化道路,之后“大跃进”运动推动了重工业加速发展。上海紧跟形势,指出“卫星城镇建设是上海工业向高精大尖方向发展、贯彻总路线和大跃进的必然产物”③。上海在1959年底计划建设的六个卫星城均以某行业为主导。正是由于卫星城在城市工业布局和促进重工业建设上的重要意义,才促使卫星城成为城市发展的方向。

其次,卫星城建设符合国家合理分布生产力和控制大城市规模的建设方针。我国在生产力的配置上基本遵循苏联提出的均衡分布原则。工业不宜过分集中,城市规模也不宜过大,这是我国长期坚持的城市建设方针。卫星城疏散市区工业和人口,在一定范围内合理分布了生产力,同时控制了大城市规模。

再次,卫星城建设符合我国战备需求。与西方世界基本隔绝和西方经济封锁,使得新中国始终笼罩着战争的阴影,可以说国家的重大决策和重大布局无一不与国防安全这个因素相关。生产力的合理分布,其实也有国防安全的考虑。卫星城在远郊,通过疏散市区工业和人口实现大城市工业和人口合理布局,符合国家战备需求。对处于国防前哨的上海来说,意义尤其

① 《中共上海市城市建设局委员会关于上海工业布局和城市发展方面的若干体会》,1960年2月,上海市档案馆,A54-2-638-14。

② 《中共上海市委基本建设委员会会议简报》,1960年2月3日,上海市档案馆,A54-2-1018。

③ 《上海工业布局规划和卫星城镇建设的若干经验(二稿)》,1960年1月17日,上海市档案馆,A54-2-765-41。

重大。

还有，卫星城建设符合国家城乡结合、消除城乡差别的农村建设指导思想。1958年人民公社化运动展开，中央认为它为我国指出了“农村逐步工业化的道路”，“城乡差别、工农差别、脑力劳动和体力劳动的差别逐步缩小以至消失的道路”。[①]卫星城建在远郊，周围都是农村，它是连接城市和农村的重要环节，因此被赋予重任。

由于与国家战略需求紧密联系，上海对卫星城的认识与欧美各国的差异也相当明显。欧美各国认为，通过卫星城分散市区的工业和人口，就能有效遏制大城市的过度膨胀，起到控制大城市规模的作用。这种认识是西方在第二次世界大战后普遍展开卫星城建设的动因，也是抗战胜利后“大上海都市计划”编制的指导思想。至于从市区分散哪些工业，西方各国认为“主要发展轻工业、食品工业、电器工业和印刷工业”[②]。20世纪50年代中期以后苏联基本接受西方各国做法，认为卫星城主要功能在于分散市区工业和人口。对于分散哪些工业，莫斯科卫星城的城市规划有着明确说明：有一定的工业企业，主要是轻工业和食品工业企业，[③]这与英美各国一致。

西方各国和苏联对卫星城的认知及实践曾经在一段时期影响了上海卫星城规划。上海最初肯定卫星城控制人口的功能，分散市区小型工业是为了分散人口。随着形势发展，卫星城服务于工业建设的需求及重要性被提升，我国对卫星城功能的认识进一步深入。所以，卫星城不再是迁建小型轻工业企业，而是以重工业建设、科学研究为重点。卫星城工业建设最终成为上海工业合理布局及发展蓝图上的重要组成部分。这既反映了新中国工业落后的实情，也体现了上海立足国情，致力于工业建设以改变落后面貌的积极探索。因此，疏散工业和发展工业的结合、重在发展工业，这是我国与西方建立卫星城的最大不同。在以工业为主导的同时，又极为重视工业和农业、城市和乡村、建设和国防的结合。总之，上海对卫星城的认知和规划并

---

① 《建国以来毛泽东文稿》第12册，中央文献出版社1998年版，第54页。

② E.B.索科洛瓦：《国外新城市的建设》，《城市建设译丛》1957年第11期。

③ 《新的五年计划中城市建设的新发展：莫斯科正在兴建卫星城》，《人民日报》1957年10月25日。

不是西方卫星城理论的简单翻版,而是融合了我国工业建设、城乡建设、国防安全等综合因素的一种探索。

五、全国卫星城规划开展情况

如前文所述,北京与上海一样,是最早提出建立卫星城的城市。1957年北京总体规划初步方案决定在城市布局上采用“子母城”的形式,1958年起对总体规划方案作了多次修改,在城市布局上提出了“分散集团式”的布局形式,计划在远郊卫星城分散而又有重点地分布工业。[①]

1958—1960年期间,其他城市也开展了卫星城规划。1958年12月南宁在城市总体规划中提出,城市发展采取分散与集中相结合的办法,发展近郊和建立卫星城镇。[②]1959年吉林提出,在市区周围丰满、乌拉街、大黑山等地发展卫星城镇。[③]1959年4月,厦门称“正在集中力量建设卫星城——杏林工业区”,“建设一个有相当规模的、现代化的综合性工业基地”[④]。1960年桂林城市规划中初步选择了五个地方建设卫星城镇,各距市区12—45公里。[⑤]此外,天津开辟了杨柳青、咸水沽、军粮城等卫星城。南京开辟了大厂镇、板桥、栖霞镇等卫星城。南昌开辟了莲塘、长陵、罗家等卫星城。[⑥]广州将新华、炭步、陈村定为卫星城。[⑦]

全国很多城市在1958—1960年开展卫星城规划工作,这与中央、国家相关部门及领导的肯定和支持有着密切关系。主要体现在以下方面。

首先,《人民日报》积极宣传卫星城,建筑工程部主办的《城市建设》《建筑译丛》刊物先后登载介绍卫星城的文章。《人民日报》涉及卫星城的文章聚焦两大内容:一是对苏联卫星城有关信息的报道,二是对国内卫星城的报

① 北京建设史书编辑委员会编:《建国以来的北京城市建设》,北京印刷二厂1986年版,第36—43页。

② 广西南宁市地方志编撰委员会编:《南宁市志·综合卷》,广西人民出版社1998年版,第406页。

③ 汤士安编著:《东北城市规划史》,辽宁大学出版社1995年版,第430页。

④ 《厦门人民战斗在海防最前线》,《人民日报》1959年4月29日。

⑤ 《桂林市规划布局》,《建筑学报》1960年第6期。

⑥ 曹洪涛、储传亨主编:《当代中国的城市建设》,中国社会科学出版社1990年版,第72—73页。

⑦ 广州市地方志编撰委员会编:《广州市志　卷3　城建综述》,广州出版社1995年版,第43页。

道。《城市建设》《建筑译丛》除了登载介绍苏联卫星城规划建设情况的译文外，还有对其他国家卫星城建设情况的介绍。党媒、国家职能部门主办刊物宣传报道卫星城，反映了国家对卫星城规划的肯定和支持。从登载文章内容看，呈现了以下关键信息。

其一，苏联卫星城规划是我国借鉴学习的重要对象。《人民日报》先后发表三篇文章报道了莫斯科第一座、第二座卫星城规划建设情况。莫斯科第一座卫星城计划建在离莫斯科35公里的克留科沃车站附近，1958年6月30日《人民日报》报道其“测量工作已经开始了，1959年即将动工兴建”，1959年2月26日报道了其正在动工兴建的情况。两则报道较为概括地介绍了莫斯科第一座卫星城的规划面貌，如占地2 000公顷，可容居民六万五千人；既有住宅，也有工厂，莫斯科市的一些企业，主要是电器制造业、轻工业和食品工业的一些工厂将要迁到卫星城；学校、商店和其他文化设施应有尽有；树林和果园占总面积的一半。[①]还有一篇报道是对莫斯科第二座卫星城的简短介绍，称已经动工兴建，将盖起面积约四十万平方公尺的住宅，可容纳几万人居住。[②]

《人民日报》上作为报道宣传的文章，篇幅不会太长。刊物上的文章则不同。《建筑译丛》的一篇文章从用地的区域划分、干道系统、小区和居住区、市区的供水等方面图文并茂详细介绍了莫斯科第一座卫星城的详细规划。[③]

其二，欧美各国卫星城规划建设仍是我国关注的对象。《建筑译丛》1959年第7期借翻译苏联学者一篇文章，介绍了西方卫星城的发展历程。作者把卫星城的前世今生归为三种类型：居住城、卫星城和独立卫星城，否定居住城（即卧城），指出“目前，没有任何一个外国规划者是主张把起居城市作为解决大城市发展问题的方法的”。其对半独立性卫星城的看法是：“历史上一度兴起、而现在已经过时了的分散大城市发展的方法。”作者最为

① 《莫斯科的“卫星”》，《人民日报》1958年6月30日。《建设中的莫斯科第一个卫星城》，《人民日报》1959年2月26日。

② 《莫斯科第二座卫星城动工》，《人民日报》1958年12月23日。

③ B.巴布罗夫：《莫斯科第一座卫星城》，《建筑译丛》1959年第7期。

认同的是独立卫星城,肯定了英国阿伯克隆比编制的伦敦计划,把独立卫星城视作"分散发展大城市合理形式"。[①]

《建筑译丛》1959年第7期还有一则关于加拿大卫星城的信息报道,勾勒了加拿大多伦多城市的一座卫星城大体情况:比英国的哈罗大7倍,将容纳五万人,面积约为10平方英里;将分三个阶段来发展,创办经费约为1 700万英镑。[②]

以上对苏联以外的欧美国家卫星城的介绍,延续了1956年以来的一种开放姿态。

其三,认同国内卫星城的建设。《人民日报》除了报道苏联卫星城之外,在一些文章中提到了北京、上海、厦门卫星城规划建设情况,还登载了上海达丰二厂工人写的一篇关于闵行一号路的礼赞诗。[③]登载在《人民日报》上的这些新闻传达了党中央支持卫星城建设的重要信息。

其次,相关领导在会议讲话中肯定、支持卫星城。

1958年2月,城市建设部、建筑工程部、建筑材料工业部合并成为建筑工程部,之后建筑工程部成为全国城市规划建设的总负责机构。在1958—1960年期间,建筑工程部召开了两次全国城市规划工作座谈会,这两次大会都提到了卫星城。

1958年7月,建筑工程部在中央指示下主持召开全国城市规划座谈会,主要讨论城市建设工作应该如何适应全国"大跃进"形势。这次会议确定了"大中小城市相结合,以中小城市发展为主"的城市建设方针,明确大城市应适当发展,并正式提出"在大城市的周围建立卫星城市的问题"。[④]

建筑工程部刘秀峰部长在总结报告中指出:对大城市的发展,一方面应充分利用城市原有的工业基础,调整市区工业布局,另一方面"应该有计划地建设卫星城市"。报告对大城市建立卫星城的意见主要是三点。

---

① C.索尔达托夫:《卫星城的类型》,《建筑译丛》1959年第7期。

② 《加拿大的卫星城》,《建筑译丛》1959年第7期。

③ 《厦门人民战斗在海防最前线》,《人民日报》1959年4月29日;《北京石景山中苏友好人民公社全面跃进》,《人民日报》1960年4月9日;郑成义:《闵行》,《人民日报》1960年1月28日。

④ 刘秀峰:《在城市规划工作座谈会上的总结报告(1958年7月)》,王弗、袁镜身主编:《建筑业的创业年代》,中国建筑工业出版社1988年版,第167页。

第一，突出卫星城在工业建设中的地位。卫星城在工业布置上“有的可以以钢铁工业为主，有的可以以化学工业为主，有的可以以机械工业为主”。这样就能以原来的城市为中心，形成一个完整的工业体系。

第二，充分认识到卫星城在城市建设上的作用。建立卫星城对减轻大城市市区交通、住宅及城市生活供应方面的压力“有很大好处”；同时，卫星城可以充分利用原有城市的种种有利条件，“既能节省国家资金，又能很快的发展起来”。

第三，提出卫星城应具有一定的独立性。卫星城既要在生产协作方面和中心城有直接的联系，同时又要具有一定的独立性。

报告肯定了北京、上海等地规划卫星城对于促进重工业建设及城市建设的意义，明确指出“建立卫星城市应当作为大城市继续发展的方向”，并建议“不仅大城市，有些中等城市由于地形的限制，或者是为了更好的利用资源和水源、交通条件，也可以建立卫星城市”。①建设卫星城成为了城市发展的方向。此外，报告对卫星城工业建设、城市建设及独立性等方面的指示成为各城市规划建设卫星城的指导方针。

青岛会议结束不久，1958 年 8 月，中共北京市委第一书记彭真在北京市第三届人民代表大会第一次会议闭幕讲话中，谈到北京的城市建设和乡村建设的规划问题时说：城市建设的布局都不要过于集中，不要使现有的城市过分地扩大，“应该在城市周围建设卫星城市和工业基地，发展乡村工业，建立既有现代农业、现代工业又有现代化设备的乡村。这样做的结果，就能逐步缩小以至消灭城乡差别”②。彭真的讲话表达了对卫星城规划建设的肯定和支持。1959 年 10 月，建筑工程部副部长许世平在总结十年城市建设时把在大城市及有条件的中等城市周围建立了卫星城镇作为成就之一。③1960 年 3 月全国基本建设会议上，国务院副总理、国家计划委员会主

① 刘秀峰：《在城市规划工作座谈会上的总结报告(1958 年 7 月)》，王弗、袁镜身主编：《建筑业的创业年代》，中国建筑工业出版社 1988 年版，第 169 页。

② 《把北京建设成社会主义新城市，彭真在北京市人代会上作重要讲话》，《人民日报》1958 年 8 月 23 日。

③ 许世平：《十年来的城市建设》，《城市建设》1959 年第 10 期。

任李富春发言时提出今后城市规划的三大注意点,其中第一点就是"城市不要太大,宁可搞卫星城市"①。

1960年4月底至5月初,建筑工程部在广西桂林召开第二次全国城市规划工作座谈会。会上,刘秀峰部长对中共上海市委关于建设与改造上海城市的方针政策评价极高,认为在这一方针政策规定下的城市规划方案,是一种独创的经验,在世界上是史无前例的。他指出:"上海关于调整城市内部的工业,有计划迁并工厂和改变某些有害工业的生产性质,决心压缩市区人口,把改造旧城市和建设卫星城镇有机的结合起来,为改造特大旧城市摸索出一条广阔道路。"②

最后,中央批转文件反映中央对卫星城规划建设的支持。

现有资料中,没有中央或国务院发布有关卫星城规划建设的文件,没有对北京、上海20世纪50年代末期及之后城市总体规划审批同意的文件,没有对建筑工程部1958年和1960年两次全国城市规划工作座谈会报告给予批复的文件。三个"没有"让人无法直接看到中央对卫星城的支持。不过联系当时的时代背景,会发现其中是有缘由的。

1956年之后,我国试图摸索适合中国国情的社会主义建设道路,此时国内开始卫星城规划建设的探索。在还没有对理论及实践进行深入研究和总结的基础上,中央和国务院无法直接发布相关文件。所以第一个"没有"理所当然。

之所以对北京、上海等城市总体规划没有审批,与特殊年月的时代背景有着密切关联。在发动"大跃进"的20世纪五六十年代,城市规划的编制和审批程序全被打乱。城市编制城市总体规划方案后,大多由地方领导人拍板定案。以后将近二十年时间没有能够按照规定的程序进行审批,直至十一届三中全会以后,我国才把城市规划的审批列入法规,规定了城市总体规划的审批程序和权限。③正因如此,1959年上海城市总体规划初步方案未

① 《李富春在全国基本建设工作会议上的报告》,1960年3月,上海市档案馆,A54-2-1021-8。

② 《上海市城市建设局关于城市规划三年、八年科学研究选题》,1960年4月,上海市档案馆,B257-1-1763-13。

③ 《当代中国》丛书编辑委员会编:《当代中国的城市建设》,中国社会科学出版社1990年版,第162页。

见国务院审批、批准。

至于该时期建筑工程部召开的两次全国城市规划座谈会，两个会议向中央和国务院的报告均未得到批复，是因为中央有关领导认为这两次城市规划座谈会有错误。长期担任国家城市规划局局长的曹洪涛[①]后来回忆，“青岛会议”和“桂林会议”存在盲目冒进的问题。1958年“青岛会议”提出“用城市建设的大跃进来适应工业建设的大跃进”和“快速规划”的方法，导致许多地方盲目地追求发展大城市。“快速规划”既背离科学，更助长大上项目。1960年的“桂林会议”提出“在10—15年左右的时间内，把我国的城市基本建设成为社会主义现代化的新城市”。会后有的城市提出“苦战三年，基本改变城市面貌”；有的提出“三年改观，五年大变，十年全变”的口号。1960年国家已进入经济困难时期，这些提法显然是脱离实际的。[②]由此可知，并不是两次会议中的“卫星城”话题遭到国家否定，而是会议的“跃进”口号与导致的不良后果遭到了中央有关领导的批评，从而导致未获批准。

所以，虽然是三个“没有”，但不能认定中央对卫星城规划建设的不认可、不支持。此外，中央批转文件应该可以看出中央对卫星城的态度。查阅大量资料后获得这一时期两条涉及卫星城的中央批转文件。一条是1958年10月《中共中央转发中央科学小组、科学规划委员会党组关于十二年科学规划执行情况的检查报告》，该报告在谈到正在进行的十七项重点研究工作时，提到“结合工业发展，研究现有大城市的卫星城市和中小城市的规划和建设问题”[③]。另一条是1960年4月《中共中央批转上海市委关于里弄居民工作情况和今后建立城市人民公社打算的报告》，中共上海市委在谈到今后建立城市人民公社的三点工作打算时，第三点是“卫星城镇建立以工厂

① 曹洪涛于1961年任国家计委城市建设计划局局长，1964年任国家经委城市规划局局长，1965年任国家建委城市规划局局长，1973年为国家建委城市建设局负责人，1979年任国家城市建设总局副局长。

② 曹洪涛：《与城市规划结缘的年月》，中国城市规划学会主编：《五十年回眸：新中国的城市规划》，商务印书馆1999年版，第35页。

③ 《中共中央转发中央科学小组、科学规划委员会党组关于十二年科学规划执行情况的检查报告》(1958年10月8日)，中央档案馆、中共中央文献研究室编：《中共中央文件选集(1949年10月—1966年5月)》(第29册)，人民出版社2013年版，第132页。

为中心的人民公社”，计划在闵行等卫星城领先挂出人民公社的牌子。①对于两份报告，中央同意并批转，说明对报告中涉及的卫星城相关规划及建设是认可、支持的。

第四节 1961—1977年：城市规划发展的波动与卫星城理念、模式的延续

由于“大跃进”运动对国民经济产生的严重影响，在运动后期国家领导人已经开始反思，1960年9月正式提出“调整、巩固、充实、提高”方针，1961年起，全国进入国民经济调整时期。之后，伴随中苏关系的恶化以及国际形势的严峻，中央开始部署以备战为中心的三线建设。至十年“文化大革命”，国家政治经济形势陷入混乱状态。十多年间，城市规划发展在波动中几近停滞，不过卫星城理念得以延续。

一、特殊岁月城市规划发展的波动

20世纪60年代，我国城市规划工作遭遇两次波动。

第一次是1960年底主管城市规划工作的国务院副总理李富春在第九次全国计划会议上宣布“三年不搞城市规划”。之所以作出该决策，与“大跃进”运动和“三年自然灾害”对社会经济的严重破坏及国家政策调整有关。“大跃进”运动因违背客观规律造成工农业生产和整个国民经济的大滑坡，到1960年，国民经济已陷入极度艰难的境地。随之而来的“三年自然灾害”更加使得我国经济遭受严重破坏。面对国民经济的恶劣环境，中央在1960年9月提出八字方针。1961年起我国进入国民经济调整时期。由于城市规划是国民经济的延续和具体化，城市规划方针作出调整也是必然的。同时，“大跃进”运动期间，许多城市不顾财力大小，盲目开展工业及城市建设，

① 《中共中央批转上海市委关于里弄居民工作情况和今后建立城市人民公社打算的报告(1960年4月18日)》，中央档案馆、中共中央文献研究室编：《中共中央文件选集(1949年10月—1966年5月)》(第29册)，人民出版社2013年版，第522页。

存在较多浪费现象，这也使得城市规划需要进行总结。

城市规划发展遭遇的第二次波动来自1964年“设计革命”运动。从1962年开始，我国国家安全形势日益严峻：美国明确介入越南战争，中苏之间发生边境争端和军事冲突。面临紧张的国际关系和可能的军事威胁，三线建设全面展开。[①]三线建设是在备战思想下大力发展国防建设的战略部署，基本建设方针是“分散、靠山、隐蔽”。在三线建设兴起之际，城市规划领域掀起了一场声势浩大的“设计革命”运动。“设计革命”运动批评了规划领域诸多问题，包括规划缺乏战争观念、不符合勤俭建国方针及技术方法上贪大求全等问题，实际是对城市规划的又一次否定。在“设计革命”运动中，不仅许多规划技术人员受到错误的批判，而且城市规划机构再次被精减。

20世纪60年代城市规划发展先后遭遇两次波动，紧接着“文革”爆发，“打倒一切、全面内战”，城市规划建设工作受到严重冲击。“文革”后期，城市规划工作出现转机，1973年9月，国家建委召开城市规划座谈会，讨论了《关于加强城市规划工作的意见》《关于编制与审批城市规划工作的暂行办法》等文件。不过这时“左”的错误指导思想仍然笼罩着国民经济各个领域。20世纪六七十年代，国家政治经济形势的变动和曲折对全国各地城市规划及建设带来重大影响，自然也波及卫星城规划建设。主要体现在以下三点。

第一，控制大城市发展再次被强调，因为发展大城市不适应国民经济调整形势，也不符合以三线建设为中心的国家战略方针。1962年，国务院副总理李富春在全国计划工作会议总结时说：“城市规划必须从近期着眼，不能再搞那些大城市规划，……这些是和当前经济形势不相适应的。”卫星城规划建设属于大城市规划，自然不适应于当前经济形势。于是，卫星城规划建设开始降温。1963年底至1964年初，南昌市城市建设局在国家计委城市规划研究院工作组的具体帮助下修改了城市总体规划，在总结检查过去规划工作中，指出城市规划没有很好从解决当前城市建设中的实际问题出

---

① 中共中央党史研究室：《中国共产党历史第二卷（1949—1978）》下册，中共党史出版社2011年版，第690页。所谓一、二、三线，简单地说，我国沿海一带为第一线，中部地区为第二线，内陆地区为第三线。三线又有大小之分，西南、西北为大三线，中部及沿海地区省、区的腹地为小三线。

发，而是偏重于搞“大”和“远”的规划方案，规划南昌市到1967年将形成以母城为中心在远郊建立与发展若干卫星城镇、人口超过或接近100万的大城市。①南昌等城市停止卫星城规划，对“大跃进”时期各城市盲目跟风搞卫星城规划起到了一定的遏制作用。国家强调发展中小城市方针，包括后来集中力量开展三线建设，显然不利于大城市开展卫星城规划建设。

第二，城市建设再次强调由内而外地紧凑建设和发展。随着国民经济调整及三线建设展开，国家提倡“见缝插针”和“干打垒”搞建设。1963年9月，中央、国务院召开第二次城市工作会议，会议指出今后在城市建设上应本着勤俭办一切事业的精神，采取较低的标准，“应当以加强现有设施的维修和经营管理为主，根据可能条件，有计划地、有重点地进行补缺配套，填平补齐”②。三线建设展开后，贯彻大庆“干打垒”精神，城市建设实行工农结合、城乡结合和生活设施从简，积极改造旧城市、停止扩大城市规模等方针政策被贯彻执行。因此，对已有城市来说，中心工作是在已形成的现状基础上进行调整、收缩，即以建成区为中心，由里向外集中紧凑地建设和发展。

第三，城市规划建设停滞。城市规划工作遭受重创，城市布局混乱，城市规划的理论、技术、体系依旧停留在原有的认识水平上。卫星城规划工作自然也停滞不前。在压缩基本建设、大力支持三线建设、“见缝插针”等方针下，虽然上海卫星城工业建设并未完全停止，但卫星城建设空间遭到挤压是必然的。

二、卫星城理念和模式的延续

十几年中，城市规划发展遭遇起伏波动，卫星城规划建设受到影响。不过作为一种理念和模式，卫星城并未成为“弃儿”，而是始终得到认同。

1961年12月，国家计委党组向中央呈交《1963—1969—1972(七年—十年计划)的初步设想综合汇报提纲》。该提纲指出工业企业的布局需要特

---

① 《国家经委城市规划局关于城市建设、城市规划参考资料的函》，1964年6月16日，上海市档案馆，B257-1-3569-22。

② 邹德慈等：《新中国城市规划发展史研究——总报告及大事记》，中国建筑工业出版社2014年版，第161页。

别注意五点。(1)按大区为单位,成套安排,首先是填平补齐。(2)新建企业必须以中型为主,要适当分散,不要过分集中。(3)国防工业中的重要骨干项目和相应的建设,要分散隐蔽,贯彻"山、散、洞"的原则。(4)大城市、工业比较集中的地区和人口多、农业产量高的地区,不要再进行大量的基本建设,不宜再安排新的骨干项目。对这些地区原有的重点企业,除少数亟须增长产量的企业(如化肥厂、酸碱厂、某些机械厂等)以外,一般也不再扩建。(5)大城市应当有计划地建立卫星城市,适当分散人口。[①]

以上第5点内容清晰地反映了国家计委对大城市发展卫星城的认同。此时国家计委主任是李富春,从前文可知,李富春从1957年起就认同卫星城模式。国家计委的这份报告延续了李富春的一贯认识。

1964年3月,李富春召集国务院有关部门及北京市有关人员研究北京城市建设工作,并形成报告向中央汇报。报告强调:"在现有的基础上,填平补齐、有计划地、有重点地进行城区改建,逐步把首都建设成为一个庄严、美丽、现代化的城市。"同时报告针对北京城市建设存在的问题提出建议,其中第一条是:"中央各部门新建企、事业单位,除十分必要、经国家计划委员会批准摆在北京的以外,其余一律不准摆在北京。批准摆在北京的项目,凡不能与改建城区相结合的,一般应当放在远郊区卫星镇。"中央同意并批转了李富春的报告,并特地强调:凡是不应该在北京建设的单位,不要挤在北京进行建设。[②]中央的批转,再次肯定了远郊建立卫星城的做法。

卫星城模式在城市规划建设遭遇"滑铁卢"的特殊岁月依旧受到中央和国家的认可,这是它得以延续的原因。另外,卫星城模式与六七十年代城市规划建设方针并不是两不相容。正如以上两份报告,一方面,填平补齐、由内向外紧凑建设,与卫星城规划并不矛盾,前者是遵循要旨,不是唯一要旨,因此"凡不能与改建城区相结合的,一般应当放在远郊区卫星镇"。另一方面,工业布局强调大分散小集中,重点国防建设遵循"山、散、洞"原则,这与

---

① 中国社会科学院主编:《1958—1965中华人民共和国经济档案资料选编:固定资产和建筑业卷》,中国财政经济出版社2011年版,第940页。

② 北京市档案馆编:《北京市重要文献选编》(1964年),中国档案出版社2006年版,第184—187页。

卫星城分散大城市工业和人口、控制大城市规模、有利于国防安全在一定程度上是契合的。正因如此，重庆在三线建设过程中建成卫星城，北碚、长寿、綦江、西彭分别因四川仪器仪表总厂、四川染料厂、四川维尼纶厂、长寿化工厂、西南铝加工厂等大型企业在该区域落户，相继成为仪器仪表的工业基地、化工卫星城、机械工业卫星城和有色金属加工基地。①

上海自1959年确立卫星城在城市布局中地位、明确发展组合城市以后，在后来虽然由于国家政治经济形势的变动没有继续深入卫星城规划，同时不得不放慢卫星城建设，但是始终把卫星城作为城市发展方向。1963年9月，市政府公用事业办公室提出“应该继续贯彻执行有计划地建设卫星城镇、严格控制近郊工业区的建设规模、逐步改造旧市区的方针”，并指出应加强对卫星城的建设，因为“只有这样，才能使疏散旧市区人口，改造旧市区的目的较快地逐步得到实现”，并且有利于迅速提高工业现代化的技术水平。②1973年“文化大革命”中，市城市建设局革命委员会仍着重强调“卫星城镇还要有计划的继续建设”，“这样做的好处是有利于改善本市工业布局和促进生产发展，有利于分散市区人口，有利于战备”。③正是基于这种理念，1972年上海筹划在距离市中心约70公里的金山卫建设上海石油化工总厂。初期规划已把金山卫视作卫星城，计划有工业职工3万—4万人，卫星城总人口7万—10万人。④

上海的城市建设方针及实践引起了国家建委的关注，1975年国家建委派城建局副局长冯华等五人来上海调查，总结“上海高速发展生产、严格控制城市规模”的经验。冯华等人经过一个多月的调查，写了一份研究报告。报告中总结了9条经验，首要即是城市的发展有明确的方向，肯定了上海“市区抓改造，近郊抓配套，新建到远郊”的形象概括。其他经验包括有计划地控制和压缩市区人口，发展郊区小城镇等，特别指出上海发展闵行、吴泾、安亭等郊区小城镇，“对于疏散市区人口、改善布局、加强战备有重要作用，

① 蓝勇主编:《“西三角”历史发展渊源》，西南师范大学出版社2011年版，第222页。

② 《关于城市建设问题的意见》，1963年9月10日，上海市档案馆，B11-2-24-1。

③ 《上海市城市建设局革命委员会关于城市规划资料的函》，1973年2月26日，上海市档案馆，B257-2-765-1。

④ 《城市规划简报(八)》，1972年9月23日，上海市档案馆，B257-3-109-25。

对于限制资产阶级法权、逐步缩小工农城乡差别也有深远意义。这是从根本上控制大城市规模、合理分布生产力的一条必由之路”①。

1976年初,上海市革命委员会组织相关部门多次讨论今后城市规划,指导思想与前仍是一样:市区抓改造,近郊搞配套,重点发展远郊。同时,其指出,在工业建设上应该首先利用原有卫星城镇加以发展,“这样比较容易,比较节约,符合多快好省的原则”②。

综观20世纪六七十年代,虽然时局变化,但是上海始终坚持卫星城发展模式。

---

① 《关于上海高速度发展生产,严格控制城市规模的调查》,1975年4月18日,上海市档案馆,B246-2-1405-19。

② 《城市规划初步讨论情况》,1976年5月5日,上海市档案馆,B252-1-95-69。

第三章　卫星城工业建设

工业是规划建设卫星城的“灵魂”。工业布局和建设，引领着卫星城建设的展开及推进。卫星城既是上海调整工业布局的产物，也是上海发展重工业的切入口。上海卫星城之所以选择闵行、嘉定、安亭、吴泾等地，一方面基于上海全市工业布局谋划，另一方面基于各地地理水文、工业基础等综合情况。各卫星城以某行业为主导，集中力量发展主导产业。卫星城工业建设在经历一段高速度建设之后，步伐放慢、艰难前行，但仍然取得了一定的成就。

第一节　工 业 布 局

一、原　　则

1959 年 10 月《关于上海城市总体规划的初步意见》提出了卫星城工业布局和规划建设的三个主要原则。①

第一，工业布局应该是大分散、小集中。大分散是就整个上海地区来说的，小集中是就每个卫星城来说的。“如果工业布局过分集中在少数几个点，搞得卫星城规模过大，从各方面看都是不恰当的。但也不能过分分散。为了工业生产便于协作，为了便于形成比较完整的城市生活，为了近期节约

① 《关于上海城市总体规划的初步意见》，1959 年 10 月，上海市档案馆，A54-2-718-34。

建设投资和充分发挥投资效果，工业的布点应该相对地集中一些。”

第二，卫星城布局尽量沿河沿铁路，利用原有的居民点。充分利用现有的物质基础，“是一个保证多快好省的重要原则”。“工业选点时首先考虑的因素是建设条件（水、电、交通、居民点等），把大部分卫星城镇布置在铁路沿线、黄浦江沿线以及现有县城，是完全正确的。这样，不仅能保证基本建设的迅速开展，也便于卫星城镇和母城的联系。”

第三，每个卫星城的工业性质，最好以某种专业为主，同时考虑适当的轻重搭配。每个卫星城工业专业性质加以明确，“便于工业生产协作，也为合理规划城市创造条件”。同时，要考虑到男女搭配，“在以某种重工业为主的城市里，可以搭配一些能吸收较多妇女就业的轻纺工业和精密工业，和为基本工业服务的一些服务性工业。当然，这个问题不易[宜]过分强调，不可能设想，每一个卫星城镇里各种行业齐全”。

以上针对卫星城工业布局和规划建设的三个主要原则，契合国家和上海工业建设的总体要求。“大分散”针对卫星城的空间布局，符合工业合理分布及战备需求。“小集中”利用已有城镇条件，符合勤俭建国、“多快好省”建设方针。以某种重工业为主，则是国家优先发展重工业和这一时期重工业加速“跃进”的现实需求；在此基础上的轻重搭配，是一种理性规划。

工业是卫星城的灵魂，而卫星城工业布局是上海整体工业布局的组成部分。从此意义上说，“全市一盘棋”是卫星城工业布局和规划建设的最高准则。卫星城是上海在全市范围内所作的组合城市布局中的重要一环。市区—近郊工业区—卫星城，甚至包括其他郊县小城镇，构成上海组合城市的布局图，卫星城处在整个链条上而不是单独存在。也就是说，卫星城工业布局被置于上海整个地区工业的平衡协作中。上海明确卫星城是半独立性的，意味着卫星城与中心城有密切联系。卫星城与中心城之间的生产协作不可少，或者说，卫星城对中心城有较强的依赖。

上海工业建设紧跟国家工业化战略、形势需求持续展开。20 世纪 50 年代末，上海重工业增长很快，所占比重从 1957 年的 29.1％到 1960 年上升为 56.3％；轻工业所占比重从 1957 年的 70.9％到 1960 年降为 43.7％。为了实现工业生产的高指标，上海一方面加大投资工业生产，另一方面开展第二次工业改组。1956年的第一次工业改组,在"大部不动,小部调整"方针下基本没有打破原来的经营管理体制。1958—1960年上海进行第二次工业改组,这次改组动作较大。除了投资兴建新的企业外,还对原有的国营和公私合营企业进行了大规模的改组,通过裁并、改建和扩建,把一些小厂组成大型的骨干工厂,使之形成大批量的、能成套生产的生产能力。上海第二次工业改组,推进了上海工业的专业化和协作程度。1961年起数年中,为了调整国民经济的比例关系,上海进行了第三次工业改组,在改组中,对部分工业企业实行了关、停、并、转的措施,并改变了某些工业部门的生产方向和产品结构,精简了多余职工,压缩了部分集体所有制工业企业的生产。①1963年12月举行的中共上海市第三届代表大会明确"把上海建设成为我国一个先进的工业和科学技术基地"②,两个基地目标的正式确立推动上海工业和科技继续发展。

毫无疑问,上海卫星城的布局和建设方向受到上海工业改组及上海总体建设目标的影响。上海五个卫星城中,嘉定比较特别,以发展尖端科学技术为主。根据中央"科学技术为生产服务""大力培养科技人才"的方针,嘉定卫星城仍服务于工业建设。与其他卫星城重在生产不同的是,嘉定卫星城的布局原则是科研、生产与教育三结合:以科研单位为中心,同时还有高等、中专学校和少部分与科研密切配合的企业。在"全市一盘棋"统筹布局下,当其他卫星城企业伴随全市两次工业改组而迁建、扩建和新建的时候,嘉定科研院所、学校和部分企业同样在迁建或新建,一些单位根据国家科技发展要求调整科研方向和任务。

二、选　址

上海五个卫星城以镇为建设中心,分别是上海县闵行镇、吴泾镇,嘉定县城厢镇、安亭镇,松江县城厢镇。浏河卫星城比较特殊,所在地区并不是

① 孙怀仁:《上海社会主义经济建设发展简史(1949—1985)》,上海人民出版社1990年版,第293—304页。

② 中共上海市委党史研究室,上海市档案馆编:《上海市党代会、人代会文件选编》(上册),中共党史出版社2009年版,第253页。

镇。除了闵行、吴泾曾在 1960—1964 年合并成立闵行区，嘉定、安亭、松江等卫星城都不是单独的行政区划。为什么选择闵行、吴泾等城镇作为卫星城呢？前文所述原则自然是选址的指南，同时还需充分考虑各城镇的综合条件。

从闵行等卫星城与上海市中心距离来看，吴泾距离最近，22 公里，其余几个与市中心距离都在 30 公里以上。按照当时规划，20—40 公里是设置卫星城的一大要求。之所以考虑与市中心的距离，是“大分散”的需要，见图 3-1。

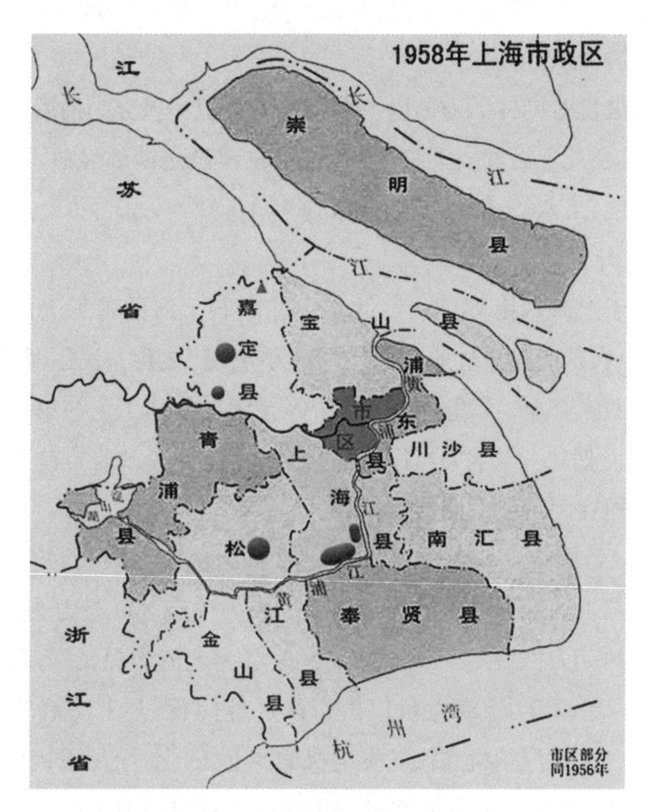

图 3-1　1959 年规划中的上海卫星城分布

注：该示意图在 1958 年上海扩大市域后的地图上绘制。嘉定县小圆圈代表安亭卫星城、大圆圈代表嘉定卫星城，小三角形代表浏河卫星城；松江县圆圈代表松江卫星城；上海县短条代表吴泾卫星城、长条代表闵行卫星城。

选址需要充分考虑各城镇各自的综合条件，尤其是适合工业建设的各项基础与条件。上海对工业基地的选址有着一定原则，按行业分类如下。

(1) 钢铁冶炼工业:有铁路运输及能行驶长江驳船的水运条件,有充分的生产运输及联合企业协作的用地,但因有大量烟尘,应位于城市下风。

(2) 机电工业:有铁路运输及行业间协作便利条件,和电力、煤气供应条件。

(3) 化学工业:有方便水陆运输及电力煤气给水等供应条件和便于资源的综合利用,但因部分有毒害废气及大量污水,应位于城市下风河流下游。

(4) 造船及水产品加工工业:有便利生产活动的充分岸线和与市内机电工业良好协作条件。①

卫星城选址时同样需遵循以上原则。上海卫星城分为前后两批,闵行、吴泾先建,其余几个后建。不管先建后建,在建设之前都经过了对地质、水文、人口、交通、工业等充分的勘察研究。

(一) 闵行

闵行位于上海西南郊黄浦江北岸。在划归上海前曾为上海县治所在地,也是一个农副产品集散的市镇,素有"小上海"之称。民国时期,其工业方面主要有两家企业。1933年,董荣清等在闵行创建了上海第一家民族化工染料生产企业——中孚染料厂。1946年,南京国民政府资源委员会通用机器有限公司在闵行设立制造厂。②

1949年后,闵行工业进一步发展。原通用机器有限公司在1949年5月改名为华东工业部通用机器厂,经扩建,成为生产300马力柴油机和375马力蒸汽机的动力机械厂。1953年8月改名为上海汽轮机厂,职工增加到1 500多人。③1952年,上海电机厂由市区迁址闵行,与上海汽轮机厂一起成为上海生产电站汽轮机和汽轮发电机的专业工厂。上海电机厂前身是建于上海通北路的国民政府资源委员会中央电工器材厂有限公司上海制造厂第四厂。1949年12月1日建立上海电机厂,职工174人,工厂占地3 948

① 《关于申请审批全市总体规划图及中区规划图的说明报告》,1958年9月4日,上海市档案馆,A54-1-72。

② 闵行区地方志编纂委员会编:《闵行区志》,上海社会科学院出版社1996年版,第2页。

③ 《上海机电工业志》编撰委员会编:《上海机电工业志》,上海社会科学院出版社1996年版,第431页。

平方米，生产最大容量为147千瓦电动机。1952年9月迁到闵行时，有职工2 060人。①

新中国成立初期闵行约有6 000余人。至1953年底，闵行总人口发展到23 481人，其中工业职工约6 500人。为合理调整工业布局，确定闵行城市的发展方向，1954年在华东工业部主持下，闵行镇市政规划委员会作出总体规划，确定闵行是一个以机械工业生产为主的小型城市。规划人口规模6万人，用地513公顷，工业布局主要沿黄浦江北岸沙港至竹港间。②

1953—1957年之间，闵行工业继续向前发展。上海电机厂、汽轮机厂作为两个大厂，不断攻克技术难关，1954年试制成我国第一台6 000千瓦汽轮发电机。1955年试制成功我国第一台两万千伏安电力变压器，1957年试制成功360千瓦两极高速直流电动机和1 500千瓦2极高速交流异步电动机。1956年中共上海市委书记柯庆施在阐释"充分利用、合理发展"工业建设政策的重要讲话中，多次提到闵行工业情况，并以上海汽轮机厂为例，指出："上海汽轮机厂现在制造6 000瓩、12 000瓩汽轮机，如再投资450万元，年产量可以增加2倍以上，倘若投资800万元到900万元，年产量可以增加3倍到4倍以上。并可以制造25 000瓩的汽轮机；假定利润以20%计算，新的投资一年就可以收回来了。"③柯庆施认为利用上海的有利条件，在合理发展上海工业过程中，可以做到投资少、效果大、速度快。政府的重视促进了闵行机电工业的发展。从最初生产引进型6 000千瓦汽轮机和汽轮发电机，到1956年完成2.5万千瓦汽轮发电机组的自行设计任务，标志我国电站设备制造工业从引进型进入独立设计、制造的新阶段。④

随着工厂、学校的不断发展，城镇人口迅速增加，至1957年底闵行发展到31 000余人，已逐渐转变为小型的工业城镇。⑤工业基础良好是闵行作为

---

① 闵行区地方志编纂委员会编：《闵行区志》，上海社会科学院出版社1996年版，第257页。

② 同上书，第72页。

③ 《调动一切力量，积极发挥上海工业的作用，为加速国家的社会主义建设而斗争！》，《解放日报》1956年8月8日。瓩，是千瓦的简称。

④ 闵行区地方志编纂委员会编：《闵行区志》，上海社会科学院出版社1996年版，第252页。

⑤ 《关于闵行规划和建设问题调查研究报告》，1961年9月12日，闵行区档案馆，A6-1-0076-002。

卫星城候选对象的重要因素，也是后来最早确定为卫星城且建设成效优于其他卫星城的重要原因。

除了有良好的工业基础，1958 年选定闵行作为卫星城还因为闵行具有其他合适条件：地形平坦，防洪土方工程小；交通运输条件良好，面临黄浦江深水岸线，万吨轮船可以直达，铁路支线可自新桥车站南首接出；同中心城市距离适当，联系方便，有沪闵公路直通至上海市区，公共汽车行驶时间约 50 分钟；道路桥梁供电给水均有一定基础。①

（二）吴泾

吴泾位于上海市区之南，黄浦江上游西岸。最初，吴泾镇为黄浦江上游渡口的一个小村庄。到 1958 年，人口约 5 000 余人。其中工业人口 1 748 人，均为砖瓦厂工人。其余为农民 3 271 人，主要种植棉花，部分种植水稻和其他经济作物。无给水排水设施，生产生活用电由沪闵路北桥接出的 35 千伏架空线提供，对外公路仅有北吴线(北桥至吴泾)。②尽管吴泾缺乏工业基础，但是它的优势在于地理条件好。

1956 年，为解决炼钢焦炭和城市煤气需求，上海决定新建炼焦制气厂(后来改名为上海焦化厂)。新厂的选址有三个基本要求：(1)新厂建成后能有效地扭转以往上海煤气生产和供应偏重于市区东北角的不合理布局；(2)要考虑到尽量减少出厂煤气管道敷设的工作量；(3)有较优越的地理位置和水陆交通便利的条件。③考虑到上海固有的地理状况和炼焦制气厂的生产工艺特点，决定在黄浦江畔郊区选择厂址。1957 年 9 月，市规划勘测设计院会同有关单位经对市郊华泾、浦东东沟、吴淞蕰藻浜地区、军工路共青苗圃及吴泾等地选址比较，认为吴泾有足够的岸线和腹地，水质好，可与吴淞、杨浦煤气厂构成环网，烟囱允许高度可达 96 米，能基本满足建设要求。④1958 年 4 月，基建工作正式开始。

① 钱圣铁：《上海卫星城镇规划问题》，《建筑学报》1958 年第 8 期。

② 《上海市基本建设委员会关于城市建设地区规划文件》，1958 年 10 月，上海市档案馆，A54-1-73。

③ 上海焦化厂厂史编写委员会编：《上海焦化厂厂史》，上海市印刷四厂印刷 1989 年版，第 9 页。

④ 《上海城市规划志》编撰委员会编：《上海城市规划志》，上海社会科学院出版社 1999 年版，第 188—189 页。

为了促进氮肥工业的迅速发展，支援农业，国家决定在第二个五年计划中兴建一批国产化的大型氮肥厂。国家把这一光荣而又艰巨的首建任务之一交给了上海。1958 年 1 月 2 日，上海市人民委员会正式批准了“上海氮肥厂”的设计任务书。几天后，中共上海市委陈丕显、曹荻秋、魏文伯、牛树才等领导和十余个局的正副局长、总工程师共六七十人，冒着严寒，乘船前来吴泾地区考察。大家认为这儿地域宽阔、江岸线长，是建设一个化工工业区的理想处所。①1958 年 3 月，上海氮肥厂(后来改名吴泾化工厂)在吴泾破土动工。

在勘察厂址前，吴泾是一个池塘纵横、芦苇丛生的小村落，工业建设的需要让吴泾开始受到重视，而重视的最重要原因就是吴泾的地理位置、地形地貌适合工业建设。1958 年，吴泾被列入上海工业区。同年 8 月，市规划勘测设计院编制吴泾工业区初步规划，明确吴泾将发展成为上海市郊区的一个化学工业区，以设立煤炭综合利用企业为主，辅以设立电解食盐等化学工业企业，人口规模初步估计为 10 万—15 万人左右。②后来，吴泾转为卫星城。

(三) 嘉定

嘉定在上海市区西北方。古城四周有环城河围绕，城中有以金沙塔(又称法华塔)为中心与各自相交的十字河和十字街，以及孔庙、秋霞圃、汇龙潭等文化古迹。

1957 年嘉定县有两镇十六乡，两镇即嘉定、南翔，嘉定镇包括城区在内，又称城厢镇，城厢镇后来开辟为卫星城。嘉定县以农业生产为主。在工业方面，纺织工业是嘉定县工业的主导，1958 年产值占全县工业总产值的 70%。嘉定县工业分布集中在城厢、南翔两地，这两地的工业产值占全县工业总产值的 90%，而纺织工业则几乎占全县的 97%。③

---

① 田文、殷岗:《创业之路——上海吴泾化工厂发展史》，中国人民政治协商会议上海市闵行区委员会文史资料委员会编:《闵行文史资料》第 1 辑《厂史选编专辑》，上海重型机器厂所印刷 1989 年版，第 36 页。

② 《上海市基本建设委员会关于城市建设地区规划文件》，1958 年 10 月，上海市档案馆，A54-1-73。

③ 《嘉定县总体规划(草案)说明报告》，1959 年 8 月，上海市档案馆，A54-1-136。

依托原有县城,嘉定城厢镇工商业较为发达。据1958年统计,嘉定城厢镇有25 470人,其中基本人口28.1%、服务人口19.6%、被抚养人口52.3%,"基本人口比重较上海市区高,说明从事生产的劳动力比重高,服务人口比重也高"①。

城厢镇工厂分散在西门、南门、东门三个地段,100人以上大厂有嘉丰纺织厂、嘉定漂染厂、家新纱厂、永嘉纱厂、志成布厂、南华毛巾厂等,以棉纺织为主。由于纺织工业较为发达,1958年5月嘉定卫星城在作为上海卫星城选择对象时,被规划为轻纺工业区。②

随着"大跃进"运动的发动,嘉定逐渐调整发展方向。1958年10月的嘉定规划提出:"估计将来为适应农业机械化、电气化的需要,应发展机械、电机工业为主。"③后来,闵行被确认为第一个发展的卫星城。不过嘉定工业建设的方向基本确认。1959年8月市城建局城市规划勘测院在对城厢镇展开规划时,建议"以发展为农业服务的机电工业、农具修改工业为主,适当发展生产轻纺、造船与食品工业"④。嘉定的定位在1959年年底编制完稿的《关于上海城市总体规划的初步意见》中再次改变。这次嘉定城厢镇被正式确定为卫星城,其定位则是:以发展科学技术和精密仪器工业为主。

嘉定卫星城的定位在上海城市工业、科技发展布局中被一再调整,而之所以最终确定嘉定以发展科学技术和精密仪器工业为主,一是嘉定不在市区,既能保证涉及国家机密的尖端国防科技研究符合保密原则,又能在市政建设方面不受到很大限制。二是嘉定城厢镇是全县政治、经济、文化和交通中心,工业基础好,交通便利,劳动力来源与劳动素养方面也具备有利条件,因此可以"充分利用现有物质基础",符合尽可能利用现有县城的布局原则。

---

① 《检送嘉定、南翔卫星城镇规划图与说明供建设参考》,1958年10月,上海市档案馆,B257-1-362。

② 《1958—1962年上海工业发展规划纲要》,1958年5月16日,上海市档案馆,B29-1-108-59。

③ 《检送嘉定、南翔卫星城镇规划图与说明供建设参考》,1958年10月,上海市档案馆,B257-1-362。

④ 《嘉定县总体规划(草案)说明报告》,1959年8月,上海市档案馆,A54-1-136。

（四）松江

松江卫星城与嘉定卫星城一样，依托原有县城而建设。松江县城位于上海西南，是松江县的政治经济中心。松江历史悠久，从唐天宝十载（公元751年）设华亭县算起，迄今已有一千多年历史。

松江农业发达，历来是全国重要的产米区。在工业方面，松江也有一定基础。元代，纺织业兴起，至明代，松江成为全国棉纺织业中心。近代以来，松江县现代工业逐渐发展。抗日战争爆发后，由于日军的狂轰滥炸，工厂遭到毁坏。至解放前夕，松江县有纺织、碾米、轧花、机械等厂144家，大多是5—30人的小厂。①

1949年后，松江县工业建设逐渐发展。据1959年统计，县办、城区办、镇办的工厂共有96户（不包括17个乡办的农具厂）。具体为县办29户，城区办32户，镇办35户。其中地方国营厂74户，公私合营厂1户，集体性的社会福利厂21户，内有19户从事手工业品生产，13户从事加工修配。②工厂门类涉及较广，有纺织业、机械制造、化工业、建筑业等，其中生产棉织产品、纸板的工厂较多。

此外，松江县城内有小型电厂、部分给水设施和电影院、剧场、医院、中学等设施。松江在沪杭铁路线上，黄浦江距城南5公里，水陆交通便捷。地形平坦，高差较小。松江县城的有利条件可以被充分利用。当然，松江县城也有劣势。1959年6月城建局特别提到：松江地质条件欠佳，设立大型机械工业应特别注意。③

（五）安亭

安亭位于上海市西部，北为沪宁铁路，南临吴淞江。1957年，安亭还是属于嘉定县的一个乡村小镇，仅有3 000人，大部分从事农业。直至1959年底，安亭没有近代化工业。④

---

① 何惠明、王健民主编：《松江县志》，上海人民出版社1991年版，第412页。

② 《上海市第一商业局郊区工作组关于松江县地方工业产品的情况和问题的报告》，1959年，上海市档案馆，B123-4-326-29。

③ 《上海市建设委员会城建局关于松江县总体规划及公社规划的报告、批示》，1959年6月，上海市档案馆，A54-2-720。

④ 《安亭初步规划简要说明书》，1959年11月，上海市档案馆，A54-1-136。

1958年8月,为配合上海机电工业发展的要求,市城市规划勘测设计院对安亭、南翔、黄渡三地的地质、水文等进行勘察,比较后提出安亭辟为机电工业区较为合适,为此编报了《安亭工业区选址和轮廓规划》。安亭适合机电工业发展的条件主要是:第一,与上海市中心保持有一定距离,同时交通运输联系便利;第二,“工业区需用铁路支线可直接从安亭车站接出,水运除靠近苏州河外,并可利用顾浦,原有公路城市建设局已进行修理,8月底前后即可修复”;第三,“附近公路标高为3.74公尺,集镇和附近不淹水”;第四,施工用电可以借用昆山电源,“将来工业生产用电可由上望高压线设变压站接出”。①

良好的自然条件、便利的交通条件等,使得安亭成为机电工业区的合适地方,至1959年底被列为卫星城,1960年开始大力建设。

除以上五个选址,最初浏河也被辟建为卫星城。严格说起来不应称浏河,应该称为北洋桥。江苏省太仓与上海之间隔了一条河,这条河是浏河。浏河之北为太仓境内,所属地区为浏河镇。而浏河之南为北洋桥,属嘉定县。浏河东临长江,为苏南主要渔港之一。至1959年底,浏河河道拓宽第一期工程完成,上通昆山、苏州连接大运河,河道拓宽挖深后,可通2 000吨船只,水运条件良好。工业污水可排入长江,这是其有利条件。在地形地貌上,浏河地区地形平坦,沿长江和浏河都有堤塘,一般无淹水现象。②由于良好的地理条件,浏河地区在1958年被规划为上海工业备用地,发展重化工。1959年底被确定为卫星城。1960年,在上海市基本建设会议上有人提出:“浏河尚属江苏省,是否改用北洋桥地名。”③后来由于企业建设成效不佳,浏河卫星城建设没有持续。

通过以上论述,可以看到卫星城选址基于各地地形地貌、交通条件、工业基础等综合条件。根据各地建设之前的情形,卫星城可以分为两类:一类是具有一定工业基础的,如闵行、嘉定、松江;另一类是无工业基础或企业很少,但是具有发展工业的基本条件,如吴泾、安亭、浏河。闵行、嘉定、松江都

---

① 《关于安亭工业区选点和轮廓规划的报告》,1958年8月,上海市档案馆,A54-1-73。

② 《关于1960年开辟新的卫星城镇的报告》,1959年11月,上海市档案馆,A54-2-749-10。

③ 《中共上海市委基本建设委员会会议简报》,1960年2月4日,上海市档案馆,A54-2-1018。

是县城，既具有一定的工业基础又具备一定的城市基础设施。吴泾、安亭、浏河则是小镇，缺乏的除了工业基础还有建设一个城市所需的其他设施和条件，但是位置、地形等适合工业建设是它们的优势。

三、特　征

上海卫星城工业布局主要有以下几个特征。

第一，以行业为主导，助力上海工业建设。

最初，上海在规划卫星城时曾设想“分散一部分小型企业”，不过随着“工业”跃进浪潮的推动，以及上海工业向高级、精密、大型、尖端方向发展的确定，卫星城开始肩负重任。1959 年底，上海确定了卫星城各自的发展方向。至 1961 年，上海已经非常明确，卫星城“发展动力是工业向高、精、尖发展，以及重型机械和科学研究的发展”[①]。具体到每个卫星城，均以服务于国家战略和上海工业建设要求为方向，以某行业为主导。

机电工业是机械工业和电气工业的统称，是我国重工业建设的重要支柱性产业。1953 年国家第一个五年计划开始实施，工业的迅速发展对发电设备需求量很大。在 1958 年“二五”计划和工业“加速发展”推进下，工农业生产更是急需强大的电能和动力。为改变电力供应严重短缺及发电设备完全依赖进口的状况，国家把发展发电设备制造工业列为我国工业建设的重点项目。新中国成立后的数年间，位于闵行的上海电机厂、上海汽轮机厂是国家重点建设企业，至 1956 年已能完成中小型汽轮发电机组的生产。已有的工业基础使得闵行卫星城形成上海电力装备工业生产基地，大力发展电站设备成为闵行的一大重任。除了扩建上海电机厂、汽轮机厂外，上海锅炉厂、矿山机器厂由市区迁入闵行。上海锅炉厂从主要生产工业锅炉转型为主要制造电站锅炉和大型压力容器、化工设备。矿山机器厂，后来改名为上海重型机器厂，也为电站设备提供先进装备。四家大型企业，后来成为闵行卫星城的支柱企业，被称为“四大金刚”。“四大金刚”依靠生产协作，制造出

---

① 《中共上海市城市建设局委员会常委扩大会议记录——讨论城市规划和建设管理工作总结》，1961 年 9 月 5 日，上海市档案馆，B257-1-2388-20。

来的发电机为工业建设提供了动能。此外,上海重型机器厂的筹建,不仅为电机工业提供装备,它还承担了为国家制造重型机器的重任。由于中国工业大发展,电力、冶金和国防工业都需要大型锻件,中央和中共上海市委为增强华东地区大型铸锻件的生产能力,决定以上海矿山机器厂为基础,在闵行兴建上海重型机器厂。经报国家计委批准,工厂总面积87.7万平方米,基建投资3.31亿元,新建主要生产车间12个,设计年产机器产品6万吨。[①]闵行卫星城承担制造重型机器的生产任务,以上海重型机器厂、上海重型机床厂、上海水泵厂和上海滚动轴承厂为主要企业。

表3-1　闵行卫星城机电工业一览表

所属系统	单位名称	厂　址	在闵行建厂时间
市电机局	上海汽轮机厂	江川路333号	1946年
	上海电机厂	江川路555号	1952年9月
	上海锅炉厂	华宁路250号	1958年8月
	新中华机器厂	华宁路100号	1958年
市机械局	上海重型机器厂	江川路1800号	1958年7月
	上海重型机床厂	华宁路190号	1959年1月
	上海水泵厂	江川路1400号	1960年8月
	上海滚动轴承厂	沪闵路1111号	1960年6月
	上海第二印刷机械厂	昆阳路820号	1967年10月
	上海螺帽一厂	华宁路280号	1976年5月
	上海螺帽十二厂	临沧路190号	1969年12月
	上海轴承滚子厂	沪闵路269号	1966年6月

资料来源:《闵行区城市建设志》编撰委员会编:《闵行区城市建设志》,上海社会科学院出版社1996年版,第116—117页。《闵行现状调查报告》,1961年9月,闵行区档案馆,A7-1-0029-001。

化学工业是国民经济基础产业之一,为工农业生产提供重要的原料保障,从而推动工农业的发展。吴泾炼焦制气厂(后来改名上海焦化厂)是为了配合上海钢铁工业和化学工业的发展而兴建的。上海的工业基础比较扎

---

① 沈永清主编:《四大金刚:中国重工业闵行基地纪实》,上海书店出版社2018年版,第219页。

实,但原材料和能源的供应一直比较紧张,长期依靠外地支援。上海的钢铁工业炼铁所必需的焦炭,本市只能自给25%,其余一大部分均需靠外地运入。煤气的供应也同样如此。据统计,1957年期间,上海共有居民住户107万户,使用煤气的仅3.2万户,普及率不足3%,且基本上都集中在较繁华的原租界地区。而且由于产量少,许多工业用户也未能使用煤气,这客观上牵制了工业产品产量和质量的提高。①尽管可以依靠吴淞煤气厂、杨树浦煤气厂等老厂挖潜增加产量,但尖锐的供需矛盾,使得新建一座大型炼焦制气厂迫在眉睫。此外,在炼焦制气过程中会产生大量副产品,如焦油、粗苯、硫、硫粉等,可以提炼成为合成纤维、塑料、染料、油漆、橡胶、医药等许多化学工业部门的原料,不再需要依靠进口或从外地运来。②因此,上海焦化厂形成了焦炭、化学产品、城市煤气生产并重的体系。

化肥是粮食的"粮食",是粮食生产发展的支柱。我国是农业大国,为了促进氮肥工业的迅速发展,支援农业、加速粮食的增产,1956年11月党的八届二中全会期间,在毛主席的亲自关怀和具体过问下,国家决定在第二个五年计划中,兴建一批国产化的大型氮肥厂,并把这一光荣而又艰难的首建任务之一交给了上海。③吴泾化工厂应运而生。吴泾化工厂先期生产合成氨、硫酸和硫酸铵,后期又生产尿素、甲醇。

上海焦化厂,吴泾化工厂,再加上以生产烧碱、氯气为主的上海电化厂,生产碳素材料的上海碳素厂,四家化工企业增强了上海化工原料生产的能力,也让吴泾卫星城成为上海第一家煤炭化工生产基地。

根据科研、教育和生产"三结合"原则,嘉定卫星城成为上海发展新兴科学技术基地。1960年起,中央、上海市所属原子核、硅酸盐、计算机、激光、自动化控制等科研单位相继迁入嘉定。这些科研单位以高端科学技术为研究任务:上海原子核研究所主要研究核科学技术及其应用、核物理实验和理

① 上海焦化厂厂史编写委员会编:《上海焦化厂厂史》,上海市印刷四厂印刷1989年版,第7页。

② 《为合成纤维等新工业提供大量原料,本市兴建巨大煤气厂》,《解放日报》1958年1月14日。

③ 田文、殷岗:《创业之路——上海吴泾化工厂发展史》,中国人民政治协商会议上海市闵行区委员会文史资料委员会编:《闵行文史资料》第1辑《厂史选编专辑》,上海重型机器厂所印刷1989年版,第36页。

表 3-2　吴泾卫星城化工企业一览表

所属系统	单位名称	厂　　址	在吴泾建厂时间
市化工局	上海电化厂	龙吴路 4800 号	1960 年 11 月
	上海吴泾化工厂	龙吴路 4600 号	1958 年
	上海焦化厂	龙吴路 4400 号	1958 年 1 月
	上海碳素厂	龙吴路 4221 号	1959 年 11 月

资料来源:闵行区地方志编纂委员会编:《闵行区志》,上海社会科学院出版社 1996 年版,第 264—266 页。

论研究,是我国四个核科学技术综合研究所之一;上海科学仪器厂、计算技术研究所主要研究电子、卫星、计算机、自动化等领域科研成果的转化;上海光学精密机械研究所主要研究激光科学基本理论和激光技术的开发应用。[①]科研单位之外有两所学校:上海科技大学、上海第二科学技术学校。上海科技大学以创办"高、精、尖"学科专业的新型大学为办学目标,设置探空技术、原子能利用、无线电电子学、计算技术、精密机械和仪表、特种材料等世界尖端科技领域的专业,从各研究单位聘请资深专家为学生授课。第二科学技术学校以培养"应用型人才和注重实际动手能力"为目标,设置了计算技术、电子学、海洋、技术物理和力学等专业。[②]此外,还建设了铜仁合金厂、科学仪器厂、冶金所和硅酸盐所的实验工厂。

松江卫星城在 1959 年被定位为综合性工业基地,有轻工业,也有机床、冶炼业。实施中后者逐渐占据主导地位,松江卫星城成为上海机床、有色冶炼的重要基地。上海第二冶炼厂,原名九〇一厂,1960 年 10 月改名为上海金属加工厂,1972 年改为现名,是上海市有色金属骨干企业,主要生产稀有金属、半导体材料和金属粉末产品。1961 年设立有色金属研究所,专门从事稀有金属、半导体材料等新型材料的科研和试制。20 世纪 60 年代中期开始,上海第四机床厂、上海仪表机床厂、上海机床铸造一厂等企业先后迁建至松江,形成制造铣床、仪表机床和机床铸铁件的基地。

---

① 王健、张秀莉、林超超:《国家战略与上海发展之路》,上海人民出版社 2019 年版,第 125—126 页。

② 中共上海市委党史研究室等编:《口述上海:教育改革与发展》,上海教育出版社 2014 年版,第 268 页。

表 3-3　嘉定卫星城科研单位、高校和企业一览表

所属系统	单位名称	厂　址	创建时间（年）	迁入时间（年）
中国科学院上海分院	上海原子核研究所	东　门	1959	1961
	上海硅酸盐研究所	城中路	1959	1961
	上海冶金研究所中试部	城中路	1960	1961
	上海科技大学	南　门	1958	1960
	上海市电子物理研究所	城中路	1966	1966
	上海光学精密机械研究所	清河路	1964	1964
国家航空航天工业部	上海科学仪器厂	北　门	1957	1961
国家机械电子工业部	机械电子工业部第三十二研究所	路　桥	—	1962
国家核工业部	核工业部第八研究所	东　门	1963	1965
市轻工业局	新沪玻璃厂	环城路	1958	1960
市仪表局	铜仁合金厂	北　门	1952	1959

资料来源：徐燕夫主编：《嘉定镇志》，上海人民出版社 1994 年版，第 291 页。秦福祥主编：《上海电子仪表工业志》，上海社会科学院出版社 1999 年版，第 268 页。《嘉定卫星城镇"生产和生活配套问题"的调查报告》，1961 年 6 月，上海市档案馆，A54-1-255。

表 3-4　松江卫星城企业一览表

所属系统	单位名称	厂　　址	创建时间
市冶金局	上海第二冶炼厂	长石路	1959 年 11 月
	上海有色金属研究所	长石路	1961 年 11 月
航空航天部	上海新江机器厂	贵德路	1960 年 8 月
市公安局	上海消防器材厂	北内路 32 号	1960 年 12 月
市建工局	上海建筑构件厂	佘山乡罗山	1958 年 11 月
市公安局	上海照相机总厂	中山东路 70 号	1974 年 11 月
市轻工业局	上海炼锌厂	乐都路 266 号	1960 年 4 月
	上海针织十厂	松米路 8 号	1964 年 7 月
	上海红旗药棉厂	木鱼弄 4 号	1964 年 12 月
	上海塑料制品十四厂	玉树路 103 号	1965 年
	上海松江纸浆厂	金沙滩 139 号	1962 年 7 月
市机电局	上海第四机床厂	乐都路 262 号	1970 年 4 月
	上海立新电器厂	人民南路 39 号	1963 年 10 月
	上海仪表机床厂	中山东路 128 号	1965 年
	上海实验电炉厂	秀水浜 35 号	1962 年 7 月
	上海机床铸造一厂	乐都路	1973 年
市化工局	上海长江化工厂	泗泾镇东	1962 年
上海药材公司	天马中药加工厂	天马山东南	1960 年

资料来源：何惠明、王健民主编：《松江县志》，上海人民出版社 1991 年版，第 471 页。

为加速机械工业的发展,上海在安亭开辟了以生产汽车和地质、探矿机械为主的基地。安亭卫星城的机械企业,有生产纤维板、胶合台板、刨花板设备的大安机器厂(1962年改名上海人造板机器厂),从事阀门制造的上海阀门厂,我国最早生产无线电专用设备的上海无线电专用机械厂,主要生产流量仪表、精密量具、压力表机芯的上海仪表厂等。1959年起,国家投资2 000余万,在安亭兴建以生产轿车为主的新厂,以满足国家建设对汽车的需求。随着上海汽车制造厂、上海汽车发动机厂迁入扩建,汽车制造的地位日益突出,为20世纪80年代"安亭汽车城"奠定了基础。

表3-5 安亭卫星城汽车、机械企业一览表

所属系统	单位名称	厂址	迁建时间(年)
市仪表局	上海无线电专用机械厂	昌吉路	1960
	上海仪表原件厂	昌吉路	1960
	上海雷磁仪器厂	昌吉路	1960
市建工局	混凝土加工厂	—	—
中央林业部	上海人造板机器厂(大安机器厂)	阜康路	1958
中央地质部	上海勘探仪器厂	昌吉路	1960
	上海探矿机械厂	洛浦路	1960
市机电一局	上海汽车制造厂	昌吉路	1960
	上海汽车发动机厂	昌吉路	1969
	上海阀门厂	昌吉路	1960

资料来源:陆成基主编:《安亭志》,上海社会科学院出版社1990年版,第148—152页。《上海房地局关于长宁、虹口、杨浦、普陀、闵行区及松江、嘉定、安亭县的(61、62)年度统建工房的分配报告》,1962年1月,上海市档案馆,A54-1-298。

综上,每个卫星城在工业发展方向上具有不同的特点,分别以机电、煤化工、机械等行业为主导。其中嘉定确定为以尖端科学研究为主,兼有精密仪表企业。以行业为主导,各企业陆续在卫星城落地,从而形成各具特色的工业、科技基地,助力于国家工业化战略及上海两个基地建设。

五张表格反映了20世纪六七十年代上海五个卫星城行业分类、迁建新建等情况。[①]在计划体制时代,各卫星城企事业单位,大多直接隶属于上海

① 由于隶属关系先后变化,表格中所属系统为当时资料中呈现。另外,在闵行、吴泾卫星城中列入机电、化工主要企业,未列入建筑材料、水厂等企业。

市各局，有的则由中央各部直接管理。由中央相关部门、上海市各局主管，说明这些企事业单位的重要地位，也说明卫星城建设的重要意义。

需要补充的是，在“全市一盘棋”布局下，以某行业为主导的卫星城和近郊工业区、郊县小城镇共同绘制了上海工业蓝图（见表 3-6）。这份工业蓝图持续至 20 世纪 70 年代。这时卫星城已作调整，浏河卫星城不见踪影，刚刚规划的金山卫跃然纸上。

表 3-6　1970 年代初上海各工业区现状及发展规模设想

名称		性质	工业职工（万人）		总人口（万人）	
			现状	发展	现状	发展
近郊工业区	吴淞	钢铁冶炼	6.81	9	7.99	15
	彭浦	机电工业	3.75	5	2.5	6
	桃浦	轻化工	1.63	2	0.47	3
	北新泾	化工、机械综合性工业区	4.16			
	漕河泾	精密仪表	1.66	2	1.95	3
	长桥	建筑材料及轻工业	1.03	1.5	0.79	2
	周家渡	钢铁冶炼	3.08	4	3.8	5
	庆宁寺	造船	1.59	2		3
	高桥	化工	1.13	2	1.5	3
	五角场	综合性	1.37		5.75	
卫星城	闵行	机电工业	4.12	6—8	5.54	15
	吴泾	煤综合利用的化工	1.57	3	1.14	5
	嘉定	科学研究，精密仪器	1.9	3—4	3.97	7—8
	安亭	汽车、机械	0.9	4—5	0.9	10
	松江	机床、有色冶炼	1.64	4—5	5.38	10
	金山卫	石油化工	/	3—4	/	7—10
郊县小城镇	莘庄	轻、手工业	0.15		0.53	1—2
	诸翟	轻工、机电	0.06		0.11	1—2
	朱行	手工	0.26		0.19	1—2
	杨思	轻、手工业	0.39		0.65	1—2
	北蔡	纺织	0.45		0.64	1—2
	外岗	机电	0.06		0.24	1—2
	白鹤	机电	0.10		0.13	1—2
	颛桥	机电	0.31			1—2

资料来源：《城市规划简报（八）》，1972 年 9 月 23 日，上海市档案馆，B257-3-109-25。

第二,企事业单位结合全市工业改组和科研院所的创设进行迁建、新建、扩建。

卫星城承担着分散市区工业和人口的任务。对迁出企业问题,苏联专家萨里舍夫曾表示:"这个愿望过去各国并未实现,卫星城一般总是以新建工业为基础。"①社会主义国家试图与西方不同,因为"社会主义国家的卫星城可以根据整个国民经济,有计划按比例发展,均衡分布生产力,合理安排工业和人口"②。为合理分布生产力,改变市区工业集中、人口拥挤的状况,上海把企业迁出作为改造市区和城市建设的关键环节,因此对卫星城工业建设指出"应以从旧城迁出的工业为主"的指示。③

以迁建企业为主,但企业并非从市区简单迁出。卫星城工业必须适应上海重工业建设的需求。1956 年之前上海以轻纺工业为主,1956 年之后才着力发展重工业。重工业基础的薄弱,使得企业改组、扩建成为增大能量的良好途径。同时,为增加原先没有的工业门类而新建企业,以发展尖端科学技术为目标新建科研院所,成为迁建、扩建的补充。

结合上海全市工业改组,卫星城开展企业的迁建、新建和扩建。1958 年,闵行作为机电工业基地开始大规模建设。除扩建上海电机厂、汽轮机厂外,上海锅炉厂在闵行征地新建厂房,并由市区迁入。上海矿山机器厂也由市区迁入闵行,并入 30 余家小厂,并改组为上海重型机器厂。1960 年 6 月,上海滚动轴承厂由市区迁入闵行。8 月,上海机器厂由市区迁入闵行,同时合并毕昌机械厂、富中机器厂、仁丰铁工厂、建华机器厂、联谊铁厂和大昌财记机器厂等 6 个厂,并更名为上海水泵厂。1962 年,上海重型机床厂由市区迁入闵行。至此,上海机电工业闵行生产基地初具规模。④在迁建、改组、扩建中,上海电机厂、上海重型机器厂、上海汽轮机厂、上海锅炉厂规模扩大,规格提升。上海重型机器厂由原先主要生产中小型矿山水利设备

---

① 《报送中建部苏联专家对上海市规划工作的意见》,1959 年 6 月 4 日,上海市档案馆,A54-2-638-19。

② 《上海市卫星城镇和农村居民点的建设》,1960 年 5 月,上海市档案馆,A54-2-1082-66。

③ 《关于上海城市总体规划的初步意见》,1959 年 10 月,上海市档案馆,A54-2-718-34。

④ 《上海机电工业志》编撰委员会编:《上海机电工业志》,上海社会科学院出版社 1996 年版,第 431 页。

转向大型复杂的锻压、冶炼、轧钢设备生产，上海电机厂、上海汽轮机厂则由原先生产中小型发电机、电站汽轮机转向大、中型发电机和大、中型汽轮机。

安亭卫星城到1978年共有十家市属企业，都是从市区迁入。上海汽车厂迁往安亭发展的过程中合并了很多企业。1960年，上海汽车厂向上海市农业机械公司提议，将市区的华兴翻砂厂并入上海汽车厂成立翻砂车间，以满足生产凤凰轿车等所需之模具翻砂件的生产需求。[①]1961年，因轿车生产需要增加很多模具和几种单型的自制金加工件、工艺轧具等，这些工具与工件均须经过热处理，而上海汽车厂却无热处理及淬火技术工人。于是上海汽车厂将海龙淬火厂并入。[②]到1966年，以约100万元的投资，上海内燃机配件厂迁至安亭与上海汽车厂合并改建。[③]

松江卫星城至1978年共有部、市属工厂18家，其中新建4家，其余14家为迁建、划归。[④]迁建的企业也都如闵行、安亭卫星城一样，经历改组扩建过程。吴泾卫星城的主要化工企业中，上海焦化厂、吴泾化工厂、上海电化厂为新建，上海碳素厂则由明碳晶厂、同昌工业原料厂和远东电化金属厂合并组成，并在吴泾兴建新厂。

嘉定卫星城各科研院所多是在迁入嘉定前后根据国家和上海市科技发展要求完成筹备、科研方向调整等工作。上海硅酸盐研究所原是中国科学院冶金陶瓷研究所的一个研究室，1960年3月正式从冶金陶瓷研究所分出来，单独建所。迁到嘉定后，该所从研究传统的硅酸盐材料（包括耐火材料、高压电瓷、水泥等）转为主要研究国防和国民经济发展高精尖技术所需要的新型无机材料（包括单晶、多晶、非晶态及复合材料等），并且把原来研究高压电瓷的技术力量转为开展电子陶瓷研究，以要求高、难度大、国家需要最迫切的水声探测所需要的压电陶瓷为主攻目标。[⑤]上海科技大学在1958年

---

① 《上海汽车制造厂关于申请本厂与华兴翻砂厂并厂的报告》，1960年10月19日，上海市档案馆，B116-1-85-168。

② 《同意海龙厂划归汽车厂领导的通知》，1961年5月27日，上海市档案馆，B116-1-100-1。

③ 《关于上海汽车厂和内燃机配件厂合并改建方案的批复》，1966年8月23日，上海市档案馆，B109-2-1158-113。

④ 何惠明、王健民主编：《松江县志》，上海人民出版社1991年版，第471页。

⑤ 吴英熙：《以大力发展高精尖新技术为中心的初期辉煌》，丁公量主编：《上海科技发展60年：老同志的回忆与纪实》，上海科学普及出版社2009年版，第151页。

经中共上海市委决定由中国科学院上海办事处(后改为上海分院)主办,上海市科学技术委员会主管,于1959年确定办学方针:中国科学院在上海的各研究所各自负责为其办一个系,各所所长或著名科学家兼任各系的系主任,并委派各所的研究员来上海科技大学开课。上海市虹口区原光华大学校址作为上海科技大学的临时校址,1960年9月嘉定的教学楼、宿舍楼等基本建成后,学校迁至嘉定南门新址,按照"全院办校""所系结合"方针展开建设。①迁至嘉定的三家企业:科学仪器厂、铜仁合金厂、新沪玻璃厂,紧跟工业改组步伐,或者并入多家小企业或者完成扩建,以适应科学研究的需要。

第三,企业既相互协作又与市区紧密联系。

卫星城半独立性体现在生产上,既具有基本独立的经济基础,又与母城紧密联系。卫星城企业需要全市的支持,需要与市区其他企业在生产上紧密协作,同时卫星城经济基础的基本独立要求各企事业单位或自身独立或在相互协作中自成体系。

以行业为主导、"小集中"让各卫星城特色鲜明,同时为经济基础的基本独立提供了一定的保障和条件。不过具体到卫星城各企事业单位,情况有所不同。嘉定的科研院所因为保密需要基本是单体独立的。由于科学研究和实验的结合,理化研究所建有一个机械修配工厂,冶金陶瓷研究所和硅酸盐研究所合建了一个金工车间。这种自带或附设,也可以视作单体独立。当然,铜仁合金厂、新沪玻璃厂等精密仪器的生产,既是企业自身生产任务的规定,也是对科研院所科研需要的配合,可视作研究所与企业相互协作的体现。

闵行卫星城经济基础的基本独立是以企业之间的相互协作完成的。闵行以机电制造工业为主,随着上海电机厂、汽轮机厂的扩建和重型机器厂、锅炉厂的迁建,形成生产协作的关系。一套火力发电设备主要包括四个部分:锅炉、汽轮机、发电机、开关。它们是这样运作的:用煤来燃烧锅炉里的

---

① 张迅:《记中国科学院上海分院办上海科学技术大学》,丁公量主编:《上海科技发展60年:老同志的回忆与纪实》,上海科学普及出版社2009年版,第112—118页。

水，水变成蒸汽，蒸汽通到汽轮机上，带动发电机发电，发电机产生的强大电流，最后通过开关输送到近处和远方。在产品配套上，锅炉厂承担锅炉本体、辅助设备（吹风机等）、附属设备（阀门等）的制造；汽轮机厂和电机厂承担汽轮发电机本体及一部分附属设备的制造。至于锅炉附属设备中的磨煤机等由上海重型机器厂制造。汽轮机附属设备中的循环水泵、给水泵、高压水泵等则由水泵厂制造。

在工艺协作、设备共同利用方面，电机产品的大型锻件和热处理以重型机器厂为中心，与汽轮机厂、电机厂协作解决。有些大型铸锻件，在重型机器厂的铸钢、万吨水压机和热处理车间建成前依靠上钢五厂等供应，之后基本上由重型机器厂承担。

与闵行各企业通过企业之间密切协作基本完成产品配套类似，吴泾卫星城企业之间也有生产上的联系和协作关系。例如：吴泾化工厂制造合成氨，它需要旁边的吴泾热电厂提供蒸汽能源，需要上海焦化厂提供化肥原料——焦炭，然后依靠自己工厂的设备、工人的操作和技艺完成产品的制造。[①]上海电化厂生产烧碱、氯气等基本化工原料，需要吴泾热电厂提供能源及吴泾化工厂提供部分原料。

20世纪六七十年代，安亭卫星城专注汽车制造的有两家企业：上海汽车制造厂和上海汽车发动机厂。前者以汽车装配为主，后者提供汽车的动力源。显然，制造汽车依靠这两家企业无法完成。实际上，上海汽车制造根据上海地区汽车配件行业分散、零星生产的特点组织起来实行大协作生产。根据上海汽车制造厂20世纪70年代的统计，与该厂有关的协作生产单位在全市共跨13个局、21个公司，133个单位，862项零部件尚有极小一部分外地的协作配套件。此外还不包括市场供应，长期挂钩的五金、交电、化工原料、工具辅料、工艺协作、机床配件、建筑材料等单位。在全部生产成本中外协件占80%左右，自制的零部件1 480项只占成本的20%左右。[②]安亭汽

① 少年儿童出版社编印：《新上海的故事》，1964年版，第39—40页。

② 《上海汽车制造厂关于合同制、协作专题的调查报告（初稿）》，1978年9月18日，上海市档案馆，G18-2-84-10。

车制造的全市专业化协助方式,是卫星城企业与中心城密切联系的呈现。

在计划体制年代,卫星城企业对中心城的依靠既是生存需求也是制度保障。即使像闵行几家大型企业基本能完成产品配套的任务,有些材料仍然需要全市“一盘棋”乃至全国“一盘棋”调度。发电设备开关是与上海市区工厂协作,一些辅助材料、零部件,包括绝缘电瓷、纸板、漆等,橡胶、塑料制品,皮革制件、标牌、手套等,主要是与上海市区及南京、苏州、常州等地工厂协作。①

第四,各企业在空间分布上有着统一的规划。

卫星城尽量沿河沿铁路,这是整体布局原则。具体到各卫星城企业分布,自然需充分运用卫星城优越的地理条件,同时还得根据卫星城已有布局、城镇条件及企业性质和功能进行规划。

嘉定卫星城按城内生活、城外生产的原则进行规划布局。科技大学安排在城内西南部,沿城内东西干道,布置第二中等技术学院、电子学研究所,城外西部安排力学研究所(后调整为中国科学院上海光学精密机械研究所西部),北部安排冶金和硅酸盐研究所、铜仁合金厂、科学仪器厂、新沪光学玻璃仪器厂,东部安排计算技术研究所、有机化学研究所(后改为金属材料加工厂)、原子核研究所等。②

安亭卫星城境内有顾浦,这条河流将整个工业区划分为东西两个部分,东部昌吉路以北全部为工厂区,有无线电专用机械厂、大安机器厂、上海阀门厂等工厂,昌吉路以南小部分为工厂区,大部分为生活区。西部墨玉路以西大部为生活区,墨玉路以东昌吉路两侧建有仪表元件厂等少数工厂。③

松江卫星城有十多家部属、市属工业企业,其中有色金属冶炼厂,如上海第二冶炼厂、上海有色金属研究所、上海新江机器厂(六〇一)在横潦

① 《检送“关于闵行规划和建设问题调查研究报告”的函》,1961 年 9 月,闵行区档案馆,A7-1-0029-002。

② 《上海城市规划志》编撰委员会编:《上海城市规划志》,上海社会科学院出版社 1999 年版,第 192—193 页。

③ 《上海市基本建设委员会批复城建局等关于嘉定安亭地区污水工程方案的报告》,1960 年 9 月,上海市档案馆,A54-1-241。

泾工业区；上海炼锌厂、上海第四机床厂、上海压铸机厂、上海塑料十四厂、上海恒温控制厂分厂在沈泾塘西；上海照相机总厂、上海仪表机床厂、上海消防器材总厂、上海针织十厂等在通波塘以东；还有几家如上海实验电炉厂、上海立新电器厂、上海缝纫机四分厂、上海松江厂等在中山中路南北。①

在企业分布上，规划先行是原则，不过在实施过程中会根据具体情况展开必要的调整。1958 年 8 月规划吴泾化学工业区时，总体布局是：华港路（今龙吴路）以东为主要工业地段，老俞塘以北以煤的综合利用为中心，安排上海焦化厂、上海氮肥厂（今吴泾化工厂）等；新老俞塘之间以电解食盐工业为中心，安排天原化工厂氯碱车间（后改名为上海电化厂、氯碱股份有限公司）等；新俞塘以南设置热电厂及仓库码头；华港路以西安排部分水运量不大的化学工业。经半年多实践，发现规划基本满足建设要求，但忽略了化学工业污染问题，所以 1959 年 6 月又进行补充和调整：在华港路西设宽 400—500 米防护林带，居住区南移至俞塘以南或俞塘两侧，部分居住区滨江布置，使居住区与有害车间保持 1 公里左右的距离；以热电厂出厂高压供电走廊和新俞塘为界，以北为工业区，以南为居住区，天原化工厂氯碱车间改放在华港路以东的老俞塘玉溪路之间，合成橡胶厂（今为有机氟研究所）布置在六磊塘以南、铁路以北。②

作为最早建设的闵行卫星城，至 1962 年初各企业基本建成，其分布空间见图 3-2。“四大金刚”上海电机厂、汽轮机厂、重型机器厂、锅炉厂分布在闵行一号路（现在的江川路）两侧，其中电机厂和汽轮机厂距离较近，重型机器厂在最西侧，距离较远。自东向西横贯 9 公里。西侧在 1958 年的规划中有上钢五厂及配套钢铁企业，后来没有在闵行落地，因此东西“战线”拉长了。

---

① 《松江规划志》编撰委员会编：《松江规划志》，上海辞书出版社 2009 年版，第 50 页。

② 《上海城市规划志》编撰委员会编：《上海城市规划志》，上海社会科学院出版社 1999 年版，第 189 页。

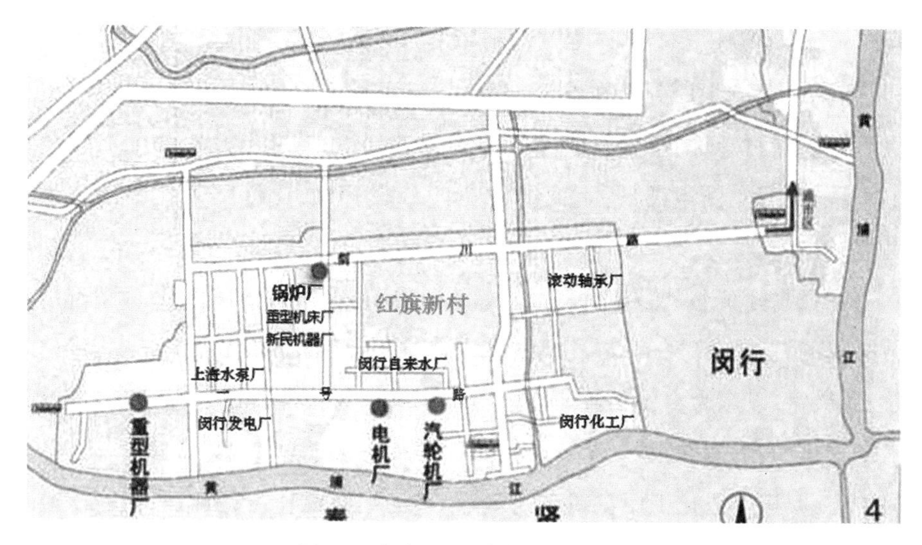

图 3-2　闵行卫星城主要工厂分布

资料来源:根据档案及其他资料绘制。

第二节　建设进程

一、高速度建设

卫星城是上海落实国家“二五”计划、加速工业和科技跃进的重要基地,政府把建设卫星城视作一项光荣而艰巨的政治任务。在全国、全市“一盘棋”方针下,这些重大工程获得国家和政府在政策、资金、人力和物力等各方面的保障。

在管理体制上,卫星城基本建设隶属于中共上海市委基本建设委员会。时任中共上海市委书记处书记陈丕显兼任主任①,市建委副主任罗白桦担任卫星城开发建设指挥部的总指挥。在基本建设委员会的指导下,城市建

① 陈丕显于 1952 年 3 月至 1954 年 10 月任中共上海市委第四书记,1954 年 10 月至 1956 年 7 月任中共上海市委第二书记,1956 年 7 月至 1965 年 11 月任中共上海市委书记处书记,1965 年 11 月至 1967 年 1 月任中共上海市委第一书记。1956 年起,陈丕显分管经济、科技、农业、城建等战线,1959 年至 1962 年兼任基本建设委员会主任,分管卫星城建设。

设局、教育局、卫生局等行政机构以及机电一局、仪表局、轻工业局、冶金局等工业部门分工合作，以确保卫星城建设顺利推进。1960年新辟的卫星城：松江、嘉定、安亭、浏河，因远离市区，原有水电、煤气、电话等市政设施不能适应大规模建设的需要。在基本建设委员会统一组织协调下，供电、自来水、煤气供应等配合工程及时跟上。①

各卫星城成立了建厂、工程建设委员会。1958年5月由市政府张苏平副秘书长为首组成闵行建厂委员会，负责闵行企业的迁建、新建和扩建工程。1960年初先后成立嘉定、安亭、松江、吴泾等地区工程建设委员会（小组），在委员会下设置办公室负责处理日常事务，直到各地区新建工程项目大部已基本建成才撤销机构。②为确保企业工程顺利推进，市委市政府领导干部主抓企业的建设工程。如1959年4月吴泾炼焦制气厂新成立的建厂委员会由市公用事业管理局副局长靳怀刚担任总指挥，为工厂建设运筹帷幄。煤气公司经理程达肯、吴泾炼焦制气厂厂长何霖、工业设备安装公司经理严新民、市建403工区主任钱治安4位同志为副指挥。委员有一机部第二设计院的高士骧、交通局的张士舍及吴泾炼焦制气厂副厂长韩锦翰等人。③

在政府的统一组织协调下，卫星城各项基本工程高速度向前推进。上海电机厂、汽轮机厂、新民机器厂等工厂的扩建、新建等工程，原计划到1959年开始筹建。为了加速华东和上海钢铁事业的大发展，及时赶制出华东地区所需要的炼钢冶铁设备，1958年6月决定提前动工，要求每个厂房的建成不得超过三个月、于1958年底先后完成。按照之前设计单位的老规矩，工业设计的图纸，要五六个月才搞得出来，但要求提出后，不到两个星期，有的结构极为复杂的设计图纸就搞好了。市建筑第四、第五两个施工单位，也打破了拿到图纸后起码一个月才能开工的老规矩，开始边设计边开

① 《中共上海市委基本建设委员会关于高精尖建设项目配合工程问题的报告》，1960年8月29日，上海市档案馆，A52-2-73-58。

② 《关于撤销嘉定、安亭、松江、浏河、吴泾、闵行等地区工程建设（厂）委员会（小组）及其所属办公室机构的通知》，1961年2月28日，上海市档案馆，B76-3-748-32。

③ 上海焦化厂厂史编写委员会编：《上海焦化厂厂史》，上海市印刷四厂印刷1989年版，第23页。

工。[①]重型机器厂于1959年在闵行筹建新厂,新厂设计任务由第二设计院、华东设计院和产品设计公司等单位共同承担。这样“一个规模巨大、技术复杂的重型机器厂设计,不仅在国内是第一次,在国外亦是不多的”,最终工程设计在短短四个月的时间内完成了原来计划需要一年才能完成的任务。[②]

吴泾炼焦制气厂从设计开始到推出第一炉焦,扣除因原材料供应脱节和为钢帅让路所耽搁的时间,实际施工周期是11个月。1959年8月,冶金部焦化专业高级工程师孙祥鹏专程到吴泾新厂工地了解建厂情况,并对建厂委员会领导说:“这样规模的一个炼焦制气厂的建设,这样短的周期,我看只有在上海才能搞成功。我主持搞过几座焦炉,我知道这里面的工作量,要将一座焦炉搞上去是一项十分艰巨的工程。我们冶金部在武钢造一座同样的IIBP型65孔焦炉,动用了全国冶金行业的全部精干力量,用了九牛二虎之力也花了14个月才勉强上马。你们上海建厂能做到一呼百应,这确实不容易。以我个人来看,你们的建厂速度以后很难被突破了。”[③]为了满足吴泾卫星城用电和用热需要,吴泾热电厂一期工程从1959年5月4日挖土开工,到11月5日第一台25 000 瓩机组正式投入生产,前后仅历时6个月,比全国同类型电厂的建设速度快一倍以上,创造了全国电站建设速度的新纪录。[④]

至1961年初,除浏河卫星城仅一家企业外,闵行、吴泾、嘉定、安亭、松江各卫星城基本上形成了特色鲜明、自成一体的主导行业。闵行工厂由原来6家增至40家,职工人数由0.8万增至3.1万,其中18家为主要工厂,包括后来被称为“四大金刚”的上海电机厂、上海汽轮机厂、上海重型机器厂、上海锅炉厂,以及重型机床厂、滚动轴承厂等。[⑤]吴泾则已建成上海焦化厂、吴泾化工厂、吴泾热电厂等12家工厂,有职工近1.3万人。[⑥]上海炼锌厂、上

---

① 《替华东钢铁大发展开路,闵行提前扩建一批机电工厂》,《新民晚报》1958年6月20日。

② 杨国宇:《设计工作必须坚持高速优质》,《文汇报》1960年4月2日。

③ 上海焦化厂厂史编写委员会编:《上海焦化厂厂史》,上海市印刷四厂印刷1989年版,第42页。

④ 《建设吴泾热电厂的经验总结》,上海市档案馆,A54-1-189。

⑤ 《闵行现状调查报告》,1961年9月,闵行区档案馆,A7-1-0029-001。

⑥ 《上海城市规划志》编撰委员会编:《上海城市规划志》,上海社会科学院出版社1999年版,第189页。

海金属加工厂、有色金属研究所、上海农学院等 7 家单位入驻松江，共有职工 5 136 人。大安机器厂、上海汽车厂、上海仪表原件厂等 9 家企业在安亭建成，共有职工 5 204 人。[①]嘉定卫星城到 1961 年 6 月，有电子学研究所、硅酸盐研究所等 7 家研究所，上海科技大学、上海第二中等科技学院两所高等教育学校，另外有新沪玻璃厂等三家企业建成，市属各单位在嘉兴的职工总数为 11 539 人。[②]

二、步伐放慢，艰难前行

从 1961 年开始，全国进入了贯彻“八字方针”时期，国家通过压缩基本建设投资、降低重工业生产的指标、加强农业和轻工业、缩减城镇人口等措施，大力调整国民经济的比例关系。在上海，1961—1965 年中，每年基本建设投资比 1960 年都有较大幅度的下降。其中，1962 年下降 82.1%，1963 年下降 72.9%。机械工业的总产值，1961 年比 1960 年下降 52.5%，1962 年比 1961 年又下降 41.5%。[③]在这样的形势下，上海卫星城建设放慢了脚步，总体上进程减缓。至“文化大革命”爆发，经济建设遭遇重创，卫星城工业建设坎坷前行。

国民经济调整时期，一些工程纷纷下马。这对刚刚崛起的卫星城企事业单位来说，真是“来也匆匆去也匆匆”。卫星城有很多工程是上海工业和科技向高、精、尖发展的重点工程，尽管快马加鞭，但不可能在两三年中完成系统建设。有些工程处于基建阶段被突然停止，已经投入的资金、设备、人力怎么办？打水漂吗？单位发展的保障在哪里？一些单位顶住压力，以各种名义进行计划外工程。据 1962 年 5 月初闵行区委报告，4 月上旬检查了闵行地区 23 个单位，除了闵行发电厂和吴泾热电厂两个单位没有发现计划外工程外，其余单位都有未经批准擅自进行计划外工程；检查结束后，个别

① 《上海房地局关于长宁、虹口、杨浦、普陀、闵行区及松江、嘉定、安亭县的(61、62)年度统建工房的分配报告》，1962 年 1 月，上海市档案馆，A54-1-298。

② 《嘉定卫星城镇“生产和生活配套问题”的调查报告》，1961 年 6 月，上海市档案馆，A54-1-255。

③ 孙怀仁主编：《上海社会主义经济建设发展简史(1949—1985)》，上海人民出版社 1990 年版，第 288—289 页。

单位继续施工,经过几次督促才停止。[1]在全面检查的过程中,政府指出单位在生产配套方面存在的问题,如认为嘉定卫星城新建的十二个单位近期建设规模过大,增加了配套的困难:有的对当前生产的实际需要和可能条件考虑不够,有的没有以近期为主;辅助生产设施缺乏统一考虑,项目多、规模大、战线长,既拖延了建设时间,又影响了投资效果的充分发挥。[2]认为这是贪大求新、不从实际出发的片面思想,指出应严格控制各单位的建设规模,要以近期为主,按照由小到大、分期建设的原则确定计划、展开建设。最后的安排是:充分利用已建和在建房屋等的潜力,凡是空余的或者一时还无条件投产使用的车间和实验室等主体建筑尽可能利用作为宿舍、仓库和机修加工等辅助设施使用;建成的生产辅助车间有多余能力,尽可能组织协作;真正必须添建的配套项目,也根据 1961 年实际生产的要求压缩建设规模,先予土法上马。[3]工程下马和调整,中断了卫星城企事业单位按照原有规划的建设之路。

为了充分发挥生产能力,力争使企业不亏损并能上缴利润,也为维持职工生计,闵行的上海电机厂、重型机器厂等企业决定生产二线产品。上海电机厂在 1961—1963 年发展的二线产品有:大型农业水泵、小型工矿电机车、出口古巴的 2 吨蓄电池搬运车和 20 千瓦柴油发电机组、天马牌自行车、电风扇用小电容器、森林铁路电源车等 7 种。工厂职工还用零料生产了多种小商品,如衣架、洗衣擦板、打气筒、粪勺、锄头、铁搭、小椅子、小菜刀、通煤球炉用的铁钩等 100 多种。[4]上海重型机器厂成立“小商品生产组”,采取以杂养厂的生产组织形式。厂部发动 400 多名职工承揽杂活,生产小矿车、银箱、炉盖、菜刀、锅盖等市场小商品和日用品。供应科通过从废砂中淘铜、烙

① 《中共上海市闵行区委关于闵行地区各单位计划外基建工程的检查情况报告》,1962 年 5 月 4 日,上海市档案馆,A54-2-1454-178。

② 《嘉定地区十二个新建单位的生产配套、生活配套情况》,1961 年 4 月,上海市档案馆,A54-1-258。

③ 《上海市基本建设委员会关于嘉定卫星城镇生产、生活配套、材料、供应体制、预算定额和价格以及党的工作的调查研究报告》,1961 年 6 月,上海市档案馆,A54-1-255。

④ 倪妙章主编:《电机工业的明珠——上海电机厂发展史(1949—1994)》,改革出版社 1994 年版,第 63、64 页。

炼“电解铜”的办法，解决计划控制的有色金属需求，千方百计满足社会需要，争取收入。①

国民经济调整时期的上海第三次工业改组，加强了重工业中为农业服务的比重，因此，与农业、民生密切联系的吴泾化工业在这一时期顺势而兴。上海氮肥厂1958年3月动工，后来由于“钢铁元帅升帐”而停工。1960年第二季度，在“以农业为基础”调整方针下正式开始第一期工程建设。1961年10月，改名吴泾化工厂。第一期工程包括年产两万五千吨合成氨、年产八万吨硫酸、年产十万吨硫酸铵的三个车间和其他附属车间。合成氨车间和硫酸车间每年生产的合成氨和硫酸，可以制成十万吨硫酸铵。这是我国第一次自己设计、自己制造设备的大型氮肥厂，技术要求很高。1962年9月，第一期工程完成。吴泾化工厂首期工程的高速度建设，自然也少不了四面八方的支持。据介绍，这个工程在设计、建筑、设备制造、安装和试车的过程中，得到太原、南京、锦西、哈尔滨等外地很多工厂和有关部门的帮助，上海则有一百多家机械、电机、仪表工厂担负了设备的制造任务。②

吴泾化工厂首期工程不仅建成高速度，同时产出迅速，至1962年12月已制出第一批化肥。1963年9月，首期工程由国家验收委员会验收，认为工程质量优良，试生产情况良好，验收当日正式投入生产。1963年9月28日，《人民日报》及全国各主要报纸均报道了吴泾化工厂一期工程投产的喜讯。12月，合成氨技术经济指标，开始接近或赶上了国内先进水平。为适应农业增产需要，1964年初开始第二期建设工程。③1965年初，我国自己设计、制造和安装的第一套尿素设备试车成功，并且制造出了第一批高效化肥尿素。④1966年，吴泾化工厂全盘自动化改造项目被列为“国家工业方面的重大技术革命项目之一，也是国家科委的15个自动化重点科研项目”⑤。

---

① 上海重型机器厂厂史编写组：《上海重型机器厂厂史(1949—1983)》，上海市机电工业管理局印刷所1986年版，第22页。

② 《我国自行设计和制造设备的大型化肥厂吴泾化工厂首期工程完成》，《解放日报》1962年9月27日。

③ 《吴泾化工厂第二期工程加紧进行》，《新民晚报》1964年3月30日。

④ 宁涛、林凡主编：《上海吴泾化工厂的诞生》，上海人民出版社1965年版，第50页。

⑤ 《上海市化学工业局关于报批吴泾化工厂1966年自动化初步方案的函》，1965年9月9日，上海市档案馆，B76-4-148-4。

1960年,上海焦化厂一些基建项目下马。后来,为生产更多的焦化产品以满足上海市轻纺、化工、医药、电视、仪表等工业系统的需要,1961年5月中共上海市委决定投资建设管式炉工程。1962年9月,年处理10万吨的管式炉工程基本竣工。该年11月正式通汽试压,1963年初开始发挥效能。此外,1965年二号焦炉开启复建工作,至1966年7月顺利推出了第一炉焦。此时上海焦化厂拥有两座焦炉日夜进煤出焦产气,1966年底达到每日输煤气78万立方米的生产水平。①

1964—1965年,上海焦化厂在学大庆运动中不断改善企业管理,加强基础工作、基层建设、基本功的训练,生产取得一定成果。1964年企业总产值达6 010.7万元,比1963年增长了24.84%;上缴利润929.5万元,比1963年增长了39.8%,实现了增收大于增产。1965年总产值7 748.9万元,又比1964年增长了28.92%;上缴利润达994.3万元,比1964年增长6.097%。全员劳动生产率1964年为2.863 6万元,比1963年增长25.4%;1965年为3.707 6万元,比1964年又增长了29.5%。以上衡量企业水平的三大指标(产值、利润、全员劳动生产力)的增长率,在当时全国焦化行业中是罕见的。同时,产品质量也达到了一个新的水平。5个主要产品——焦炭、煤气、纯苯、硫铵、工业萘的质量都完全达到了化工局下达的年度考核指标。由于显著成绩,1965年上海焦化厂被誉为上海化工系统的"南方小大庆"。②

"文化大革命"爆发前吴泾化工企业尚能扬帆起航,如对吴泾化工厂来说,1966年是生产上的"黄金时代":合成氨、尿素等主要产品的年产、月产以及不少产品的单耗都创了历史先进水平;该厂总利润达到2 400万元,是建厂以来人均创利最高的一年。但是,与闵行等企业一样,吴泾化工企业逃脱不了"文化大革命"动乱造成的生产停滞。据统计,吴泾化工厂1967年"厂里各主要产品均未完成国家计划,全年总利润只完成上年的四分之一",之后,产值、利润连年下降,生产事故频发。从1967年起的六、七年间,"该

① 上海焦化厂厂史编写委员会编:《上海焦化厂厂史》,上海市印刷四厂印刷1989年版,第85—88页。

② 同上书,第127—131页。

厂的重大爆炸和人身伤亡事故几乎每年都要发生，这在该厂历史上是罕见的”。“文化大革命”最后两年，企业由盈利转为亏损，出现了财政赤字，工厂到处“跑、冒、滴、漏”，变成了千疮百孔的垃圾工厂。①“南方小大庆”上海焦化厂在十年动乱时期陷入困境，生产上出现“三增三降”：固定资产上升，产值下降；成本上升，利润下降；单耗上升，产品质量下降。②

“文化大革命”动乱冲垮了企业的秩序，卫星城企业在闹革命中生产急剧下滑，不过在此期间也陆续有建设。一批中小企业在闵行卫星城迁建和新建，1966 年上海轴承滚子厂迁入闵行。1967 年和 1976 年，上海螺帽十二厂和上海螺帽一厂、上海第二印刷机械厂分别迁入闵行。70 年代初，上海机电工业开始研制 30 万千瓦核电设备，在闵行投资 1.3 亿多元，扩建了上海重型机器厂电渣重熔炉和热处理车间、上海锅炉厂重型容器车间、上海汽轮机厂重型加工装配车间和 200 吨超速动平衡试验室、上海电机厂大型发电机车间和上海水泵厂加工装配车间，建筑面积共 7.5 万平方米。③吴泾化工厂在这一期间冲破阻力建成了八万吨甲醇工程和触媒车间，完成了油甲醇铜触媒的试验和径向合成塔等重大技术革新项目，还先后投产了一批投资少、见效快的小项目，如二氧化碳、氯磺酸、硫酸二甲酯、十八胺等。④

与动乱时期上海的一些重灾区相比，由于拥有高精尖工程，卫星城各企业并没有出现全面停工停产的情况。当然，企业建设步伐减缓、生产下降，这是客观事实。

① 田文、殷岗：《创业之路——上海吴泾化工厂发展史》，中国人民政治协商会议上海市闵行区委员会文史资料委员会编：《闵行文史资料》第 1 辑《厂史选编专辑》，上海重型机器厂所印刷 1989 年版，第 39—40 页。

② 十年期间，仅 1973 年上海焦化厂出现生产回升的趋势，之后的 1974—1976 年再次坠入深渊。这里的“三增三降”是以 1974—1976 年三年和 1973 年作比较。上海焦化厂厂史编写委员会编：《上海焦化厂厂史》，上海市印刷四厂印刷 1989 年版，第 146—147 页。

③ 《上海机电工业志》编撰委员会编：《上海机电工业志》，上海社会科学院出版社 1996 年版，第 432 页。

④ 田文、殷岗：《创业之路——上海吴泾化工厂发展史》，中国人民政治协商会议上海市闵行区委员会文史资料委员会编：《闵行文史资料》第 1 辑《厂史选编专辑》，上海重型机器厂所印刷，1989 年版，第 40 页。

第三节　建设成就

一、建设成就的呈现

自1958年闵行被作为第一个卫星城展开建设，随后嘉定等卫星城一一辟建，至1977年，近二十年里各卫星城坎坷前行，取得了一系列成就。

闵行卫星城到1960年已初具规模，当时有报道这样介绍闵行的工业建设：

> 现在制造着巨大的一万二千瓩和二万五千瓩汽轮机的汽轮机厂，它的前身，原来就是那个"什么也不能造"的通用机器厂。同样的，现在有了十一个巨大的车间，占地几百亩，能造六百至二万五千瓩汽轮发电机的上海电机厂，原来却是一个只有一百来人的小工厂，它的产品是一匹马力还不到的小马达。而那个上海重型机器厂，更加与众不同，它连一点老根基都没有，它是在一九五八年的秋天从平地上涌现出来的。这个巨型工厂，光一个水压机车间就占地一万五千平方米，它的主机的一个"榔头"就有四十八吨重。要是在解放以前，有人说新中国要在这片田野里建立一个如此巨大的工厂、如此巨大的车间，恐怕要被当作神话了。①

报道运用对比手法，通过工厂占地广、生产车间大、设备重的外在描述突出了闵行工业建设成就。将同样的观察视角平移至其他卫星城，可以获得同样的观感。像安亭、吴泾，因为原来基本无企业，更是会有平地起大厂的震撼感。雄厚的物质基础是各卫星城成就最直观的呈现方式。

视线由远及近，落到工业建设成就的"硬核"——产品上，则可以看到"高精尖"的特征。闵行"四大金刚"称得上是新中国工业的脊梁，创造了一个又一个工业奇迹：把钢锭当作面团揉的万吨水压机，我国第一台双水内冷汽轮发电机，2.5万千瓦、10万千瓦的汽轮机，还有我国第一台电弧加热器

① 刘金：《上海十年巨变的史诗——"上海解放十年"读后感》，《解放日报》1960年5月25日。

等军工产品，我国第一台六千千瓦燃气轮机，我国第一台较大型的1200 mm四辊冷压机、高速冷连压机等，还包括1969年试制成功的12.5万千瓦双水内冷汽轮发电机组，1971年的30万千瓦火力发电机组和2300、1700成套热轧机组，120吨纯氧顶吹转炉等大型机电产品。[①]诸种新产品的研发和制造填补了国内许多科学技术上的空白，标志着当时国内的最高水平，在我国重机工业发展史上留下辉煌篇章。因此，“四大金刚”的声誉，不仅与企业占地多、规模大、职工多有密切关系，更是因为企业产品满足了新中国工业化的需求，推动了社会主义工业建设的前进步伐。四家大企业通过生产协作制造各种规格的发电机组，运往全国，为重工业建设提供动力。至1979年，上海已经为我国提供了占国产发电机组总和三分之一的机组。[②]上海重型机器厂生产的大型铸锻件，不仅为三家企业提供电站转子等必需设备，而且向全国采掘、锻压、冶金、电站等工业部门提供先进装备。当代学者对“四大金刚”在新中国工业建设上的突出贡献给予了高度评价：“撑起了中国电站设备生产的半边天，上海机电工业的半壁江山。”[③]除此以外，闵行各大厂为发展航天工业做了大量的准备工作：上海电机厂研制成功的每分钟2万转的高速电机和电弧加热器，上海重型机器厂试制的2米微波风洞，上海汽轮机厂试制的喷管，上海重型机床厂试制的六分量天平等，都是研制运载火箭和通信卫星必不可少的材料，为20世纪80年代以后闵行成为上海航天基地奠定了基础。[④]

吴泾卫星城各化工企业生产的基本化工原料年产量大、技术水平高，提升了上海在新中国化学工程史上的影响力。吴泾化工厂1962年初国产化第一套2.5万吨/年合成氨装置投产，1974年底国内第一套8万吨/年油甲醇装置投产。其1965年3月投产的4万吨/年尿素装置更是改变了上海地区无尿素的状况，其后，合成氨一个系统的部分设备改产甲醇，于1968年4

---

① 《上海机电工业志》编撰委员会编：《上海机电工业志》，上海社会科学院出版社1996年版，第432页。

② 《振翅高飞的上海电站工业》，《解放日报》1979年10月12日。

③ 沈永清主编：《四大金刚：中国重工业闵行基地纪实》，上海书店出版社2018年版，“序一”。

④ 沈永清：《上海航天事业腾飞纪实》，中共上海市闵行区委党史办编：《光辉的足迹：闵行党史资料文集》，上海人民出版社2000年版，第106页。

月投产,改变了上海地区甲醇依靠进口的情况。上海焦化厂是上海最大的综合利用原煤,生产焦炭、煤气和化学产品的企业,20 世纪 60 年代生产出具有世界水平的工程塑料原料均苯四甲酸二酐及 1, 2, 4-三甲苯、喹啉、导电炭黑、高耐磨炭黑等国内高、新产品。①上海碳素厂是国内生产碳素材料的骨干企业,1960 年底形成年产万吨碳素材料的生产能力,改变了上海碳素材料依靠进口的局面。1962 年石墨电极进入国际市场。1961 年该厂开始试制特种石墨,同年研制成无硼光谱纯石墨电极填补国内空白,1965 年研制成体积密度高、强度高、纯度高的特种石墨,1967 年研制成核石墨和铀生产用大型核石墨坩埚,1978 年研制成火箭喉衬热解石墨。除石墨产品外,上海碳素厂在 20 世纪 60 年代后期研制新一代碳材料。②

嘉定卫星城在科技领域取得了诸多突破,为我国经济建设和国防科技作出杰出贡献。上海原子核研究所在核分析技术、辐射高分子材料、同位素标记化合物、放射性药物等核科学技术、核物理实验和理论研究上取得丰硕的科研成果。机械电子工业部第三十二研究所是我国计算机科学研究、开发的南方基地,1964 年研制成功我国第一台大型电子管计算机,为我国原子弹研制作出巨大贡献;1965 年研制成功我国第一台晶体管计算机;1973 年研制出我国第一批批量生产的中型集成电路计算机,又研制成功大型集成电路计算机和首台磁盘机,在我国计算机发展史上谱写了光辉的业绩。上海科学仪器厂是科研、试制、生产和经营于一体的军民结合型的大型科研生产企业。1970 年 4 月我国发射第一颗“东方红一号”卫星,向全世界播送《东方红》乐曲。其乐音器的研制、生产为该厂承担。该厂在 1970 年以后还为我国发射的科学试验卫星、返回式卫星、静止轨道通信卫星提供了各种电子仪器产品。上海光学精密机械研究所、核工业部第八研究所、上海市电子物理研究所等单位在强激光技术、激光粒子计数器、微博扫频仪、高强度晶体材料等方面也都取得高质量的科研成果。据统计,1963—1978 年间,各科研单位共荣获国家级奖 62 项、中央院部委办级奖 26 项、上海市级奖 43 项。③

---

① 秦柄权主编:《上海化学工业志》,上海社会科学院出版社 1997 年版,第 268—269 页。
② 闵行区地方志编纂委员会编:《闵行区志》,上海社会科学院出版社 1996 年版,第 266 页。
③ 徐燕夫主编:《嘉定镇志》,上海人民出版社 1994 年版,第 286—289、299 页。

安亭卫星城在1960年辟建时以机械工业为主，一些机械企业因其产品在上海乃至全国具有一定地位。上海人造板机器厂是国内第一家，也是最大的人造板设备专业制造工厂，以生产纤维板、胶合台板、刨花板设备为主，尤其擅长生产热压、纸浆、成型机械，产品遍及全国。上海地质仪器厂主要生产电法、测井、泥浆、石油分析、钻探等仪器，1976年生产的100台短周期地震仪，为预测地震立了功。[①]上海自动化仪表九厂于1965年确定流量仪表为主导产品，1976年为大庆油田提供国内第一套原油外输计量站自动计量仪表，从而结束了我国石油工业卖油用“洋秤”的历史。上海无线电专用机械厂在1963年试制成功75台自动绷丝机，装备全国各地灯泡行业，把灯泡工人从繁重的手工劳动中解放出来，1964年试制成功锗片研磨机、厚度自动分离机、锗锭自动切割机，均为半导体行业配套所需。[②]

上海汽车制造厂、上海汽车发动机厂迁入安亭后，随着生产规模进一步扩大，很快成为安亭卫星城工业主体。1958年，上海试制了第一辆轿车，取名“凤凰”牌。车身全靠手工榔头敲制，众多零部件靠手工敲制或普通机床加工而成。之后断断续续进行小批量试制，直至1964年上海轿车试制工作重新启动，并将凤凰牌轿车正式改名为上海牌轿车，型号为SH760。[③]至1965年，上海牌轿车通过一机部批准定型，成为国内除红旗牌轿车外唯一大批量生产的轿车。同一时期，上海牌轿车名闻全国，形成轿车领域“南上海，北红旗”的局面。随后上海牌轿车成为提供给政府部长级干部乘用的公务用车，并在国宾接待中作为辅助红旗轿车的主力车型。1972年美国总统尼克松访华，当时国宾车队动用了100辆上海牌轿车和20辆红旗轿车。[④]除了生产轿车，上海还生产其他类型的汽车。据上海汽车制造厂统计，1958—1965年其共生产轿车130辆、三轮卡车10 267辆，1966—1976年共生产轿车8 376辆、三轮卡车8 501辆、二吨汽车26 102辆。[⑤]

---

① 陆成基主编：《安亭志》，上海社会科学院出版社1990年版，第150、152页。

② 秦福祥主编：《上海电子仪表工业志》，上海社会科学院出版社1999年版，第320、348页。

③ 沈榆、魏劭农：《上海制造中的设计》，广西师范大学出版社2008年版，第131页。

④ 贾彦主编：《上海老品牌》，上海辞书出版社2016年版，第135页。

⑤ 《上海汽车制造厂关于合同制、协作专题的调查报告（初稿）》，1978年9月18日，上海市档案馆，G18-2-84-10。

松江卫星城是综合性卫星城,工业门类有20余种,如采石、冶炼、炼锌、消防器材、化工、纸浆、电炉、药棉、塑料、照相机等。上海第二冶炼厂生产的五氧化二钒、单晶硅、海绵钛等产品促进了上海冶金工业的发展,1967年线锭、电解锰、精铋等产品分别被评为冶金工业部、中国有色金属工业总公司和上海市优质产品。[①]上海消防器材总厂生产的军工73型喷洒车在1978年荣获全国科学大会奖。[②]

卫星城各企事业单位的产品拥有诸多上海第一、全国之最,是那个年代上海乃至国家的荣光。各骨干企业纷纷成为全国学习的榜样。一些重点企业成为中央领导视察的对象。据粗略统计,闵行“四大金刚”、吴泾化工厂等企业先后接待的中央领导有:毛泽东、周恩来、刘少奇、朱德、宋庆龄、陈云、邓小平、贺龙、陈毅、罗荣桓、聂荣臻、刘伯承、谭震林、李富春、罗瑞卿、蔡畅等。[③]具体而言,毛泽东在1961年5月1日到上海电机厂和上海人民共庆五一劳动节。1960年9月24日,周恩来陪同几内亚总统塞古·杜尔到上海汽轮机厂视察。刘少奇曾三次到闵行。第一次是1958年10月26日,先到上海电机厂,当时世界上第一台双水内冷汽轮发电机正在试验中,后又到上海汽轮机厂,提出一个建议:电力设备生产可搞“托拉斯”(联合企业),主辅机在一个“托拉斯”内成套生产,配套问题就好解决了。第二次是1959年12月6日,刘少奇在走访了东方二村的居民后,来到重型机器厂视察了2 500吨水压机及锻压的情况。这次视察为后来中央决策在闵行制造万吨水压机选址奠定了基础。第三次是1960年5月25日,刘少奇在上海汽轮机厂的会议室请闵行各大厂领导座谈闵行工业发展的方向。会上,刘少奇重新建议闵行搞“托拉斯”,专门生产成套发电设备。后来,区委曾作过规划,但由于种种原因,联合企业没有正式建立,而闵行成套发电设备的联合研制工作却一直没有间断过。[④]吴泾化工厂也是中央领导青睐的大型企业,

---

① 吕鸿酬、孙熙泉主编:《上海经济区工业概貌　上海冶金·电力卷》,上海学林出版社1986年版,第67页。

② 何惠明、王健民主编:《松江县志》,上海人民出版社1991年版,第474—475页。

③ 《解放日报》《文汇报》《新民晚报》报道了各位中央领导视察的新闻。

④ 唐文洲、周文通:《刘少奇与卫星城建设》,中共上海市闵行区委党史办编:《光辉的足迹:闵行党史资料文集》,上海人民出版社2000年版,第34—38页。

据统计：1962年12月朱德视察一期工程试车——合成氨生产的全过程；1964年3月邓小平视察合成氨自动化工程建设；1964年4月董必武视察该厂合成氨生产系统和正在建设中的二期工程。[①]中央领导的视察，标志着各大企业在新中国重工业建设中的重要地位，也是中央对各企业工业成就的肯定。

各大企业吸引了其他社会主义国家领导人和友好邻邦团体，成为他们来上海参观的必到地。吴泾化工厂自1962年起作为上海工业建设成就的窗口接待外宾来访，仅1963年9月至12月底，就接待了来自四十多个国家的几百位外宾。[②]此外，上海和外地各团体到各企业参观的人数和次数也相当多。

综上，社会主义建设时期各卫星城企事业单位取得了卓越的建设成就，在新中国重工业发展史上留下了浓墨重彩的一笔。

二、建设成就的意义

如前文所述，上海卫星城企事业单位先后研制成功“全国之最”“上海第一”的产品，它们填补了国内许多科学技术上的空白，标志着当时国内的最高水平。对于这一点，不仅当时主流报刊给予高调报道，当今一些文章也在怀旧中称颂当时的产品和成就。不过也有人认为，这些产品诞生在“唱颂歌”的年代，有的是在“大跃进”时期仓促上马建成，其产品质量不可信，所以没有什么好炫耀的。究竟如何看待上海卫星城工业建设成就？一味称颂似乎不够理性，一味批判又似矫枉过正，因此需要理性客观地看待。

（一）一批产品的问世见证了我国社会主义建设初期自力更生的艰难历程

1949年以前，上海没有发电设备制造工业。当时上海电机厂“只会做十瓩的小马达，根本不会做发电机”[③]。新中国成立后，最初几年上海火电

---

① 沈永清：《真挚的关怀，殷切的期望——朱德、邓小平、董必武视察上海吴泾化工总厂》，中共上海市闵行区委党史办编：《光辉的足迹：闵行党史资料文集》，上海人民出版社2000年版，第39—45页。

② 薛永辉：《自力更生的硕果》，《解放日报》1964年1月1日。

③ 《“12 000”意味着什么？》，《解放日报》1956年9月18日。

设备均从外国输入。当时,世界上视汽轮发电机为电机制造水平的标志。1955年国外已生产27.5万千瓦的汽轮发电机①,而我国起步晚,直至“一五”时期开始试制。上海电机厂引进捷克斯洛伐克和苏联技术,于1954年完成第一台捷式6 000千瓦汽轮发电机。1956年,上海电机厂试制成功国内第一台仿捷型1.2万千瓦空冷汽轮发电机、仿苏型0.6万千瓦和1.2万千瓦空冷汽轮发电机。1958年,制造成功国内第一台仿捷型2.5万千瓦空冷汽轮发电机,形成0.6万—2.5万千瓦空冷汽轮发电机生产系列。②同一时期,上海电机厂、上海汽轮机厂、上海锅炉厂作为火电机组三大主机的制造企业,联合试制汽轮火力发电机组。1955年4月,上海电机厂、上海汽轮机厂和上海锅炉厂等单位应用捷克技术试制成功中国第一台6 000千瓦汽轮火力发电机组,开创中国自制全套火电设备的历史。1956—1958年,其试制成功1.2万、2.5万千瓦空气冷却式中压火电机组,并形成批量生产能力。③

“一五”期间,上海电机厂、上海汽轮机厂、上海锅炉厂引进的是捷克斯洛伐克和苏联的火电设备制造技术,因此这一时期主要是仿造,距离世界汽轮发电机水平很远。仿造的历程是必须的,一方面,它解决了我国电机工业从无到有的问题,并促使电机工业从小到大持续发展;另一方面,它为我国电机工业走向自行设计和制造奠定了基础。

1949年前,孟庆元④在英国利物浦大学电机系做研究生,他曾多方面收集大型汽轮发电机的资料,当时英国许多教授、工程技术人员嘲笑他,认为中国要制造大型汽轮发电机是梦想,劝他搜集一点几百千瓦容量发电机的资料就已经差不多了。1955—1956年先后制成6 000千瓦、1.2万千瓦汽轮发电机的事实证明:“我们中国不但能制造,而且从六千到一万二千瓩,进步得非常快。现在我们初步了解和分析了各国的汽轮发电机设计情况,这为我们国家在第二个五年计划中走上自行设计的道路,打下了基础”⑤。

从仿造起步,我国电机工业逐渐过渡到自行设计、制造。1958年10

① 《上海电机厂七年来工作报告及对企业改造意见》,1956年5月,上海电机厂档案室,2-4-56。
② 上海通志编纂委员会编:《上海通志》第3册,上海人民出版社2005年版,第2127页。
③ 同上书,第2123页。
④ 解放后到上海电机厂工作,后来任副厂长、总工程师。
⑤ 《“12 000”意味着什么?》,《解放日报》1956年9月18日。

月，上海电机厂、上海汽轮机厂和上海锅炉厂合力制成2.5万千瓦火力发电机组。该机组依旧参照苏联和捷克斯洛伐克等国家的设计，同时结合国内生产条件和使用情况自行设计制造，它全部使用国产材料，便于今后大量生产。[①]同年，上海锅炉厂试制成功一台配5万千瓦汽轮发电机用的280吨锅炉，这个庞然大物"完全是我们自己设计制造的，从设计到完工只花了四个月"，也是当时我国自行设计制造的最大容量的锅炉。[②]

1958年1.2万千瓦双水内冷汽轮发电机的制成，是我国电机业技术创新的标志。发电机在发电过程中的散热问题是个关键，因此发电机的冷却方式是代表一个国家电机工业技术发展水平的一项最主要的标志。双水内冷就是转子、定子都是用水冷却。当时世界上只有定子水内冷、转子氢内冷的汽轮发电机，1958年以前我国制成的汽轮发电机是空冷，即空气冷却。双水内冷汽轮发电机，发电能力比空冷式至少可以提高一倍至两倍。因此，"双水内冷"具有最先进的技术经济指标。当时西方国家对于转子水内冷，由于某些重大的技术理论问题没有解决，所以虽有不少人提出，并有过不少议论，但是总认为它是难以做到的。[③]

在试制1.2万千瓦双水内冷汽轮发电机组的时候，正是苏联单方面撕毁合同、撤走专家之际。在困难面前，上海电机厂等企业完全依靠自己的力量实现技术进步，创造出了当时具有世界先进水平的汽轮发电机，引起世界瞩目，首创双水内冷这一世界最新冷却技术，当时被称为"我国科学技术攀登世界高峰的一项重大成就"[④]。

1.2万千瓦双水内冷汽轮发电机是那个火热年代上海电机厂的骄傲，标志着我国电机业开启了新的征途。1959年，连续试制成功2.5万和5万千瓦双水内冷汽轮发电机。1960年，我国试制成功国内第一台10万千瓦双水内冷汽轮发电机。1969、1971年，先后试制成功国内第一台12.5万千

① 《第一套二万五千瓩火力发电设备经过技术鉴定基本达到设计要求》，《解放日报》1959年5月14日。

② 《上海锅炉厂的十年》，《解放日报》1959年5月27日。

③ 《关于双水内冷汽轮发电机试制、技术小结及技术经济意义初步分析》，1960年3月，上海电机厂档案室，2-9-60。

④ 《我国科学技术攀登世界高峰的一项重大成就》，《新民晚报》1965年4月29日。

瓦双水内冷汽轮发电机和国内容量最大的30万千瓦双水内冷汽轮发电机,其于1978年通过鉴定。[①]

发电机需要的转子锻件由水压机锻造而成,大型发电机的转子锻件则需要更高级的水压机锻造。"四大金刚"之一——上海重型机器厂以生产制造重型机械为主,它的出名就是因为一个"大家伙"——万吨水压机。水压机是一种重型机械,主要用来锻造大型部件。万吨级锻造水压机能够锻造二三百吨重的特大钢锭,能够解决国民经济各部门,特别是发电、冶金、化学、机械和国防等工业部门所需的特大锻件。它是重型机器制造厂的关键核心设备,标志着一个国家重型机器制造业的发展水平。[②]

1949年以前,我国因为基础工业门类不全、技术水平低,缺乏条件自行制造大型水压机。同时期的美、英等国拥有此类"大家伙"。新中国成立以后,沈阳重型机器厂基于原来日资工厂战后遗留的设备和人员基础,较早引进苏联技术,至1958年仿制了一台2 500吨自由锻造水压机。技术水平虽不高,但是填补了一些空白。鉴于国内生产力水平及技术实力,在制定"二五"计划时,我国原本打算进口万吨级的水压机以装备新的重机厂,自行研制水压机的计划确定在6 000吨级以下。[③]50年代的工业快速发展推动了制造万吨级水压机的计划。中共八届二中全会毛泽东发表讲话后,时任煤炭工业部副部长的沈鸿向毛泽东递交了一封信,建议在上海建造万吨水压机。之后,沈鸿成为万吨水压机的总设计师和总指挥,他组建了一支技术精英队伍。由于上海重型机器厂刚刚在闵行建新厂,缺乏技术骨干,因此万吨水压机的技术精英主要来自江南造船厂。[④]从1958年至1962年,其间苏联专家全部撤回,经历多年苦战,中国人自行设计并建造的万吨水压机在上海重型机器厂安装成功,并投入试生产。

---

① 上海通志编纂委员会编:《上海通志》第3册,上海人民出版社2005年版,第2127—2128页。

② 中共江南造船厂委员会等:《一万二千吨水压机是怎样制造出来的》,机械工业出版社1965年版,第3页。

③ 同上书,第34、42页。

④ 万吨水压机的设计、制造人员主要是江南造船厂员工。双方签订了委托书,由上海重型机器厂委托江南造船厂设计制造。

1964年1月22日《人民日报》头版刊登了《一万二千吨水压机是怎样制造出来的》的文章，接着全国各地报纸报道不断，万吨水压机被誉为“钢铁巨人”，被欢呼雀跃的人们广泛传颂。

新中国第一台1.2万千瓦双水内冷汽轮发电机、万吨水压机出现在上海的闵行卫星城，成为那个年代“四大金刚”的镇厂之宝。之所以备受瞩目，归根结底是因为它们见证了新中国电机业、重型机械工业从无到有、从小到大、从仿制到自行设计制造的历程，它们的问世是新中国摆脱外援、自力更生的标志！实践证明：工业化道路需要自主探索，我们也有能力依靠自己的力量前进。诚如学者孙烈指出：“自制万吨水压机的首要目的就是要解决此类重大技术装备‘有’或‘无’的问题。正因如此，上海的这台大机器才会被视为中国装备制造业，乃至中国工业发展史上的一次标志性的成就”，“堪称自力更生发展工业的里程碑”。①孙烈在对万吨水压机展开深入研究后，对其意义给予了高度评价。不过他并不讳言这台万吨水压机不具备国际先进的技术水准。那么，究竟应该如何审视它们的科学技术水平呢？

（二）卫星城工业建设成就的取得体现了特殊年代的科学技术水平

第一台1.2万千瓦双水内冷汽轮发电机和第一台万吨水压机可以说都是50年代工业快速发展的产物，因国内各方面条件尚不成熟，属于超前的产品。前文述及，50年代工业快速发展推动了制造万吨级水压机的计划。双水内冷汽轮发电机也是如此。1958年初，上海电机厂召开职工代表大会讨论“赶英超美”规划时，提出试制定子水内冷、转子氢内冷汽轮发电机这个项目，计划于1962年完成。之后在反保守运动后改为1960年完成。这一提前，不少人认为这已经大大冲破了世界上汽轮发电机制造技术发展“常规”。1958年5月中共八届二中全会后，厂里人心振奋，党委转变原计划，确定制造双水内冷汽轮发电机，并且要以极快的速度完成项目。②最后，仅用100天便制造出来了。在国内工业基础、技术水平等各方面条件都不成熟的情况下，这样的工业产品有技术创新吗？质量能保证吗？为解答这些

① 孙烈：《制造一台大机器：20世纪50—60年代中国万吨水压机的创新之路》，山东教育出版社2012年版，第238、222页。

② 《关于双水内冷汽轮发电机试制、技术小结及技术经济意义初步分析》，1960年3月，上海电机厂档案，2-9-60。

疑问,必须深入产品研制过程。

作为工业产品,它的设计、制造、安装和使用必然需要遵循一定的科学规律,也必然存在一定的技术需求。1960 年初上海在总结工业战线技术革新、技术革命运动时清晰指出:“在技术革新和技术革命运动中,我们深深感到不仅要认真研究运动发展的规律,而且还要研究技术发展的规律。”[①]中央在批转时对此给予肯定。1964 年《解放日报》报道万吨水压机时强调:万吨水压机制造成功,正是因为“把破除迷信、敢想敢干的革命精神和调查研究、大搞模型、大搞试验的科学态度密切结合起来的结果”[②]。

工业建设离不开科学和技术,这是常识。在仔细查看当时的一些总结时会发现,有针对工业产品制造实事求是的概括和论述。万吨水压机总设计师沈鸿曾作简短的概括:“这是自力更生奋发图强的结果。也是敢想敢说敢做和严格、严密、严肃的科学态度的具体表现。”[③]江南造船厂在总结万吨水压机经验时,分别从两个阶段给予概括。第一阶段:狠抓第一性资料,打好科学实验仗。主要做好四件事:实地考察、分析对比、多做模型、反复试验。第二阶段:勇于实践,闯过加工制造关。主要过五关——把金属切削、起重运输、热处理等任务比作金木水火电五个大关。[④]

在产品制造过程中,科学态度、技术路线并没有缺席。万吨水压机总设计师沈鸿在初期就看重大局,立足眼前、着眼长远。开始就强调要避免用突击的方式,要保证质量、讲求实效。[⑤]在设计、制造等过程中,沈鸿始终强调尊重科学,在实践中摸索前行,保证质量。由于“五大皆空”——缺少大锻件、大铸件、大机床、大厂房、大专家,上海的条件决定了万吨水压机的设计和制造不可能一蹴而就。后来工作组决定先做小吨位的,等有了足够的试

---

① 《中共中央批转上海市委〈关于工业战线技术革新、技术革命运动的情况报告〉》(1960 年 4 月 10 日),中共中央文献研究室编:《建国以来重要文献选编》第 13 册,中央文献出版社 1996 年版,第 228 页。

② 《自力更生方针万岁》,《解放日报》1964 年 9 月 27 日。

③ 沈鸿:《总路线的产物》,中共江南造船厂委员会等著:《一万二千吨水压机是怎样制造出来的》,机械工业出版社 1965 年版,第 28 页。

④ 中共江南造船厂委员会等著:《一万二千吨水压机是怎样制造出来的》,机械工业出版社 1965 年版,第 4—6 页。

⑤ 沈鸿:《沈鸿论机械科技》,机械工业出版社 1986 年版,第 3 页。

验数据和实际经验，再做大的。前后共做了两套模型机和两套试验机。正如江南造船厂总结的，万吨水压机设计制造过程是艰辛的，需要反复试验、过关斩将。

万吨水压机副总设计师林宗棠提到："我们首先遇到的最大困难是电渣焊接。万吨水压机的立柱、工作缸和三大横梁都采用电渣焊接，焊缝很厚，焊接工作量很大，焊接技术要求很高。这样的电渣焊接，不但在国内没有先例，技术人员翻遍了国外的资料，也没有找到先例。"①

电渣焊接最早由苏联发明并用于实践。20 世纪 50 年代，在中苏"蜜月期"，电渣焊接已经完成从苏联的技术引进、消化吸收及运用。所以就电渣焊接技术而言，并不是上海制作万吨水压机的困难。林宗棠所言针对的是焊接设备、材料和工艺。江南造船厂当时只有两台从苏联进口的电渣焊机，为满足需求，后来工程师仿造了 7 台。焊接材料的选择也只能立足于国内。焊接工艺是最大的难点，因为已有电渣焊接的成功实例都是针对某个零部件，材料和工艺相对单一，然而这台万吨水压机采用的是"全焊结构"，13 个大件全部采用焊接工艺，不仅工作量大，而且材料不同、焊缝复杂、工艺差别大，这样的情况在苏联也没有先例。

尽管不具备充分条件，但是技术人员立足于国内工业基础和实际情况，在制造过程中一点一滴地学习、探索，融入了自己的方法和经验。最终，立柱、工作缸、横梁采用全焊结构，成为世界上首次使用全焊结构设计的重型水压机。

"蚂蚁啃骨头"是万吨水压机制造过程中采用的技术路线，同样体现了技术人员自力更生、在实践中创新的品质和精神。所谓"蚂蚁啃骨头"，简单地讲就是用小机床加工大零件。《人民日报》当年曾大幅报道，指出这种技术方法适合我国机械工业发展落后、缺乏大机器的工业环境，称其"是加速发展我国机械工业的一把重要的钥匙，是一项十分重要的经验"②。在党中央的号召下，全国各地积极推广"蚂蚁啃骨头"技术方法。其中，东北机器

---

① 林宗棠：《万吨水压机的制成是毛泽东思想的胜利》，湖南人民出版社编印：《活学活用毛泽东哲学思想》，1965 年版，第 21—22 页。

② 《谁说蚂蚁不能啃骨头？》，《人民日报》1958 年 8 月 20 日。

厂和上海建设机器厂成为“蚂蚁啃骨头”的典型代表，后者因为“蚂蚁”形式多样，后来比前者更为声名远播。[①]在工厂里，“蚂蚁啃骨头”被树立为“小、土、群”的典型，成为一种符合现实条件的主流技术手段。因此，“蚂蚁啃骨头”的技术路线并不是万吨水压机首次提倡使用。当然，在万吨水压机的机械加工过程中必然经历了一番摸索和论证，才找到了行之有效的加工方法。

学者孙烈以后来研究者的身份对万吨水压机作了客观、全面的研究，他把万吨水压机的技术创新归纳为集成创新。他指出，不论全焊结构，还是电渣焊接和“蚂蚁啃骨头”，单独任何一项均不是上海技术人员的发明或首创，但是它们以一种全新的组合方式，被成功引入万吨水压机的建造之中，完成了一次技术创新。孙烈指出这种集成创新的特点在于：对技术要素多种来源的有效集成，对多层次技术的有效集成，对技术潜能与社会资源的有效集成。他还指出，万吨水压机创新的层次偏低，“不论整机的性能，还是主要技术单元和配套设施的技术水准，仍属于国际 20 世纪 40 年代的水平，当然也代表不了世界大型水压机和重型机器的发展方向”[②]。

孙烈的结论是客观的，万吨水压机在技术水平上无法和欧美机器相比。不过考虑到新中国工业基础、科技实力，我们能有这样的技术水平也已不易。在缺乏与西方技术交流的时代里，我国凭借自身的勇气、智慧，立足现实，几乎完全运用土办法、穷办法，经历上百次的试验，攻克了技术难题。

前面提及，沈鸿在初期就强调尊重科学、保证实效，到后来依旧如此。1961 年夏天，万吨水压机进入安装环节。沈鸿召开会议部署工作，提出相应措施，编写《上海 12000 吨锻造水压机安装手册》，期望有序推进工作。为此，沈鸿多次给华东局和上海市领导写信，强调质量和安全的重要性。主机

---

① 上海机器厂搞出了多种“蚂蚁”：“长脚蚂蚁”(用于气缸长镗孔)、“多嘴蚂蚁”(用于炼焦炉门框钻孔)、“组合蚂蚁”(可刨大平板)、“靠模蚂蚁”(加工水压机柱塞缸封头内外球面)等。参见孙烈：《制造一台大机器：20 世纪 50—60 年代中国万吨水压机的创新之路》，山东教育出版社 2012 年版，第 153 页。

② 孙烈：《制造一台大机器：20 世纪 50—60 年代中国万吨水压机的创新之路》，山东教育出版社 2012 年版，第 226—231 页。

安装结束后，进行应力测试与实验分析，发现了立柱与横梁的一些不合理设计或技术隐患。测试后，技术人员用堆焊和焊缝的锤击强化等处理方法，较好地解决了这个问题。之后开始机组联动与调整，试车时又解决了一些问题。1962 年 6 月，初次试锻成功。沈鸿和上海重型机器厂都没有对初次试锻成功盲目乐观。1962 年下半年，上海重型机器厂又安排了两次试锻钢锭。之后真正转入试生产。①

万吨水压机在急于求成的 60 年代设计、制造，但是并没有一味追求速度，科学态度、科学精神贯穿始终。相比而言，工业基础、技术水平的限制及配套问题对机器质量的影响更大。万吨水压机投产后，技术上的不足逐渐显现出来，1974 年发现活动横梁上几处筋板出现裂纹。技术水平是重大制约，因配套不足而导致的“一机多用”也是万吨水压机后期出现故障的重要原因。20 世纪六七十年代，在大型铸钢件供应及大锻件生产任务不足的情况下，万吨水压机不得不“一机多用”，除了正常的自由锻（大型锻件），还搞模锻（航空锻件）、冲孔（鱼雷气舱）。“一机多用”的使用方式影响了机器的质量，也影响了它的使用寿命。②万吨水压机在 20 世纪 80 年代进行三次修复，90 年代初期开展了一次大修改造工程。

与万吨水压机相比，1.2 万千瓦双水内冷汽轮发电机并不是庞然大物，制造时间、成本相对较少。1958 年 12 月，发电机在上海南市电厂正式安装发电。后来制成的数台也分别安装于上海西郊变电所等处。上海电机厂时刻关注运行期间产品质量检测及改进：一方面，针对结构和制造工艺上出现的问题，组织团队进行试验研究，进行调整；另一方面，针对锻件问题组织专家鉴定，确认是否继续使用。

> 汽轮发电机转子与护环锻件技术要求较高，国内自制转子与护环锻件开始的阶段，锻件的质量存在一些问题的。因此部局于 1959 年及时组织了工作组，邀请各方面专家，对这些锻件进行了历时三个月的鉴定，鉴定工作先在我厂进行，后又在北京详细分析研究，并作出了结论。

---

① 孙烈：《制造一台大机器：20 世纪 50—60 年代中国万吨水压机的创新之路》，山东教育出版社 2012 年版，第 164—175 页。

② 同上书，第 215 页。

一些锻件是合格的,有些是报废了,有一部分规定为监督使用。①

初期发生的一些问题解决之后,第一台1.2万千瓦双水内冷汽轮发电机正常运行了34年,直到1993年8月才因机组小、煤耗大而被拆除。

1959—1960年,上海电机厂又先后成功设计制造了2.5万千瓦、5万千瓦以及10万千瓦双水内冷汽轮发电机,并进入了小批量生产。这批产品在现场运行中同样暴露出一些设计和制造上的问题。为此,国家对双水内冷汽轮发电机作出"一年过关,三年完善"的指示,上海电机厂集中精力,进行了双水内冷的改进和完善化工作。1963年,经国家科学技术委员会批准,厂内成立了水冷电机研究室,通过一系列的科研、攻关,解决了试制初期的空心铜线材料、水系统防腐、密封技术和转子线圈引水线拐角的结构和工艺,以及定子铁芯、转子滑环的冷却和定子线圈端部固定等技术关键。1965年2月10日,国家科学技术委员会颁发双水内冷汽轮发电机发明证书。到1966年底,已投运的22台双水内冷汽轮发电机经过完善化后,全部进入正常运行。

1966年,电机厂在实施完成双水内冷完善化工作后,开始向大容量发电机方向发展;1969年,制成国内第一台125 000千瓦、13.8千伏双水内冷汽轮发电机,投运于吴泾热电厂;1971年,制成当时国内容量最大的30万千瓦双水内冷汽轮发电机,并于1974年投运于江苏望亭电厂。由于对大容量发电机缺乏设计、制造经验,尤其是"文革"期间中央试验室冲掉了,未做大量科学实验,导致投运后暴露出不少质量问题。根据中央机械部指示,上海电机厂又重点对30万千瓦双水内冷汽轮发电机进行完善化工作,解决了定子共振、转子倍频振动、叶片共振断裂、引水线拐角漏水等技术关键。1978年底通过国家鉴定,被认为基本上达到安全、经济、满发。经完善化的3台30万千瓦双水内冷汽轮发电机在1977—1979年的三年中,一直保持高的利用系数。②1985年,双水内冷汽轮发电机获得首届国家科学技术进

① 《1962年有关12000瓩汽轮发电机质量问题处理建议》,1962年10月15日,上海电机厂档案室,2-18-62。

② 倪妙章主编:《电机工业的明珠——上海电机厂发展史(1949—1994)》,改革出版社1994年版,第145页。

步奖一等奖，并被列为全国 135 项一等奖的第一项。①

综上，特殊年代的大机器虽然承载着一定的政治使命，呈现了特殊年代的技术水平，但是设计人员尽可能保证机器的经济效能，同时基本遵循科学规律，从而保证产品质量及实效。

（三）卫星城工业建设成就彰显了工人们“蚂蚁啃骨头”的精神

前文述及，“蚂蚁啃骨头”是 20 世纪 50 年代针对小机床加工大零件这种技术路线、技术方法的形象比喻。不过，仔细想想，“蚂蚁啃骨头”又何尝不是一种精神？

蚂蚁怎么敢啃骨头？勇于探索、勇于实践是其内涵之一。新中国成立后三十年间，我国工业基础薄弱，在西方封锁、苏联专家撤走的情况下，要想在工业建设上取得成就，只有靠自力更生。万吨水压机、双水内冷汽轮发电机等重型机器，也只有靠自己设计制造。迎难而上、战胜困难是强者的表现。不论在创制双水内冷汽轮发电机还是万吨水压机过程中，既有预料中的困难，也有预料不到的困难。因此，借用当时报道语句，“蚂蚁啃骨头”就是“敢闯敢想敢干”“破除迷信、解放思想”的精神。

蚂蚁怎么啃骨头？啃得动吗？多久才能啃动？刻苦钻研、坚持不懈同样是“蚂蚁啃骨头”精神的呈现。创制第一台 1.2 万千瓦双水内冷汽轮发电机的总工程师孟庆元后来谈到当时有三个攻关课题：

> 转子是以每分钟 3 000 转的高速度旋转的，世界上还没有转子水内冷的先例，没有资料可供参考。所以，我们就把攻关的重点集中在转子水冷上。转子是旋转的，在巨大的离心力作用下，水究竟能不能顺利地进去，并且循规蹈矩地通过许多盘旋曲折的空心铜线呢？这是攻关课题之一。如果水能够顺利地通过高速旋转的空心铜线，那么流动着的水会不会破坏转子的动平衡呢？这是攻关课题之二。水进入转子之后，流出转子之前，可能会发生渗漏现象，如何解决渗漏问题呢？这是攻关课题之三。事实证明，这一个分析是合乎实际的。②

---

① 刘文耀：《上海电机厂有位世界名人——访中国企业界唯一的学部委员汪耕》，中国人民政治协商会议上海市闵行区委员会文史资料委员会编印：《闵行文史资料》第 2 辑《简史人物辑》，1992 年版，第 190 页。

② 孟庆元：《创制双水内冷汽轮发电机的启示》，《工程师必读丛书》编委会编：《工程师的素质与意识》，中国科学技术出版社 1989 年版，第 105—106 页。

上海电机厂"智多星"朱恒，上海锅炉厂李福祥等先进生产者，无一不是生产建设中乐于钻研的能手。在提倡技术革新的岁月，朱恒在一个月中"针对生产关键，搞成十二个重大革新项目，生产效率少则提高两倍，多则一百余倍"①。李福祥则提出"一年干十六年"的保证，克服各项困难，最后"以六个半月的生产时间，完成了十六年零十个月的工作量"②。

广大工人更是"在建设中学会建设"。吴泾化工厂一套二万五千吨合成氨设备，光设计图纸就有六千九百多张。为了顺利完成设备安装，工人们必须要努力学习。48 岁的电工王元祥戴上老花眼镜，还看不清设计图纸上蚂蚁样的符号，他就买了一只放大镜；学会了符号仍然辨不清错综复杂的线路，他就买来一盒十二色的彩笔，像孩子们画画一样，用不同的颜色把一条一条的电路区分开来，以便识别。"就这样，工人们一天又一天地，在办公室、大礼堂、工棚里，对着图纸出神地看，细心地捉摸，常常学到深更半夜。最后，这样复杂的图纸终于被大家掌握了。"③

蚂蚁啃骨头，必然意味着超常的付出。对广大工人来说，乐于奉献、吃苦耐劳更是他们的形象写照。担任万吨水压机技术组长的徐希文后来回忆道："在对横梁进行热处理的过程中，为了让炉温迅速下降，工人们进行了多次测试，第一次冒着 400 ℃高温，花了整整 7 个小时，把 3 万多块耐火砖砌成的炉门拆下来。"20 世纪 60 年代初期到上海重型机器厂的设计人员、后来担任副厂长的王一兵回忆当年工作时仍是激情满满："那个时候技术人员能够搞自己的专业，参加一个大项目感到特别振奋，氛围很好。没有人斤斤计较，上下一致，所有精力都投在工作上面。每天十多个小时，实在吃不消了再回去睡觉。那时大家都在很认真、很努力地工作，多数人星期天自觉到工作室工作，心里想的是工作质量要更好些，工作进度能更快些。当时这批年轻的技术人员脑子里想的都是国家、社会、技术，想着如何发挥自己的特长，勇挑重担，为国家多做贡献。"④在采访上海电机厂等老职工时，他们同

---

① 朱熙平、徐荣根：《记上海电机厂"智多星"朱恒二三事》，《新民晚报》1960 年 10 月 17 日。

② 《困难当中出英雄——记上海锅炉厂李福祥的先进事迹》，《人民日报》1959 年 11 月 9 日。

③ 福庚、张明海：《在建设中学会建设——记上海市工业设备安装公司第二工程队安装二万五千吨化肥设备的经过》，《解放日报》1963 年 4 月 8 日。

④ 采访对象：徐希文、王一兵、王力生；采访者：忻平、夏萱、包树芳等；时间：2014 年 10 月 10 日；地点：上海重型机器厂会议室。

样对当年投入工作、只求付出的场景历历在目。尤其是20世纪五六十年代，“四大金刚”实行“六进六出”，“早上六点钟上班，晚上六点钟下班，中间无休息。但是大家没有怨言的，干活都很开心”①。当时在大搞技术革新，有人甚至工作到凌晨1点才睡，“我们当时的思想是我是为国家，我是为社会主义建设在出力，很少想到加班费，没有的”②。可以说，广大职工为了国家默默无闻地无私奉献着。

蚂蚁啃骨头，还需心往一处想、劲往一处使。所以，听从组织安排，具有集体主义精神，是那个年代“蚂蚁啃骨头”精神的又一呈现。一位上海电机厂职工子女把自己父亲及其同辈称为“创业者”，他父亲1958年山东大学毕业分配到上海电机厂，负责金镶热处理技术工作。③计划体制年代的企业用工，对职工来说，就是服从国家分配、听从组织安排。学有专长的大学生、大专生等，毕业时是统一分配工作的。当时安排到闵行“四大金刚”的科研技术人员都是精英人才。1963年，200多位毕业生被分配到上海重型机器厂，以充实技术团队、促进该厂“6160”项目的顺利进行。④200多位毕业生，“除了清华的、交大的、浙大的、同济的，还有北京航空学院、南京航空学院、西北工大的”，当年进入重型机器厂的王淦文回忆当年情形，仍感慨这批毕业生实力的强大，并提到自己的分配调整：“头天晚上给我谈话，说你分到大连去了，隔一天告诉我，你分到上海去了，不到大连去了。”⑤可以说，待分配的大学生就像一颗颗螺丝钉，哪里需要往哪里去。上海卫星城有很多新建企业，专业技术人才比较缺乏。没有现成的，那就培养。吴泾化工厂一期工程的工程技术人员中，“只有三个人在小合成氨厂工作过，绝大多数工人是从机

① 采访对象：袁女士；采访者：包树芳、夏萱、周升起；时间：2014年7月10日；地点：上海市闵行区电机一村广场。

② 采访对象：徐金保等；采访者：包树芳、夏萱、周升起；时间：2014年7月11日，地点：上海市闵行区电机一村居委会。

③ 采访对象：顾某；采访者：包树芳、夏萱；时间：2014年4月14日；地点：闵行区档案馆。

④ “6160”项目是国家列为60年代生产的十大重点设备之一。它生产宽度为2 050毫米的不锈钢板，是航空、航天工业急需的特殊规格钢材。全套设备有酸洗、平整、横剪、纵剪、松卷、准备六个机组。上海重型机器厂厂史编写组：《上海重型机器厂厂史(1949—1983)》，上海市机电工业管理局印刷所1986年版，第24页。

⑤ 采访对象：徐希文、王一兵、王力生；采访者：忻平、夏萱、包树芳等；时间：2014年10月10日；地点：上海重型机器厂会议室。

械厂、印刷厂、橡胶厂等单位调来的,许多人连合成氨这个化学名词也没有听说过”,最后在实践中逐步掌握了工艺技术,后来有的成为厂里的技术骨干。[①]

勇于探索、钻研、奉献、吃苦耐劳等精神在那个年代职工的身上有着淋漓尽致的呈现,也许有环境鞭策的影响,但是掩盖不了本质。正因此,在事隔数十年回忆当年工作情形时他们没有埋怨,而是满怀深情、畅谈心声。

---

① 薛永辉:《自力更生的硕果》,《解放日报》1964 年 1 月 1 日。

第四章　卫星城城市建设

城市建设外延很广，包括城市中一切建设。这里取其狭义概念，剔除企业建设，只包括服务于民众生活的所有建设，主要有：公用事业（水电煤交通等），住宅建设，商业网点，教育事业，公共福利设施等。城市建设为生产、为劳动人民服务，这是新中国成立初期制定的一个方针。上海卫星城建设初期，贯彻"就地工作、就地生活"的指导思想，城市建设进展迅速，各卫星城搭建了基本轮廓。但是政治经济形势的严峻，让卫星城城市建设蒙上阴影。而工业化主导令卫星城城市建设的滞后性日趋突出。档案资料中各卫星城企业及职工的反映，形象地再现了卫星城在教育、商业、副食品供应等方面存在的问题及不足，呈现了卫星城职工生活的多重困境。作为卫星城城市建设的典型，闵行一条街是值得研究的。它是新中国建筑工程的一个样板；在特定时代，它又具有特殊意蕴。

第一节　形成基本轮廓

一、概　　况

1959 年 10 月《关于上海城市总体规划的初步意见》提出卫星城城市建设的三个原则：第一，"必须考虑建立完整的城市生活，布置全套的为居民生活服务的公共福利设施和公用事业。在卫星城镇工作的人，原则上应全部住在这里"；第二，建立与母城最方便的交通联系，"在近期交通联系以快速公路为主,在远期可以考虑以郊区电气火车作为主要交通工具";第三,卫星城应具有现代化城市的优点,而无现代大城市的缺点。因此应充分利用自然条件,创造舒适的生活环境;用地标准可以高一些,绿化可以多一些,以实现城市园林化的理想。①

上海试图建设交通便利、环境优美、生活基本独立的卫星城。其中"就地生产、就地居住"成为主要原则,该说法后来改为"就地工作、就地生活"。对该原则,上海有着清晰的理解:必须相应进行现代化的城市建设,配备全套的住宅和高度水平的公共建筑,"这不仅是城市规划上单纯的技术问题,更重要的,这样做了才能正确地贯彻'压缩旧市区人口,严格控制近郊区,积极发展卫星城镇'的规划要求"②。

20 世纪 50 年代后期,上海卫星城城市建设加速推进,至 20 世纪 60 年代初期形成了城市面貌的基本轮廓。

(一) 市政公用设施建设

交通、煤气、水电等市政公用设施,不仅与市民生活密切联系,也是企业生产建设的重要保证,所以卫星城市政公用设施与工厂建设是同时进行的。

这一时期,陆续建成市区通往各卫星城和市郊工业区的交通干道。其中通往闵行、吴泾卫星城的干道较早建设。1959 年 12 月,通往吴泾的全长 15 公里的龙吴路建成。通往闵行的老沪闵路路面狭窄,仅宽 6—7 公尺,远不能适应交通运输的需要。50 年代后期新建了沪闵干道,从徐家汇经漕河泾、梅陇、莘庄、颛桥、北桥,直达闵行。从徐家汇到漕河泾为复线三车道,车行道共宽 21 公尺;漕河泾到颛桥为四车道,宽 14 公尺;颛桥到闵行为六车道,宽 21 公尺。全路共长 23.5 公里,除漕溪北路有一段 350 公尺左右长为方头弹街路面外,全部为柏油路面。③新沪闵路成为上海到郊区路面最宽、最高档的一条公路。1960 年起,上海市区向西,新建了通往安亭的曹安路;向西南,改建了通往松江的沪松路;向西北,改建了通往嘉定的沪嘉路。同

① 《关于上海城市总体规划的初步意见》,1959 年 10 月,上海市档案馆,A54-2-718-34。

② 《上海工业布局规划和卫星城镇建设的若干经验(二稿)》,1960 年 1 月 17 日,上海市档案馆,A54-2-765-41。

③ 《上海市基本建设展览会办公室关于 1949 至 1959 年上海工业展览会的资料汇编》,1959 年,上海市档案馆,A54-2-1037-162。

一时期，上海建设市区通往市郊工业区的交通干道。为减轻市区交通拥挤状况，1960年中山环路第一期工程建成。这些道路的建成，使得上海全市形成了一个以中山环路为环、从市中心区伸展到各卫星城和市郊工业区的呈辐射状的道路网。①

卫星城内部的道路、煤气管道等工程也相继建设：闵行在1958年6月至1959年9月底新辟了一号路和二、三、四、六号等道路共27.15公里，同时架设桥梁7座，埋置污水管网5公里。四家主要工厂敷设了铁路专用线。接着，在1961年6月以前，建成污水泵站4座，简易污水处理厂1座，相继建成并投入使用电厂、水厂、电话局、公交和货运车场、港区码头等。嘉定城从1959年起经过3年努力，完成了全城的道路交通网络，共新建、改建道路长达35.8公里。此外，还陆续建成日产4.5万吨的水厂，日处理万吨的污水处理厂，容量为3 000门的电话局和可同时发14条公共车辆线路的嘉定汽车站等。1964年从市区北新泾敷设了一条通往嘉定的本市郊县第一条煤气管道。在安亭，到1962年相继建成于田路、昌吉路、洛浦路等一批交通干道，以及水厂、电话局、变电站等。在松江，1960年3月动工，7月就建成了玉树路、同德路、长石路、贵南路和乐都路。②在吴泾，1961年3月建成污水处理站，日处理污水流量1 500立方米，建有414立方米土沉淀池和30立方米污泥池各2只，直径300毫米以上厂外输送管线6.1公里和龙吴路(陈家宅)、塘泗泾、剑川路3座泵站。1959年修建吴泾铁路支线，区境内长4.2公里，为单线铁路。与上海焦化厂、吴泾化工厂、上海电化厂、吴泾热电厂、华东电力建设公司等5个单位的专用线相通。专用线长8公里，主要运入原材料和燃料，输出化工和建材等产品，年运输量140万吨。③

---

① 孙怀仁主编：《上海社会主义经济建设发展简史(1949—1985)》，上海人民出版社1990年版，第399页。

② 《上海建设》编辑部编：《上海建设：1949—1985》，上海科学技术文献出版社1989年版，175—178页。

③ 闵行区地方志编纂委员会编：《闵行区志》，上海社会科学院出版社1996年版，第95—96、108—109页。

(二)住宅建设

关于住宅建设,1958—1960年三年间上海共建造了2 261 976平方米(不包括学校学生宿舍与县属住宅面积),在各近郊工业区共建造了40.2万平方米,其中统一建造27.7万平方米;在各卫星城建造了28万平方米,其中统一建造26万平方米。从三年实际建造量的内外比例来看,市区十个区约占69.7%,近郊区17.8%,卫星城12.5%,即外围占三分之一弱。[①]结合数据和比例进一步分析:第一,市区旧房改建问题颇大,同时又是上海市中心,所以住宅建造量最多;第二,自确定建立卫星城,卫星城的住宅建设便被视作重点,因此建造速度是比较快的;第三,1960年,嘉定等卫星城建设刚开始进行,因此住宅建造所占比例并不高。作为第一个建设的闵行卫星城,1958—1960年三年间住宅建设发展迅速,每年分别新建住宅面积为6 600平方米、149 915平方米、31 782平方米。[②]三年共新建住宅188 297平方米,比照1960年闵行住房总面积400 263平方米[③],也就是说三年间闵行卫星城新建住宅面积占全区住宅总面积的47%。

20世纪60年代前期,卫星城和近郊工业区住宅建筑面积继续扩大。1964年,全市建成住宅建筑面积300 472平方米,其中市区155 208平方米,闵行、吴泾、松江、嘉定、安亭、吴淞、蕰藻浜、彭浦、周家渡等卫星城、新工业区和郊县145 264平方米。[④]从建筑面积来看,之前外围仅占三分之一弱,而1964年结果显示外围已接近于市区,充分说明政府对卫星城、工业区住宅建设的重视。以嘉定卫星城于1960—1964年间住宅建设为例,在此期间,嘉定先后辟建"六一"、嘉宾、水仙、红梅等一批新型住宅区,各住宅区建筑面积小的8 000余平方米,大的数万平方米,建筑标准渐趋规范化。这一时期被视为嘉定历史上第一次出现的住宅建设高潮。[⑤]

① 《上海市城市建设局关于住宅建设工作的规定、计划、报告》,1961年10月,上海市档案馆,B257-1-2752。

② 《关于闵行规划和建设问题调查研究报告》,1961年9月12日,闵行区档案馆,A6-1-0076-002。

③ 《闵行镇情况》,1960年1月,闵行区档案馆,A6-1-0014-001。

④ 《上海住宅建设志》编撰委员会编:《上海住宅建设志》,上海社会科学院出版社1998年版,第30页。

⑤ 同上书,第164页。

（三）生活配套建设

“就地工作、就地生活”的原则打破了新中国成立初期各工业城市“先生产后生活”的固有理念，并在上海第一个兴建的卫星城——闵行卫星城得到了初步实践。1959 年 9 月底，闵行一条街一期工程完成，并因速度快、面貌新、规格高而声名远扬，被时人誉为“新型的社会主义幸福街”[①]。这条按照“成街成坊”原则建造的社会主义新型大街是住宅和商业、教育、文娱等设施的结合，成为闵行新的城市中心。上海对闵行一条街是满意的，指出它“能够满足人民当前物质、文化生活多方面的需要，使人民生活感到便利，因而也就为把旧市区的人口逐步分散出去创造了更为有利的条件”，同时“成街建设，还能迅速形成城市的面貌”。[②]

闵行一条街成为上海乃至全国城市建设的创新典型，后来嘉定、安亭先后建造一条街，迅速在卫星城形成城市街景。“一条街”的成街成坊布局，使得卫星城拥有了较为完备的生活配套设施。商业服务设施，大多布置在一条街道路两旁，有百货商店、新华书店、饭店，以及钟表、眼镜、美发、服装等专业商店。在新村内则建有小学、幼儿园，附近建有影剧院、图书馆、医院等。

上海各卫星城在加速推进城市建设的过程中，注意到充分利用城镇原有的物质基础。作为第一个建设的卫星城，闵行在建设过程中，由于老镇规模小，街道窄，因此在距离老镇稍远处，结合各工厂位置，进行住宅、商业等新建，做到了“新旧同时存在”。至 1961 年初，通过国家统一建造、自建，及老镇原有“三结合”方式，闵行卫星城文教卫生等公共福利设施基本框架搭建成型（详见表 4-1）。晚于闵行的嘉定、松江两个卫星城在规划时就计划充分利用县城原有公共设施。吴泾、安亭两个卫星城相比而言基础较差，其中吴泾市政基础设施几乎空白，它们更多需要依靠新建。卫星城中，闵行城市建设最有成效，职工相对满意度最高，不仅因其最早定位、最受政府重视且最先展开建设，也因其拥有数家大型工厂、具备一定的财力。

---

① 谢其规：《新城抒情诗》，《文汇报》1959 年 12 月 6 日。

② 《闵行卫星城市和“一条街”建设的初步经验》，1960 年 3 月，上海市档案馆，A54-2-1024-147。

表 4-1　1961 年闵行公共福利设施分布、数量等情况

名　称	分布地点	统一建造(座/m²)	自建(座/m²)	旧镇原有
托儿所	各新村	3/1 848	9/4 274	6 所
幼儿园	各新村	5/2 823		
小学	各新村	3/594	1/624	3 所
中学	沪闵路东一号路北	—	1/4 800	—
医院	十号路、旧镇	—	1/14 865	1 所
俱乐部	新华路	—	1/2 860	—
文化馆	旧镇内	—	—	1 所
少年宫	小公园内	—	1/884	—
剧场	旧镇内	—	—	1 所
茶馆书场	一号路老正兴楼上、旧镇	1 所	—	1 所
食堂	各新村	7/3 100	3/570	8 座
旅馆	一号路闵行饭店、旧镇	1/7 868	—	3 家
会堂	一号路闵行饭店内	1/1 687	—	—
浴室	闵行饭店后面	1/1 631	—	1 家
商、菜场	闵行饭店后面	2/7 359	—	—
铺面	一号路沿街、旧镇	8/9 368	—	约 60 家
新华书店	一号路沿街、旧镇	—	—	1 所
邮电局	一号路口	—	1/3 822	—
银行储蓄所	旧镇内	—	—	1 所
报刊门市部	旧镇内	—	—	1 所
仓库	沪闵路东一号路南	2/948	—	—
消防站	沪闵路东一号路南	1/634	1/1 157	—
厕所	一号路口、沪闵路东	1/36	—	—

资料来源:《检送“关于闵行规划和建设问题调查研究报告”的函》,1961 年 9 月,闵行区档案馆,A7-1-0029-002。

二、大型企业的“小社会”模式

计划经济年代,很多大型企业俨然是职工的“家长”。企业办有食堂、小商店、医务室,提供各类体育场所,建有职工宿舍,甚至一家独办或多家合办幼儿园、小学等。大型企业提供各种设施和福利,既是计划经济年代的“计划”特色,也是工人的待遇。上海卫星城处于远郊,在国家、政府提供必需供应外，职工更需要工厂的关心和爱护。资料显示，安亭卫星城十家市属企业联合出资兴办幼儿园、小学；嘉定科研院所大多建有食堂，提供卫生所门诊等少量服务。其中，闵行卫星城“四大金刚”财力雄厚，上海电机厂、汽轮机厂尤其突出，是“小社会”模式的典型代表。①

首先，拥有厂办学校。顾名思义，厂办学校由大型企业依托自身力量兴办和建设。上海电机厂、汽轮机厂各自兴办有两种类型的厂办学校。

一是职工子女小学、附属幼儿园。

上海电机厂和上海汽轮机厂各设有职工子弟小学，并附设幼儿园各一所。为了减轻职工负担，方便职工子女入学，上海电机厂于1953年8月在电机新村建立职工子女小学。1961年8月，新校舍建成。新校舍占地面积14.6亩，建筑面积3 549平方米。开学第一年，设8个班级，有学生345人。以后入学人数逐年增长，至1965年高峰时有学生1 991人。

1965年以前，两厂职工子女小学只收书费，不收学费。曾在上海汽轮机厂小学读书、后来成为上海重型机器厂党委书记的刘海运，谈起那段经历仍津津乐道，认为是享受了汽轮机厂的福利。②1965年，两厂职工子女小学划归教育局领导，按就近入学原则，不仅招收本单位职工子女，还开始招收外单位的职工子女，包括附近农民子女入学，开始收取学费。其于20世纪70年代初重新划归厂里领导。③

对两家企业的职工子弟小学，市工业调查小组在20世纪60年代初的调查中给予较高评价，指出：该两所学校都有专职干部，领导力量较强，教育工作开展得比较好。他们行政关系直属工厂，业务是教育局辅导、区辅导。但同时指出这两个学校还远远不够满足两厂的职工子弟上学的需要。④

二是以培养管理人才和技术人才为目标的专科学校。

“教育促进生产，生产带动教育。”1949年前，上海有少数企业为提高职

---

① 松江、吴泾卫星城在资料中没有找到相关信息。

② 采访对象：刘海运，上海重型机器厂党委书记；采访者：包树芳、何兰蔚；时间：2014年7月16日；地点：上海重型机器厂会议室。

③ 倪妙章主编：《电机工业的明珠——上海电机厂发展史（1949—1994）》，改革出版社1994年版，第281页。

④ 《闵行地区文教体育卫生基本情况》，1960年1月，闵行区档案馆，A6-1-0014-005。

工技术水平兴办技工教育。新中国成立初期,各种类型的职工教育广泛在各工厂举办,或开展职工政治教育,或为职工扫盲,或提高职工技术。不过,往往只是短期培训,且多到车间流动展开。这种短期的、无固定地点的业余教育或技术培训,与有固定地点、专门师资人员和管理人员、体制较为健全的学校教育是有着很大差别的。

在教育为生产服务的指导方针下,上海建起了培养企业技术人才、管理人才的专科学校。至 1961 年,闵行卫星城有两所大专学校:一是市劳动局主办的技工教育师范学院,二是市电机局主办的上海电机专科学校,下分为五个系,其中电机制造系、汽轮机制造系分别附设在电机厂和汽轮机厂内。另有四所中等技校,其中两所隶属关系在市里:上海第一航空工业技工学校(市 118 厂)、上海电机制造学校(市电机局),另两所为上海电机厂电机制造学校、汽轮机厂汽轮机制造学校,后两所学校因对内培训本厂职工,故又名工人技术学校。①

上海汽轮机厂退休女工袁女士回忆道:1958 年由上海市区十八女中考入汽轮机厂技校,厂里规定,进技校读满两年可以直接进厂成为汽轮机厂职工。由于当时的工业发展背景,他们读了半年就进厂了,边学习边做学徒。在袁女士印象中,技校明显是男生多、女生少。②

此外,上海电机厂"五一"职工大学成立于 1969 年 12 月 26 日。开始时设在厂技术大楼二楼北半楼,1976 年迁至教育大楼。针对厂里职工,采取自愿报名、车间选送、党委批准的方式。有专职教职员工 20 余人。第一届开设三个电机班,有学员 43 人。以后,每年在校学生约为 100 人左右。③

厂办专科学校主要对内培训本厂职工,为本厂培养技术人才,提高了企业职工的基本素质和技术水平,有利于企业科技力量的发展和生产的发展。

其次,拥有基本完整的生活配套设施。

为解决职工的住宿问题,自民国以来一些企业就出资建造职工宿舍。

---

① 《闵行现状调查报告》,1961 年 9 月,闵行区档案馆,A7-1-0029-001。

② 采访对象:袁女士,汽轮机厂职工;采访者:包树芳、夏萱、周升起;时间:2014 年 7 月 10 日;地点:上海市闵行区电机一村广场。

③ 倪妙章主编:《电机工业的明珠——上海电机厂发展史(1949—1994)》,改革出版社 1994 年版,第 279 页。

此外，工厂也会有一些简单的设施，如浴室、医务室等。所以，各卫星城企事业单位提供部分服务并不稀奇，但是，像上海电机厂、汽轮机厂、重型机器厂等大型企业拥有基本完整的生活配套设施，如同“一个企业就是一个小社会”一般的，是新中国成立后才出现的一个创举。

20 世纪 60 年代初期，汽轮机厂、电机厂、重型机器厂内的生活配套设施有：食堂、理发室、浴室、小商店、俱乐部(附有图书室等)、书亭、哺乳室、托儿所(日托)、老虎灶、医疗室等设施。从饮食起居到幼儿护理，企业对职工的生活可谓关怀备至。

上海电机厂拥有专业理发师，到 1960 年前后共有 22 名理发师。据厂史资料记载，从 1955—1972 年，最多时有 32 名理发师傅和工作人员。[①]

为了给广大职工一个舒适的生产、生活环境，电机厂等企业里种植各类花草，电机厂更有“花园工厂”之美誉。1954 年，上海电机厂在职工生活区建造“五一花园”，设有假山、草亭、石台、石凳。[②]上海汽轮机厂则在工厂对面建造了一座红园，为职工提供休闲的好去处。

在采访一些老职工时，他们对企业当年提供的各项福利非常满意。有的说企业就是一个生活社区，有的说“生活很方便”，有位汽轮机厂退休职工还特意提到当年厂里的“妈妈宿舍”，这是为家住市区、一人在厂带小孩的女职工提供的福利宿舍，两人一间，设施也较好。[③]

再次，文娱活动丰富。

1953 年，上海电机厂从市区迁往闵行。由于地处远郊，职工业余生活极为枯燥。为丰富职工业余生活，电机厂投入资金，兴建各类文娱设施。电机厂里的运动场所逐渐多起来，如足球场、篮球场、游泳池、排球场、乒乓房、棋牌室等。在当时的各企业，拥有乒乓室、棋牌室等小型运动场地不算什么，可是像电机厂这样拥有标准的足球场、篮球场等场地，而且类型多样，在各企业中算是佼佼者了。有了这些场地，职工体育活动多起来了。1959 年

---

① 倪妙章主编：《电机工业的明珠——上海电机厂发展史(1949—1994)》，改革出版社 1994 年版，第 377 页。

② 同上书，第 375 页。

③ 采访对象：姜良鉴；采访者：包树芳、陆世莘；时间：2014 年 7 月 3 日；地点：上海市闵行区东风一村其家中。

10月24日,参加第一届全运会载誉归来的上海市体育代表团男女排球、篮球、足球、武术、体操、技巧、乒乓等运动队到上海电机厂,作了为期一周的汇报表演,3 000多职工观看了各项比赛,进一步推动上海电机厂职工业余体育活动的开展。①上海电机厂的业余体育活动逐渐成为闵行地区的典范。

除了运动场地,电机厂等工厂内还有图书阅览室、大礼堂等文娱设施。汽轮机厂一位老职工回忆,20世纪50年代中后期工厂礼堂经常放电影,夏天就放露天电影。他说,1958年汽轮机厂从中央党校调来一位同志做副书记,负责文艺体育活动。后来几年厂里的文娱活动非常丰富,工人娱乐也较多。②

为丰富职工的文娱生活,各工厂拥有文艺小分队。文艺小分队经常根据厂里的好人好事自编短小精悍的节目对职工演出,深受职工好评。每逢节日,电机厂小分队都要上演整台节目,职工们携带家属熙熙攘攘拥向大礼堂"看戏",甚为热闹。③

除了利用厂里资源,工厂邀请文娱界明星来厂里为职工演出。提到文娱演出,电机厂退休工人老张情绪很激动,他说:"在上海名气很响的明星(一流的)都来电机厂表演,把能来闵行表演当作一种荣幸。没来过闵行,觉得很遗憾。"④

应该说,卫星城城市建设铺展迅速,至20世纪60年代初期形成基本轮廓。一些大型企业为职工提供各类便利服务,是政府市政公共服务外的补充。但"小社会"模式毕竟只存在于少数企业中,同时不仅受到企业自身发展的影响,而且在计划经济时期又必然受到外在环境的影响。另外,即使企业提供了部分服务,但是民众的各项生活需求仍需要政府提供全方面的服务方能满足。

---

① 倪妙章主编:《电机工业的明珠——上海电机厂发展史(1949—1994)》,改革出版社1994年版,第342页。

② 采访对象:姜良鉴;采访者:包树芳、陆世莘;时间:2014年7月3日;地点:上海市闵行区东风一村其家中。

③ 倪妙章主编:《电机工业的明珠——上海电机厂发展史(1949—1994)》,改革出版社1994年版,第341页。

④ 采访对象:老张;采访者:包树芳、夏萱、周升起;时间:2014年7月11日;地点:上海市闵行区电机一村居委会。

第二节　城市建设的滞后

一、问 题 初 显

卫星城城市建设虽然形成基本轮廓，但是无法掩盖其滞后性：满足不了卫星城职工的需求。自从国民经济调整开始，卫星城城市建设的问题初步显露，后来日趋严重，且持续存在。

1961 年 8 月，上海市城市建设局调查近郊工业区和卫星城住宅建设及公用设施配合情况，指出存在两大主要问题。

一方面，住宅建设跟不上职工增长的需要。

至 1960 年底，卫星城职工人数从 1957 年末 0.9 万人增加到 6.6 万人（松江和嘉定不包括原有开办工厂企业单位职工人数）。职工人数增加了 4.1 倍，而住宅面积只增加了一倍多一点——原有住宅面积 26 万平方米，新建了 28 万平方米。

住宅建设跟不上职工增长需求带来了诸多问题：

其一，居住条件普遍较差，很多职工住在车间、仓库、办公室、草棚里面，居住十分拥挤，卫生条件很差。这种情况不仅影响职工休息和健康，而且妨碍生产。

其二，带眷水平低。由于住宅建设跟不上职工增长的需要，大部分带眷职工只能暂住单身宿舍，家属不能迁去，两地占用居住面积，既浪费又生活不便，而且达不到卫星城分散市区人口的目的。截至 1961 年 4 月的调查，吴泾、闵行的职工带眷水平（带眷职工占总职工的比重）分别为 6%、24.6%，约有 30%—60%的职工两地占有床位。闵行上海电机厂和汽轮机厂职工带眷水平，1957 年前曾达到 40%以上，“大跃进”后，职工成倍增加，虽然分配到较大数量的住宅（各 500 户左右），但还是赶不上职工增长的速度，以致 1961 年带眷水平下降到 27%—29%。

其三，部分职工上下班路程过远，交通负担大，影响职工休息、学习，并且影响生产。在卫星城，星期六和星期一公共交通特别紧张。以闵行为例，除各厂自备交通车辆外,徐闵线公共汽车,高峰时间在站人数达 300—600 人,候车时间 35—65 分钟,车辆满载率达 1.21%—1.24%,结果常有很多职工赶不上上班而影响生产。此外,由于路远职工居住问题得不到解决,致使少数人情绪消极,不安心生产,要求调动工作。

另一方面,存在公共福利设施配合问题。1958—1960 年底,各地区共建造公共建筑面积 9.6 万平方米,约占住宅建设总面积的 12%左右,适当满足了居民生活的基本需要。调查指出:由于住宅建设资金主要应用于新建住宅,解决居住问题,不可能在公共福利设施上花费过多,同时各地区随着人口规模的扩大,而有更多样的要求,因而一般说来,配合的公共福利设施还不能完全满足居民生活的需要,特别是医疗、文化、体育设施,一般都未及时配合。各地区配合情况不完全一样。某些方面分工不明,缺乏统一抓总平衡,往往发生脱节现象。其中,闵行配合情况较好,公共建筑面积占住宅建设总面积的比重达 19.2%。①

市城市建设局的这份调查基本反映了各卫星城住宅及生活配套建设存在的问题。闵行建设早,在住宅及生活配套建设上走在前列,但是正如调查所示,住宅建设跟不上需求,周末假日交通紧张。还有些问题,报告中没有说全,如闵行"尚有相当数量的职工住在危险房屋和车间、办公室中",另外还需建一所中学。②闵行还相对较好,其他卫星城情况更糟糕。在住宅建设上,吴泾的情况正如报告所言是极为恶劣的,其他卫星城也有很多职工无法住在工房。据 1961 年底的统计:松江 4 198 位职工中居住在新工房的只有 1 519 人,居住在厂内的有 2 472 人,其余租借在民房、其他单位房屋;安亭 4 226 位职工中居住在新工房的 2 935 人,居住在厂内的 1 088 人,其余租借在民房、其他单位房屋。③

除了住宅建设,安亭卫星城自 1961 年 1 月起就接连向上反映公用设施及副食品供应等问题。副食品问题主要有:市区鱼、肉各票在当地不好使

① 《近郊工业区和卫星城镇住宅建设及公用设施配合问题》,1961 年 8 月 17 日,上海市档案馆,B257-1-2752-64。

② 《关于闵行规划和建设问题调查研究报告》,1961 年 9 月 12 日,闵行区档案馆,A6-1-0076-002。

③ 《上海房地局关于长宁、虹口、杨浦、普陀、闵行区及松江、嘉定、安亭县的(61、62)年度统建工房的分配报告》,1962 年 1 月,上海市档案馆,A54-1-298。

用。医疗方面，嘉定县在安亭新设了一个卫生所，医务力量较弱，共有12名医务人员，其中8名刚从学校毕业，缺乏临床经验；设备不够齐全，仅有2间病室，10张简易病床；而且科目不全。此外，还缺少托儿所、幼儿园、小学。①

针对住宅建设及公用设施问题，市城市建设局把住宅建设列为首要解决的问题，"首先解决基本需要，然后适当配套，逐步完善"。配套建设中，街坊性的公共建筑如小学、幼儿园、托儿所、菜场和一些适宜设置在沿街住宅建筑底层的商业服务设施等，"可以在住宅建设项目下投资配合建造"；其他如中学、医院、大饭店、影剧院、文化体育设施及工业区内的公共福利设施，"应由各主管业务单位分别编列计划，及时配合建造"。此外，各地应该因时、因地制宜，"发展到什么阶段，配哪些项目的公建，按照多少定额。需要按照各地的具体情况，具体调查分析"。②说得很明白，住宅建设第一，其他公共建筑，投资少的先解决，其余则靠后。列为首位的住宅建设如何解决呢？市城建局提出建议：卫星城解决的顺序可以第一步单身，第二步眷属宿舍，先解决同地双职工的全部，其次加一定比例的已婚单职工。同时肯定闵行等地把原来造的眷属宿舍改作单身宿舍分配的做法。③

到1961年，五个卫星城除了闵行、吴泾较早建设，其余从1960年辟建才两年不到时间，"适当配套，逐步完善"似乎是符合建设规律的。但是联系到此时国内经济形势，则会有更深入的了解。1960年"大跃进"对经济产生的后果逐渐显现，1961年起全国进入国民经济调整阶段，基本建设缩短战线、工业项目大量下马，生活配套建设同样遭遇资金短缺而陷入下马的境地。安亭卫星城报告中提到："为使双职工宿舍、托儿所、幼儿园和宿舍食堂问题能够得到解决，建议市建筑工程局根据总的规划和实际可能，对已经开工建造的但后来下马让路的部分工程考虑恢复施工，并希望能尽早地完成这一工程。"④其较为委婉又十分清晰地指出了问题所在：正是配套工程的

---

① 《关于安亭工业区职工在生活方面存在问题的综合汇报》，1961年1月26日，上海市档案馆，A54-2-1361-15。《普陀区委关于安亭工业区职工生活方面几个问题的请示报告》，1961年9月19日，上海市档案馆，A54-2-1361-10。

② 《关于住宅建设问题(三稿)》，1961年10月，上海市档案馆，B257-1-2752-37。

③ 《近郊工业区和卫星城镇住宅建设及公用设施配合问题》，1961年8月17日，上海市档案馆，B257-1-2752-64。

④ 《普陀区委关于安亭工业区职工生活方面几个问题的请示报告》，1961年9月19日，上海市档案馆，A54-2-1361-10。

停止才导致诸多问题。

嘉定卫星城住宅及配套工程问题的处置,可以视作这一时期政府如何处理此类问题的典型案例。1961 年 5 月 9 日,上海市基本建设委员会会同上海市科学技术委员会、市计划委员会等单位组成 15 人的工作组开始对嘉定卫星城各新建单位内部和地区的生产配套和生活配套情况展开为期近一月的调查。6 月份完成调查报告撰写,报告针对各新建单位反映的生活配套问题给予了回应。

关于住房问题,报告提出,单身宿舍除各单位已建外,各单位的实验楼、教学楼和车间等主体建筑一般都有较多空余的面积,可以利用。“因此职工住宿问题,实际上并不像各单位反映的那么紧张,急待建造大量的工房解决不可。”其中仅新沪厂的房屋较紧一点。近期实际需要的眷属宿舍数量也不大,各单位提出的数量约 400 余户(包括 226 对双职工在内)。嘉定已建工房(单身宿舍)三幢 12 900 平方米,二季度原计划再建 10 幢眷属宿舍共 3 万平方米,“看来安排得多了一些,可以适当压缩”。各单位反映的住房问题,通过充分利用各单位实验楼、教学楼等主体建筑一一化解,统建公房计划则被压缩。

关于各单位反映的其他生活配套问题,在调查嘉定城镇生活设施后,报告指出:商业和服务性行业的建筑面积和从业人员基本上相适应,但网点分布不合理,营业时间需调整。文教卫生设施方面,原有一家医院不能满足十二个新建单位要求,应考虑解决,而中小学、文娱设施等没有问题。总体而言:“目前文教卫生设施方面问题不大,将来随着生产的发展和迁往嘉定的职工逐渐增多以后再有计划地逐步添建一些。”①

国民经济亟待调整恢复时期,在政府的调查报告中,有的问题不再是问题,有的问题则由大变小,处理原则和办法都是朝着勤俭、节约方向。不过,节约原则和弱化问题并不代表问题得到真正解决。1963 年以后,嘉定卫星城在市场供应、文化娱乐、教育、医疗、住房等方面的问题日益引起市属单位

① 《上海市基本建设委员会关于嘉定卫星城镇生产、生活配套、材料、供应体制、预算定额和价格以及党的工作的调查研究报告》,1961 年 6 月,上海市档案馆,A54-1-255。

职工的强烈不满。1963年底,嘉定县政府召开嘉定卫星城市属单位座谈会,参加的有力学所、硅酸盐所、计算所、冶金所、科学仪器厂、科大等十三个单位。生活配套问题集中于三点,第一,商品供应问题。蔬菜供应方面,粗品种多,细品种少。豆制品,不但数量少,而且缺少百叶、油豆腐、素鸡等品种。香烟供应,乙级烟太少,并在同一市属单位有市与县二种供应标准,数量高低悬殊太大,要求按市属标准供应。在城中路新工房居住的职工,因离老镇的小菜场较远,要求建造综合性小菜场(包括粮油商店等)和老虎灶。第二,教育、医疗、文娱方面的问题。原有医院只有床位250张,高级医生少,已不能满足群众治病需要。迫切要求在城中路建造小学和幼儿园一所,要求增加影剧院和工人俱乐部。第三,职工宿舍问题。各单位反映,不仅目前有不少职工的宿舍亟须解决,而且明年都有所发展,人员相应增加,初步提出了要房数字,共计需要家属宿舍737户,单身宿舍11 100平方米。①

显然,1961年政府的调查遮蔽了真实的问题,即使通过各种方法一一化解的住房问题也被证明没有真正解决。1963年底,嘉定县政府向上反映了市属单位座谈会情况。1964年各单位职工再次向嘉定县政府反映情况。同年10月17日,嘉定县政府再次向上海市政府呈文报告,11月22日又作了补充报告。报告反映问题基本与前相同,在具体内容上有变化,如:医疗方面,不再是原有医院配备高级医务人员,而是建议1965年在嘉定城中新建350张床位的综合医院一所,并相应配备一定数量的高级医务人员;教育方面,除迫切要求解决幼儿园、小学外,要求建造有二十四个班级的完中一所;住房方面,至1963年,嘉定城厢镇已解决中央和市属单位职工家属宿舍336户,但与实际需要还相差很远,据各单位在1964年三季度向嘉定县政府申请要住房的有887户,至10月份申请房屋的已达1 059户(包括1965年的)、集体宿舍2 588人;副食品供应方面,除了对豆制品、蔬菜等反映品种少、质量差、价格高外,建议解决高级知识分子的特殊供应——香烟问题。"外地科学家、高级知识分子因参观、访问、传授技术常到县招待所宿食,商

① 《嘉定县人民委员会关于召开城厢镇市属单位座谈会情况的报告》,1963年12月20日,上海市档案馆,B11-2-91-29。

业部门只供应大联珠、黄金龙和少量青岛烟,有的工程师不愿吸青岛烟。又如市科学院组织越南、日本、朝鲜的代表团来科研单位参观,要准备香烟,向县烟糖公司要,他们说市公司通知,外宾的香烟由接待单位带来,未予供应,结果接待单位也未带,向招待所要烟,招待所拿不出,弄得很被动。"①

嘉定卫星城职工反映的问题并不是个案,而是各卫星城普遍问题。这些问题在卫星城城市建设初期就已出现,之后将持续近二十年。

二、问题持续

20世纪六七十年代,卫星城中基础较差的安亭陆续向上反映配套设施问题。1973年4月,十个市属企业和安亭镇负责人在一起举行座谈会,将主要问题归为以下六方面。②

第一,职工住房问题。

安亭到1966年底统建工房共58 000平方米(包括各配套项目的面积)。1967—1970年没有新建过工房,直至1971—1972年才又新建了7 424平方米。在这个期间各厂的职工人数随着生产的发展在不断增加。1961年底,企业职工有4 607人,而到1972年年底,企业职工人数已增加到9 091人,增加了97.3%。这样,职工住房的矛盾越来越尖锐。十个工厂已有686户申请用房。因申请不到住房,给职工生活带来极大的不便,也影响到生产,有些职工甚至要求调回上海市区工作。

第二,文化体育问题。

安亭卫星城既无一所电影院,又无一块操场、一个游泳池。职工要看电影,必须乘车三十余公里赶至市区。流动放映队不定期地放映一些电影,但远远不能满足职工需要。由于没有公共的文化体育场所,职工缺少正当的文化娱乐生活,业余时间热衷于钓鱼、打扑克等,引发很多问题。

① 《关于在我县城厢镇的市属单位职工对市场供应、文化、娱乐、教育、医疗、公用事业住房等问题的意见的报告》,1964年10月28日,上海市档案馆,B11-2-91-19。《嘉定县人民委员会关于在城厢镇的市属单位职工对市场供应、文化、娱乐、教育、医疗、公用事业、住房等问题的意见的报告的补充报告》,1964年11月24日,上海市档案馆,B11-2-91-12。

② 《嘉定县革命委员会关于安亭地区职工生活设施方面若干问题的报告》,1973年6月1日,上海市档案馆,G18-2-109-23。

第三，商业供应问题。

安亭在布局方面网点少，面积小，缺门多。商业网点一般都是只此一家，别无分出。缺少家具、服装加工、糕点加工、钟表、无线电修理的商店；粮店、菜场、理发店等店铺面积小，不敷使用。在供应渠道和供应标准方面：商品供应量少，地处农村，却常年吃不到鸡蛋、河鲜；市区水果大量上市，安亭却分配不到足够数量的质量较好的水果。

第四，子女教育问题

1960 年前，安亭仅有小学一座。为解决安亭卫星城企业职工子女教育问题，1964 年由各厂联合筹办了一所职工子弟小学，经费由各厂分摊。但是后来问题越来越多，包括工厂与地区在招生方面，师资来源及编制问题等。在各厂要求下，1968 年该校教学业务划归普陀区领导，人事编制、经费物资由各厂负责。由于学生逐年增多，该校后来既是小学，又是中学。加上安亭镇领导的安亭师范附属学校，仍无法满足职工需求。幼托地方狭小，许多孩子无法入托。

第五，卫生医疗问题。

安亭仅一家卫生所，存在病床少、医疗水平不高的问题，同时缺科严重，没有齿科、伤科、小儿科、皮肤科和肺科。因此，不仅医疗事故时有发生，而且“许多患病职工，仍要转送市区医院治疗”。

第六，电话通信问题。

安亭地区各工厂的主管局、公司、协作厂和办事处，均在市区。有的工厂并有部分车间仍在市区。因此，和市区通信联络对于各厂的生产业务关系极为重要。安亭电讯支局在 1960 年从仓安亭老街迁来。由于通信设备限制，远远满足不了用户的需要。市区电话出线要经过青浦、松江、虹桥再由市郊台接转。据话务员反映，和市区通话忙时接通率只有 10%左右，一次上海电话往往要花一两个小时，甚至几个小时才能拨通，给工厂工作上的联系和广大群众的正常通话带来了很多不便。有的工厂因生产需要，急需与上海联系，但由于电话极为难打，只得经常把汽车作为通信工具，往来联系。市区的上级机关，有事打不出电话，也往往只得派人坐汽车到厂联系。有个工厂，有次接待外宾，由于电话难打，外宾已到门口，而外事处的电话尚未接通,造成接待工作上的被动。

针对以上问题,市属企业提出要求,包括扩大安亭地区统建工房的建造,在最近三四年内,能达到每年一万平方米左右的水平;建造一座一千五百个座位的简易电影院,一个篮球场和一个游泳池等。

至 1976 年初,安亭卫星城市属企业反映的问题得到部分解决:共建造职工住房 10 849 平方米,增辟商场 700 平方米,扩建了日供二万吨用水的自来水厂,增加了 420 亩蔬菜面积,原有的一所医院、通信设施正计划扩建。但是部分解决犹如杯水车薪。一方面,已建工房供不应求;一方面,商品供应、学校、文化体育等方面的问题一如既往。1976 年初,十个市属企业和安亭镇负责人再次举行座谈会,将问题归类,向上反映。[①]

相比于安亭,嘉定卫星城依托原有县城,基础较好。不过 1963 年、1964 年的多次反映表明,住房、副食品供应、教育、医疗卫生、文娱设施等生活配套问题依旧存在。从结果看,有些问题得到迅速反馈,如 1964 年 11 月嘉定县政府在补充报告中提到:“关于副食品供应问题,本月初已有市商二局和市粮食局、水产局的同志来嘉定开会,已基本上获得解决。”但是“基本上”涵义模糊,而且“基本上获得解决”也只是暂时的。1979 年 11 月嘉定县革委会的一份报告,反映了嘉定卫星城城市建设详细情况。报告提到:有中学四所、小学六所;新华书店已经扩大,并增设了报刊门市部,经售国内外书籍、杂志;医疗机构陆续增设和扩建,现有县中心医院一座,加上其他防治机构,共有病床七百张,医务技术人员五百多名。相较于 20 世纪 60 年代,各方面有了改善。不过报告依旧指出了城市建设中的诸多问题:住房方面,近二十年,虽然建造了近二十万平方米的住房(统建自建合计),但以每年平均计算,只有近一万平方米,远远跟不上生产的发展和职工增加的需要。副食品供应方面,突出的问题是标准低、货源紧、花色品种少,距离不合理,供应网点少。医疗卫生方面,嘉定县人民医院有五百张床位,是面向全县的中心医院,农村病人占门诊的 48%、占住院的 70%,职工看病排队时间长,高年资的医护力量少,设备陈旧落后。“院址迁西门外,城内又无公共交通,普遍反

---

① 《上海汽车厂关于安亭地区各工厂企业主要负责人第二次座谈会的纪要》,1976 年 1 月 9 日,上海市档案馆,G18-2-109-48。

映不方便。”文化体育设施方面，嘉定虽有个解放前设立的小体育场，但无体育馆和工人俱乐部。“仅有的一个不到一千人座位的县年会大礼堂，既是会场又放电影，演戏，往往是会议挤掉电影和演戏，职工反映文体活动少，业余生活枯燥。”①仔细比较，发现 20 世纪 60 年代反映的问题依旧“顽固”存在。

吴泾卫星城情况类似。1980 年，上海市人大代表到吴泾地区视察，当地干部和居民向代表们反映：吴泾现在有六十多个单位，三万多工人，居住在当地的常住户口近万人。但二十年来这里却没有兴建过一处文化娱乐场所。“偌大的一个吴泾，连体育场、游泳池、照相馆也没有一个。由于业余生活枯燥，在这里工作的职工很不安心；已经迁居到吴泾的职工也很不安定，有的宁愿放弃三十多平方米的住房到市区住小阁楼。”②

卫星城中城市建设最先开展、最具雏形的闵行，1978 年的调查显示：住宅“远远不能满足需要”；商业服务网点不足，配套不齐，营业时间短；文体设施较少，只有一座剧院，一个书场和一个体育场，“原有工人俱乐部和少年宫都已被改作中学”；“徐闵线和镇内区间公共汽车末班车太早，闵行西部地区来往市区要换车，花钱多，交通不便，到工农医院不通汽车”。③与民众生活密切关联的配套设施问题，和其他卫星城并无两样。1980 年 10 月，上海电机厂、汽轮机厂、锅炉厂、重型机器厂四厂工会联名向全国总工会呼吁，要求尽快解决闵行城市建设和管理中存在的诸多紧迫问题。1981 年 5 月，国家城建总局赴上海调查组对闵行进行调查，把职工普遍反映的问题概括为“四大难”：买菜、看病、找对象难，文体活动难，乘车难，住房难。④

20 世纪六七十年代，上海卫星城职工生活问题持续存在，说明了城市建设停滞及城市设施不足的事实。⑤这一事实背离了“就地工作、就地生活”

---

① 《关于嘉定卫星城镇建设情况和意见的报告》，1979 年 11 月 29 日，嘉定区档案馆，1-28-18-20。

② 《卫星城镇文化生活设施亟待配套》，《文汇报》1980 年 11 月 9 日。

③ 《关于解决闵行地区生活配套设施的请示报告》，1978 年 10 月 14 日，上海市档案馆，B289-2-89-112。

④ 《上海市闵行卫星城规划建设调查》，1981 年 6 月 9 日，上海市档案馆，B1-9-380。

⑤ 有关松江卫星城 20 世纪六七十年代城市建设全貌的资料没有找到，仅发现 70 年代末松江县革委会向市革委会报告翻建松江剧场，因原剧场于 1958 年建造，多年失修，被鉴定为危险房屋，而群众观看影剧呼声强烈。参见《松江县革命委员会关于翻建松江人民剧场的再次检讨及请示报告》，1978 年 7 月 7 日，上海市档案馆，B257-2-1697-10。

的建设原则。为什么会这样,需要联系时代背景、国家方针政策等因素来分析。

三、滞后原因

上海卫星城城市建设的停滞既反映了20世纪六七十年代全国城市建设的普遍性,又体现了特殊性。因为在政治经济形势的变化影响下,全国城市建设普遍停滞,走下坡路,而卫星城属于大城市规划的一种,这种特殊性导致其城市建设受到更大的冲击。

经历"大跃进"以后的中国亟须调整,国民经济调整时期及之后,国家一再强调"勤俭建国"方针。1962年,国务院副总理李富春在全国计划工作会议总结时说:"城市规划必须从近期着眼,不能再搞那些大城市规划,不能再搞楼馆堂所、动物园、大马路,不能再拆房子……这些是和当前经济形势不相适应的。"1964年,《国务院关于严格禁止楼馆堂所建设的规定》再次强调:在城市规划和城市建设中,必须贯彻执行艰苦奋斗、勤俭建国的方针,非经国务院正式批准任何地方都不得进行高标准的城市建设工程,不得成片地拆迁房屋。①

城市建设再次强调由内而外地紧凑建设和发展。在各地检讨原有卫星城规划建设时,城市建设标准过高成为检讨内容。南昌在检讨城市规划时提到:过去搞城市规划偏重于"大"和"远",同时马路定得过宽(规划为60米宽的干道有13条,80米宽的有1条),沿干道要求建高的、大的、有气魄的建筑。"在执行的过程中,造成城市的摊子摆得较大,某些基本建设不适当地向远郊伸展,过多、过早地占用了农田、菜地,有些建设标准过高,以致城市建设中的内外部关系不够协调,给城市建设造成了一些损失。"②

上海卫星城曾经因"成街成坊"而全国瞩目,但面对新的形势,上海不得不作出深刻检讨。1964年,上海规划建筑设计院指出存在问题:过去总想把上海建设成为"现代化的大城市",在错误指导思想下,城市规划建设追求

①② 《国家经委城市规划局关于城市建设、城市规划参考资料的函》,1964年6月16日,上海市档案馆,B257-1-3569-22。

高规格高标准，没有处理好生产和生活的关系，并扩大了城乡、工农之间的差别。并具体指出卫星城城市建设上的诸多问题：1958年以后贪大求新一时成风，卫星城镇星罗棋布，一条街风行一时，马路既宽且直，住宅讲究美观，楼、馆、堂、所也修了不少。“安亭居住区的幼托所农民誉之为‘小皇宫’。闵行一条街有了百货商店，还要另设妇女用品商店。嘉定沿街商业中一理发店却设了20个座位，经常不能满座。群众称一条街的商店为一等的设备，二等的技术（指理发、照相等），末等的营业（年年亏本）。”①“文化大革命”开始后，经济问题政治化，闵行一条街等被斥为贪大求洋、追求形式、脱离实际，闵行被作为“黑典型”遭到批判，城镇建设遭到阻挠和破坏。②随后，“按照工农结合、城乡结合的方向逐步地进行改造，并严格控制其规模继续扩大”，成为上海卫星城和近郊工业区的建设方针。政府规定，“在这些地区新建的厂房、住宅、学校或其他服务设施，都应当组织群众参加劳动，降低标准，使其接近农村目前水平，缩小差别。”③

工业化主导的战略方针是城市建设滞后的又一大主要因素。新中国成立初期，中央确定了优先发展重工业的工业化战略。对后进国家而言，以工业化推进城市化从而快速实现现代化是一种捷径，也是一种普遍选择。因此，我国确立城市建设总方针是为工业、为生产、为劳动人民服务，尤其强调：城市的建设和发展从属于社会主义工业的建设和发展，城市的发展速度由社会主义工业发展的速度来决定。④

在工业化主导的现代化进程中，工业建设具有物资资源配置的优先权，城市建设附属于工业建设。上海卫星城因工而兴，企事业单位自然是主体，工业生产、科学研究是重心。城市建设虽说与工业建设具有一定的同构性，即工业基础工程如水电、交通等同样是城市建设所需，但是主导的工业建设

---

① 《上海市规划建筑设计院：城市规划工作必须彻底革命》（1964年12月），中国社会科学院主编：《1958—1965中华人民共和国经济档案资料选编：固定资产和建筑业卷》，中国财政经济出版社2011年版，第679—680页。

② 《上海市人民政府办公厅关于上海市郊区卫星城镇情况的调查汇报（2）》，1980年3月20日，上海市档案馆，B1-9-124-128。

③ 《上海市人民委员会公用事业办公室关于今后上海城市建设方针的请示报告》，1966年10月15日，上海市档案馆，B11-1-41-1。

④ 《贯彻重点建设城市的方针》，《人民日报》1954年8月11日。

是政府投资、资源配置的重心。后进国家试图以工业化推动城市化,但是在工业化主导的情况下城市建设的滞后是一种常态。

在推进“一五”计划中,城市建设的滞后曾引起中央领导的重视。毛泽东主席在1956年11月党的第八届中央委员会第二次全体会议上曾以“骨头”和“肉”的关系来作比喻,指出城市建设与工业建设的脱节现象。毛泽东主席说:“前几年建设中有一个问题,就象有的同志所说的,光注意‘骨头’,不大注意‘肉’,厂房、机器设备等搞起来了,而市政建设和服务性的设施没有相应地搞起来,将来问题很大。我看,这个问题的影响,不在第一个五年计划,而是在第二个五年计划,也许还在第三个五年计划。”①上海之所以把“就地工作、就地生活”作为卫星城建设原则,与中央领导的指示不无关系。但是在我国经济遭遇严重危机而底子薄弱的情况下,城市建设不得不让位于工业建设。所以,在各卫星城因生产科研需要而职工人数增多时,遇到了所在卫星城各项配套公共设施无法满足职工需求的尴尬和困境。这样一幅困窘图景与先前的规划不符,也阻碍了卫星城功能的发挥。

第三节　解读闵行一条街

闵行一条街是闵行卫星城城市建设的重要组成,始建于1959年。闵行一条街开创了新中国成立后工人新村的一种新风貌,即成街成坊的建筑形式和风格。该年9月底一期工程结束即声名鹊起,当时有“社会主义新型街道”的美誉。后来上海陆续出现张庙一条街、安亭一条街等,乃至全国各地都有一条街。一条街的建筑模式甚至延续到改革开放以后。②曾经在历史上留下重墨浓彩的闵行一条街,如今已然归于平静。了解这段历史,有助于对上海卫星城城市建设的深入研究。

① 曹洪涛、储传亨主编:《当代中国的城市建设》,中国社会科学出版社1990年版,第69页。

② 改革开放以来全国各地“一条街”模式广泛在各地传播并实践,同时出现了民俗一条街、小吃一条街、服装一条街等,这是新时期对“一条街”模式中沿街建筑的不同演绎。

一、建设源起

1958年9月，为了庆祝中华人民共和国成立十周年，国务院决定进行天安门广场改建以及“国庆十大工程”建设。[①]为什么建设“国庆十大工程”？一是因为建筑是社会主义中国的建设成就及社会主义制度优越性最为直观的体现。正如时任中共北京市委书记处书记、副市长万里所讲：“我们要建设一批‘国庆工程’，反映建国十年来工农业生产和各个方面建设取得的巨大成就，检验社会主义中国已经达到的生产力水平。不是有人不相信我们能自己建设现代化的国家吗，老认为我们这也不行那也不行吗？我们一定要争这口气，用行动和事实作出回答。”[②]二是国庆工程可以作为成果鼓舞和动员人民。时任北京市市长彭真表示，虽然新中国成立以来北京建立了许多工厂，但它们都是生产物质的，“国庆十周年的十大工程，主要是生产精神的工厂，用它来统一全国人民的意志，显示社会主义的优越性和全国广大人民群众的革命干劲，鼓舞和动员人民多快好省地建设社会主义”[③]。

十大工程是新中国成立以来首都北京第一批大规模公共建筑，它的示范意义是清晰的，各地纷纷展开向国庆十周年献礼的建设工程。

对地方来说，自然不可能有国家这样的大手笔。1958年底，上海决定在1959年兴建一批住宅。选择住宅建设，是上海对中央“一手抓生产，一手抓生活”方针的贯彻和落实。“一五”计划实施以来，我国工业建设取得巨大成绩，但城市建设的滞后很快成为突出问题，城市建设脱节于工业建设的现象日趋严重。

上海自1956年确定“充分利用、合理发展”建设方针之后，工业建设逐渐铺展开来。加上原有的欠账，上海的住宅建设无法满足职工要求。为跟

---

① 十大工程包括“人民大会堂”“革命历史博物馆”“军事博物馆”“农业展览馆”“北京火车站”“迎宾馆”“民族饭店”“民族文化宫”“工人体育馆”“华侨饭店”。肖桐主编：《当代中国的建筑业》，当代中国出版社2009年版，第218页。

② 万里：《在北京市国庆工程动员大会上的讲话》（1958年9月8日），《万里文选》，人民出版社1995年版，第48页。

③ 沈渤、李准：《从北京市十七年的规划建设中学习彭真的马克思主义思想》，《彭真生平思想研究》编辑组编：《彭真生平思想研究》，中央文献出版社2008年版，第361页。

上工业“跃进”形势，同时1959年恰是新中国成立十周年，因此上海决定在1959年搞一批“五一”工程、“十一”工程。[①]1959年上海计划建造100万平方米住宅，首先开工30万平方米作为“五一工程”，建造地点主要分布在新工业区，其中闵行占三分之一，即10万平方米。[②]

之所以重视闵行住宅建设，是为了配合闵行地区的工业建设。随着卫星城建设的迅速展开，大型企业的迁建和扩建、工业的发展，闵行工业人口日益增多，广大职工的居住成为必须面对、解决的问题。“各安其居才能乐其业”，闵行住宅建设成为政府的关注重点。

因此，上海重视住宅建设，反映了对中央“一手抓生产，一手抓生活”方针的落实，同时上海试图以闵行为窗口，展示全国第一个卫星城的建设成就。对上海而言，兴建闵行一条街是一项重大的政治工程。但是住宅建设要像十大工程那样引人注目并不容易，只有创新才能“吸睛”，才能承载一定的象征意义。所以，上海试图在闵行创造一种新的住宅模式及风格。

1949年以后，上海陆续建造了一些住宅区及工人新村，但是存在单体设计上单调，只注意经济、忽视美观，布局上否定周边式沿街建筑，公共福利设施不配套等问题。[③]对曹杨新村等工人新村，居民们认为“房子倒是造了不少，可是看不出一个样子来”[④]。居民对各工人新村在商业供应、文化娱乐以及医疗卫生方面尤其不满：“政府照顾住工房，就是购买不便当，东西坏了无处修，情愿搬回老地方！”[⑤]因此，中共上海市委领导对闵行居住区的规划设计提出了高要求：“不论从总体布置或者单体本身来说，既要在内容方面满足人民物质生活上的要求，又要在环境造型方面清新愉快，满足人民的精神生活上的需要；既要表现出社会的思想内容来，又要表现出时代的精神；既能反映人民大众的生活，又能反映社会主义建设的高度发展。”[⑥]

① “五一”工程指在1959年5月1日前完工，“十一”工程指在1959年10月1日完工。

② 《上海市建设委员会关于1959年度第一季度住宅建设问题的报告》，1959年1月8日，上海市档案馆，A54-2-756-1。

③ 汪定曾：《关于上海市住宅区规划设计和住宅设计质量标准问题的探讨》，《建筑学报》1959年第7期。

④ 张敕：《评闵行一条街》，《建筑学报》1960年第4期。

⑤ 汪定曾：《关于上海市住宅区规划设计和住宅设计质量标准问题的探讨》，《建筑学报》1959年第7期。

⑥ 王玄通：《闵行一号路成街设计介绍》，《建筑学报》1959年第7期。

1959年初，中共上海市委领导已确定闵行一条街"成街成坊"的建设方针，"新住宅区一定要成街成坊，要先成街后成坊，要使居民感觉方便，要能够吸引人，使人愿意去，要有城市气氛"。同年3月初，上海市建设委员会召开闵行一条街建设工程会议，要求民用建筑设计院尽快交出一期工程的整体设计图纸以及沿街建筑的单体设计图纸；负责施工的第五建筑公司应于3月20日收到设计图纸后即速申请材料，并做好一切准备，争取4月5日正式开工。①

按照原定计划，1959年先开工的30万平方米住宅工程需在"五一"前完成。但是截至四月底，只开工188 388平方米，基本竣工的仅有22 673平方米，为此上海市建筑工程局作了检讨。②没有如期完成有材料供应不足、征地较晚等原因，但是方案的滞后也是重要原因之一。试想，闵行方案及设计图纸在3月底才交出，又如何能如期完工。于是，市建委决定包括闵行一条街在内的住宅工程全部作为"十一"工程，要求在10月1日前完工。之后，市建委一再指示：30万平方米住宅必须于9月20日成套完工，9月25日前各厂职工迁入新屋。各有关单位纷纷表示，力争完成任务向国庆献礼。③

阴差阳错，原为"五一"工程的闵行一条街成为"十一"工程，时间的变化反而增强了闵行一条街向国庆献礼的象征意义。不过，时间虽然从"五一"延至"十一"，但是从4月动工到10月1日，要完成近十万平方米的工程，仍然是大工程。任务的紧急促使闵行一条街需要"高速"完成。

1959年3月规划建筑方案确定后，民用建筑设计院陈植院长和汪定曾副院长带领张志模、庄镇芬、朱菊生、庄周生等一批建筑师和工程师根据市里的意见挑灯夜战，投入紧张的设计。整体设计图纸如期交付给施工单位，之后针对沿街建筑设计，从制订设计方案到交出施工图纸只花了二十天

---

① 《上海市建设委员会关于闵行一号路住宅工程会议的决定》，1959年3月20日，上海市档案馆，A54-2-756-57。

② 《上海市建筑工程局关于三十万平方米工房没有如期完成的检讨报告》，1959年5月18日，上海市档案馆，A54-2-756-77。

③ 《响应党的战斗号召、反右倾、鼓干劲，力争完成30万平方米住宅迎国庆》，1959年9月14日，上海市档案馆，A54-2-756-83。

时间。

规划、设计“高速”，工程建设更是“高速”完成。作为施工单位，第五建筑公司在接到任务后马上投入工程建设。一期工程分两批完成，一号路北街坊内部为一批，共3万6千平方米，施工期为4月至6月；沿街建筑及路南为一批，4万8千平方米，施工期从7月至9月。近五万平方米的沿街建筑78天完成，后来成为媒介集中宣传报道的重点。这个速度确实是快，因为按照以前施工状况，这样大面积的工程得十个月到一年才能建成。①

闵行一条街不仅要“高速”完成，还得保证是“优质”完成。为了圆满完成这项重大工程，上海集全市之力于各环节，并形成了一套行之有效的机制。

首先，强调思想教育工作。建设初期，摆在工人面前的问题很多，如工作面大、工期短、结构复杂、劳动力不足、材料缺乏、图纸尚未完全齐备等，工人畏难情绪在所难免。例如，在得知国庆节前要完成沿街建筑时，很多工人表示怀疑：“半条街可以，一条街有问题。”为引导工人抛却保守思想，上海市建筑工程局党委召开各公司、工厂党员干部大会，组织全市建筑工人学习党的八届八中全会公报和决议，力争鼓足干劲、多快好省完成任务。负责闵行一条街工程的上海市第五建筑公司积极组织干部整风学习、展开工人思想教育工作，通过座谈会、群众大会，以及贴标语等形式，引导工人克服畏难情绪，激发斗志。经过一系列学习教育后，建筑工人个个欢欣鼓舞，决心“和火箭比速度，与太阳比热度”，纷纷提出新的奋斗目标和新的措施，并以战斗姿态投入一条街建设中。②

其次，积极开展技术革新。闵行一条街工程使用了预制空心楼板，二期工房扩大了预制装配制度，部分阳台、扶梯、屋面也采用装配式构件。这种装配式施工方式当时刚从苏联学过来③，符合“多快好省”方针，但是每块

① 《快准备、快施工、快结尾——“闵行一条街”是怎样建设起来的》，1960年4月，上海市档案馆，A54-1-189-19。

② 《把党的战斗号召变成战斗行动，全市职工竞提跃进新指标》，《解放日报》1959年8月29日，第3版。

③ 1956年起，我国第一次基本建设会议肯定了建筑工业化方向，同年5月国务院颁布《关于加速建筑工业化的决定》，推动了建筑工业化的发展。在民用建筑上，1959年13层的北京民族饭店工程(高48米)采用装配式框架结构，成为中国预制装配结构高层建筑的先例。参见肖桐主编：《当代中国的建筑业》，当代中国出版社2009年版，第372—374页。

800 斤重的预制空心楼板的安装对建筑工人来说是一个难题。有人提出只可用大型吊车进行安装，这样估计每天可安装 120 块，整个一条街需要三个月才能安装完成。[①]若这样国庆节前根本完不成任务，而且大型吊车的租费贵，需要劳动力多。吴松元吊装小队主张用土法吊装，经过刻骨钻研和反复试验，创造了"土法吊装一条龙"。他们的革新创造取得了很好的成绩，第一天就吊装了 104 块预制空心楼板，后来经过不断改进提高后，达到日吊 245 块的纪录。[②]在积极开展技术革新下，工地上除了"土法吊装一条龙"，还出现了"粉刷一条龙""油漆一条龙"等先进施工方法，"一条龙"先进经验后来在全市建筑业迅速推广。[③]

第三，激励建筑工人斗志。施工中，第五建筑公司组织了各种群众性面对面的竞赛，如对口赛、连环赛、表演赛、协作促进赛等，丰富多彩的竞赛形成了紧张活跃、轰轰烈烈的红旗竞赛运动，也使得工人的干劲越鼓越足。这种战斗意志创造了新的生产成绩。如防水队朱兴明小组在一天内突破定额一倍以上，还表示，"闵行一条街一万三千方原计划要三个月才能完成防潮铺油任务，缩短到用二十五天按质按量完成"[④]。吴云江泥工小队原先定额每人每日砌砖一千七百块，在闵行一条街建筑工程中，每人每日的砌砖量跃升到五千一百块，创全局最高纪录。由于该小队的突出成就，共青团上海市委员会授予其"上海市红旗青年突击队"称号。[⑤]

第四，各方协助，形成合力。在闵行一条街建设中，建筑公司内部工区大队之间经常出现相互协作、积极支援的场景。九月末，各工区看到 501 工区如期完成街坊道路和粉刷有困难，主动前往支援。吴云江泥工小队被称作"万能小队"，只要有一点空，他们就主动支援兄弟工种，勾缝、粉刷、沟路、

---

① 《快准备、快施工、快结尾——"闵行一条街"是怎样建设起来的》，1960 年 4 月，上海市档案馆，A54-1-189-19。

② 《上海三万多优秀工人光荣入党》，《文汇报》1959 年 12 月 29 日。

③ 《大力推广"一条龙"先进经验，进一步开展建筑业的技术革新运动》，《解放日报》1959 年 11 月 17 日；《促进技术革新运动，保证施工快速优质》，《解放日报》1959 年 11 月 17 日。

④ 《把党的战斗号召变成战斗行动，全市职工竞提跃进新指标》，《解放日报》1959 年 8 月 29 日。

⑤ 晓谷：《建筑工地的"火车头"——记"跃进青年突击队"不断跃进的故事》，《解放日报》1959 年 10 月 20 日。

打夯等样样都来。此外,在市委组织下,各单位之间相互支援、密切协助。马路上自来水管被推土机压断后,闵行水厂工人从深夜连续奋战 30 多个小时,保证了工地施工用水。①为保证商店及时开张营业,黄浦、邑庙、虹口等几个老商业区抽调了一批人员、设备、商品和资金前往闵行支援。黄浦区调出了三百个商业工作人员,包括服务行业到百货商店、从店主任到勤杂工的全套人马;虹口区有五家店连人带资金全部迁到闵行,充实闵行的商业网,所带的商业资金就有六万七千四百余元;邑庙区在迁调商店中还注意了行业搭配,有吃有穿又有用。②

作为一项政治任务,闵行一条街一期工程集全市之力,如期完工。一期工程结束后,二期工房再次创造高速度的"奇迹":5 万 4 千平方米,10 月份开工,两个半月的时间完工。二期工程建设后期,126 人组成竣工突击队,以 7 天时间把一幢面积达 1 528 平方米工房的所有粉刷、装饰、阳台、扶梯踏步安装、油漆工程等全部完成。建筑人员自己也觉得"这是奇迹"。③

二、多 元 传 播

首期工程完工后,闵行一条街声名鹊起。当时铺天盖地的各类报道突出了这条街声名远扬的三个主要特点。

第一,速度快。第一期成街建筑自 1959 年 7 月 3 日开工,至 9 月 20 日已基本竣工,前后仅花 78 天时间。之前还是一片稻田、水渠和零星的草屋,"十多幢现代化的高层民用建筑物,在三个月不到的时间内从平地上树立起来"④,9 月 30 日所有商店正式对外营业。时人以"平地起楼台""好快的速度""高速度中砌高楼"来形容一条街的建设速度。⑤

---

① 《快准备、快施工、快结尾——"闵行一条街"是怎样建设起来的》,1960 年 4 月,上海市档案馆,A54-1-189-19。

② 《黄浦邑庙虹口等老商业区先人后己,大力支援闵行吴淞吴泾等新商业区》,《解放日报》1959 年 11 月 15 日。

③ 《上海市第五建筑工程公司关于"闵行一条街"大面积工房工程快速施工经验的总结》,1960 年 1 月 17 日,上海市档案馆,B197-1-181-1。

④ 之江:《闵行一号路漫步》,《新民晚报》1959 年 10 月 18 日。

⑤ 水草:《好快的速度》,《新民晚报》1960 年 6 月 4 日。苗进:《高速度中砌高楼——闵行一号路工地访黄师傅》,《新民晚报》1959 年 11 月 13 日。

第二，成街成坊的建设效果。闵行一条街有一条长达550米的柏油马路，马路南北是11幢大楼，其中5幢大楼底层是商店，商店上面是住宅，另5幢大楼是公寓式住宅，还有一幢是六层楼、建筑面积近八千平方米的闵行饭店。在十一幢大楼的两侧和附近，还有着约九万平方米的标准式工人住宅。①商店沿街而设，分布在街道的南北，并形成完整的商业网，有百货商店、理发室、新华书店、鞋帽店、钟表店、南北货商店等。“无论吃的，穿的，用的，看的，玩的，在这条路上一应俱全。”②

第三，设计新、规格高。街道宽44米，中间14米是快车道，两旁2米为绿带，绿带旁再是3米的慢车道，再加2米的绿带，最后是8米的人行道。“它比新辟的肇家浜林荫大道还要宽阔，相当于两条南京路的阔度。”③沿街建筑造型：每幢沿街立面的造型，各不相同，“如果你抬头观看，各座房屋的三、四、五、六层高低参差不平，宛如峰峦起伏；如果你顺着街道看，房屋却又是或大或小，前后凹凸，好象波浪一样，给人以层次分明之感”④，房屋结构是钢筋混凝土，屋内铺有木地板，“房间面积在十八到廿平方米，比一般工人住房的房间大；而且还装有壁橱。每户由二室或三室组成，都有厨房、浴室、厕所和垃圾管道等设备”⑤。

图4-1　闵行一条街

资料来源：建筑工程部建筑科学研究院编印：《建筑十年：1949—1959》，1959年版。

---

①　《闵行“一号街”建成》，《解放日报》1959年10月10日。

②④　《闵行的淮海路》，《解放日报》1959年9月3日。

③⑤　柳正斌：《“闵行一条街”首期工程结束》，《新民晚报》1959年9月20日。

高速度、设计新、规格高、成效好是《解放日报》《文汇报》《新民晚报》等上海主流媒体报道的中心内容，而在肯定、赞叹高速优质之后则是意蕴的升华。

例如，有报道以解放前后的闵行作对比，揭示新中国成立的重大意义：解放前是一片田野，民众生活悲惨，新中国的成立使得闵行发生了“天翻地覆的巨变”。①通过闵行一条街的现代化建筑成就展示社会主义制度的优越性：“只有在社会主义国家里，街道设计和高楼建筑才不会受到土地私有制的限制，弄得面目丑陋不堪。”②介绍闵行一条街上工人的新生活，从工人的喜笑颜开中揭示党对人民的关怀：“使人兴奋的，是新厦里的主人们的生活面貌，他们正奔向共同劳动、集体生活的大道。”③正所谓：“眼前都是黄金屋，党的恩情人共沐。”④把闵行一条街的建成视作对社会主义建设怀疑、反对者强有力的批判武器。“帝国主义和它的奴才们曾经狂妄地断言：共产党只能占领上海，不能管理上海，更不能建设上海。他们天天诅咒我们失败。在我国大跃进的辉煌成就面前，帝国主义的诽谤和污蔑已经彻底失败。”⑤“事实证明：我们的住宅越造越大、越造越好，我们的生活越过越好了。”⑥

闵行一条街的政治意蕴是不言而喻的。作为“新型的社会主义幸福街”⑦，它是新中国形象的展示，是社会主义新上海的代表。这正是《解放日报》等主流报纸展开密集式、高频度报道的关键。除了主流报纸的报道，闵行一条街还有着其他宣传方式。

社会主义新型大街迅速反映到各类文艺作品中。闵行一条街一期工程结束后，很快就被拍成了彩色纪录片。1959 年 10 月初，上海各大影院放映了一部欢庆建国十周年盛况的彩色纪录片。影片从闵行一条街开始，系统

---

① 何慢：《变，天翻地覆的巨变》，《新民晚报》1960 年 10 月 1 日。
② 之江：《闵行一号路漫步》，《新民晚报》1959 年 10 月 18 日。
③ 顾克：《一号路上的新生活》，《新民晚报》1960 年 4 月 22 日。
④ 苏风：《花园锦簇一条街》，《新民晚报》1959 年 10 月 18 日。
⑤ 吴立惠、倪平：《与火箭比速度的人们》，《解放日报》1959 年 10 月 11 日。
⑥ 炳平：《广厦千万间》，《新民晚报》1959 年 10 月 7 日。
⑦ 谢其规：《新城抒情诗》，《文汇报》1959 年 12 月 6 日。

地介绍了闵行一条街的面貌，新建的百货商店、饭店、菜馆、理发店、工人新村等都搬上了银幕，同时新搬入工人宿舍的一对新婚夫妇、汽轮机厂的工人严华平和周素琴也被摄入了镜头。①

不仅有纪录片，在文艺“为人民大众首先为工农兵服务”方针指导下，闵行一条街很快成为作家、艺术家深入“沸腾生活”的重要基地②，形式多样的文艺作品随之产生。

闵行一条街是美术家的“新宠儿”。1959 年 11 月初，上海中国画院唐云、张大壮、江寒汀等十位国画大师到闵行体验生活，他们住在闵行饭店，在二十多天里创作了数十幅国画。③其中一些画作在 1960 年元旦画展上展出。④除了国画家，油画家和版画家等都到过闵行，由此出现了国画、油画和版画不同角度反映“闵行一条街”的作品。油画家周碧初的作品，从鸟瞰角度描绘了闵行新貌，融印象派的色彩表现于坚实的造型之中，手法细腻朴素。⑤版画家邵克萍的“闵行新姿”，运用对比方法，画面前景部分低矮的房屋用作陪衬和烘托，鲜明突出了远景的新闵行雄姿。⑥

闵行一条街还进入了艺术家创作的表演作品中。闵行一条街刚建成，人民沪剧团确定要创作一部新戏——“闵行一条街”；著名滑稽家杨华生、笑嘻嘻创作了滑稽戏“闵行一条街”，作为电视节目播放；上海合唱团的大合唱“闵行一条街”在 1960 年春节演出；人民艺术剧院在 1960 年国庆期间创作了话剧——“浦江红雨”，对比了闵行的过去和现在。⑦负责闵行一条街设计工作的上海市民用建筑设计院，组织业余文艺组织，创作“闵行一条街”三幕

---

① 《上海人民欢庆建国十周年，大型彩色纪录片上映》，《文汇报》1959 年 10 月 6 日。肖影：《“闵行一条街”搬上银幕》，《新民晚报》1959 年 11 月 14 日。

② 《编导、演员熟悉生活，到闵行看“新上海”》，《新民晚报》1959 年 11 月 16 日。

③ 据闵行饭店首任经理胡铨说，有 24 幅画作赠送给闵行饭店作环境布置的艺术珍品。采访对象：胡铨；采访者：包树芳、陆世莘；时间：2014 年 4 月 14 日；地点：闵行区东风一村街道委员会办公室。

④ 《风景好》，《文汇报》1960 年 1 月 15 日。

⑤ 周碧初：《周碧初画集》，上海人民美术出版社 1981 年版，第 34 页。

⑥ 朱旦：《新闵行，新境界——版画“闵行新姿”欣赏》，《新民晚报》1960 年 11 月 5 日。

⑦ 《把英雄业绩搬上沪剧舞台》，《新民晚报》1959 年 11 月 3 日；《明晚电视节目》，《新民晚报》1960 年 1 月 4 日；《歌曲颂新春，歌舞庆丰年》，《新民晚报》1960 年 1 月 21 日；《佳节看好戏》，《新民晚报》1960 年 10 月 2 日。

活报剧,反映了基本建设队伍中的先锋——设计人员在闵行现场设计的场面。他们参加全市基本建设职工和黄浦区的“坚决贯彻总路线、保卫总路线”文艺展览演出,前后共演四场,获得了观众的一致称赞。①

中央领导的视察也是一种重视和肯定。先后视察闵行一条街的中央领导有:朱德、周恩来、宋庆龄、贺龙、陈毅、罗荣桓、聂荣臻、刘伯承、罗瑞卿、谭震林、李富春等。②刘少奇曾对闵行一条街提出两点建议:一是街上的路灯电线应埋在地下;二是街道白杨树冬季落叶、夏天又滋生虫害,应改种四季常青的香樟树。③按照刘少奇的指示,闵行一条街所有电线埋到地下,并在1960年初在街道两旁种下了香樟树。

大众传播媒介及中央领导的视察,令闵行一条街声名远扬。各类群体纷纷来到闵行一条街,或参观或游玩或购物,他们亲身感悟着新中国的伟大成就。闵行一条街的政治意蕴借助这种互动完成了它的成功转移。

外宾的来访参观,实现了闵行一条街对外传播的价值。社会主义阵营的各国领导、代表团,及一些西方国家的友好人士陆续来到闵行一条街。各国领袖有阿尔巴尼亚主席哈奇·列希,越南总理范文同,美国黑人领袖罗伯特·威廉等;代表团有苏联列宁格勒代表团、缅甸联邦政府代表团、阿富汗政府代表团、巴基斯坦政府代表团及其他人民团体。贵宾参观访问的内容主要有:在闵行饭店眺望整个闵行工业区及一条街全貌,漫步一条街,访问工人家庭,参观电机厂等企业。他们无不盛赞新中国建设成就。④

来自全国各地的参观者、旅游者更是最好的传播主体。就城市而言,有来自上海本地、北京、天津等各城市的。就身份而言,有知识分子、工人、农

① 杨金榜:《民用建筑设计院编“闵行一条街”》,《新民晚报》1960年2月21日。

② 中央领导视察闵行一条街,都会到闵行饭店用餐休息。闵行饭店首任经理胡铨在接受采访时提到他先后接待过朱德、周恩来、贺龙等十多位中央领导,印象十分深刻。采访对象:胡铨;采访者:包树芳、陆世莘;时间:2014年4月14日;地点:闵行区东风一村街道委员会办公室。

③ 骆贡祺:《闵行街上香樟树》,《新民晚报》1997年10月21日。

④ 资料来源主要是《人民日报》《解放日报》《文汇报》《新民晚报》相关报道。如《柯庆施欢宴阿尔巴尼亚贵宾》,《人民日报》1960年6月10日;《自由德国青年联盟代表团昨离沪》,《解放日报》1959年12月19日;《海地学联代表离沪》,《解放日报》1960年11月22日;《纳伊姆副首相参观上海工厂》,《文汇报》1959年9月12日;《古巴贝莱斯少校等离沪》,《文汇报》1962年10月9日;《越南贵宾访问工厂公社》,《新民晚报》1964年10月7日;《罗伯特·威廉和夫人上午在本市参观访问》,《新民晚报》1963年10月18日;《奈翁将军参观闵行》,《新民晚报》1960年10月8日。

民、大中小学生，也有工商业者。就组织形式而言，多数是由企事业单位组织的，但“散客”也不少。参观闵行一条街是从1959年9月30日开始的，那天沿街商店开幕，“总计全天参观者和顾客有十万人次”①。之后，全国各地参观者络绎不绝，有时“每天平均高达4 000人次以上”，有时甚至以万计数。②

组织参观是造成闵行一条街参观人气高涨的关键因素。因各单位集体参观都需包车，市郊公路长途汽车客运部门专门在《新民晚报》上登载信息，称“特备一批大小新型客车，日夜出租”，并标注联系电话和地点。③单位组织的目的很明确：让民众接受社会主义教育，积极投入社会主义建设事业。这对各类参观者都是适用的。

工人到闵行一条街，体验到建筑工人高速完成任务的使命感，从而更加火热投入社会主义建设事业。就像生泰翻砂厂工人参观闵行一条街之后发出的感慨一样：“建筑工人二个多月造出这么一条漂亮的街道，这是硬碰硬的事实，所以，我伲今后碰到任何困难，一定不要怕，一定要搞个明白，把今年的生产量翻一番的指标提早实现。”④

知识分子到闵行一条街，在抒发情感的同时决定虚心学习工人阶级的革命品质。⑤1962年老舍参观后赋诗一首《春游小诗》，诗中写道：“十年未作沪江游，十里洋场一笔勾；劳动人民干净土，桃花今日识风流。”⑥在闵行参加劳动的上海师生，认识到投入到广大工农群众中去、投入到劳动的熔炉中去“是知识分子改造的唯一正确的道路”，今后要努力“把自己锻炼和改造成为又红又专、能文能武的新型的知识分子，为社会主义贡献自己的力量”。⑦

---

① 庄珊、先泉：《商店新布局》，《新民晚报》1959年10月18日。

② 《闵行情况介绍参考资料》，1960年4月20日，闵行区档案馆，A7-1-0012-004。

③ 《便利集体活动，出租大小长途汽车》，《新民晚报》1959年12月24日。

④ 之江：《逛新上海，看新建设》，《新民晚报》1960年1月24日。“我伲”是上海郊区方言，即“我们”。

⑤ 胡铨口述，陆世莘、赵凤欣、包树芳整理：《闵行饭店：上海卫星城建设的一面旗帜》，《东方早报》，2015年1月6日。

⑥ 老舍：《春游小诗》，《文汇报》1962年4月22日。

⑦ 《投身劳动熔炉，奔向又红又专，上海师生汇报劳动收获》，《文汇报》1960年1月10日。

工商业者到闵行一条街,亲眼看到社会主义伟大成就,受到了现实的社会主义思想教育。有的说:"社会主义改造之后在国家的统一建设下成就如此巨大,我们还有什么不能接受的。"①

闵行一条街不仅是参观访问之地,也是旅游的好去处。1960 年 1 月上海旅行服务社为市民安排的春节期间游览各地名胜的节目单中,闵行一条街赫然成为上海本市旅游的首选地:"近的可到郊区闵行一条街、马桥人民公社,远一点的可到浙江的雪窦寺、千丈岩和武夷山的水帘洞、天游岩,再远一点的可到北京的天安门和广东的越秀山。"②既是旅游胜地,自然也就成为上海著名景观。1961 年上海市邮电管理局发行的《上海风景》明信片中收进了"上海闵行工人住宅"和"上海闵行一号路"两张彩色照片。③1962 年上市供应的一种精装缎面日记本有上海十大著名景观的插页,其中之一就是闵行一条街。④

随着闵行一条街声名远扬,游人、购物者纷纷来到闵行一条街。在春节期间准确区分聚集于闵行一条街的民众到底是参观者、游人还是购物者十分困难。有报道称:1960 年春节时期的一号路上,"百货商店、花树商店、妇女儿童用品商店的玩具柜上都拥满了顾客。逛街的人群中,除了一号路和闵行镇上的居民外,还有从松江方面摆渡而来的五千多农民,从上海市轮渡送来的一万二千人,由公共汽车、出租汽车送来的游人,就没法统计了"⑤。试想一下:一条长五百多米的街道,拥挤着如此众多的人,该是何等热闹、壮观。

而不论是游人还是购物者,只要他们在闵行一条街,实际上已经是在亲身体验着新中国伟大建设成就带来的"幸福":在琳琅满目的闵行百货商店买东西,在闵行饭店喝酒吃饭,或到俱乐部看戏。体验之后,就会"更深刻地

---

① 《上海市工商业联合会联络委员会关于参观闵行的情况反映》,1959 年 12 月 8 日,上海市档案馆,C48-2-2204-84。

② 《春节旅行多种多样》,《文汇报》1960 年 1 月 26 日。

③ 《难忘明信片上的"闵行一条街"》,《杨浦时报》2013 年 6 月 4 日。

④ 《精装缎面日记本上市》,《解放日报》1962 年 10 月 16 日。

⑤ 朱熙平:《欢乐的闵行一号路》,《新民晚报》1960 年 1 月 29 日。

理解我们的祖国正在一日千里的发展”，“更热爱我们的祖国、热爱我们的党和我们伟大的领袖毛主席”，“更热爱自己的工作，并创造出更多的成绩，使可爱的祖国建设得更加繁荣富强”。[①]

各类参观、考察、游览、购物，是民众与闵行一条街之间的亲密互动。这种互动由于自身的到场，比起看新闻报道、文艺表演、听广播等更直观，感受更为强烈。而各地民众在参观游览后的口耳相传，又进一步扩大了闵行一条街的传播范围和影响。

三、对一条街模式的审视

闵行一条街开创了新中国建立后工人住宅区的一种新风貌，即成街成坊的建筑形式和风格。说起商店沿街，这是一种早已有之的建筑形式，这种形式带来的繁荣景象在上海尚未解放之前的南京路、淮海路等著名街道已有很好呈现。说起成坊，居住区中有饭店、百货商店、幼儿园等生活设施，在上海解放后建造的曹杨新村等工人新村中也已有之。但是像闵行一条街这样“街中有坊、坊中有街”，即以成街建筑为中心组织住宅建筑，同时在街坊内部有各项文化福利设施的，之前没有出现过。

关于是否应沿街建房，建筑界曾掀起一场讨论。1956 年 10 月 25 日，《北京日报》发表了建筑师华揽洪的一篇“沿街建房到底好不好”的文章。文章批评北京此时期沿街建房的普遍现象，认为这是个过时的老办法：居民受街上噪音干扰，不能很好休息；一大批房子朝西，影响生活质量。这篇文章引起了首都广大建筑师的热烈讨论，《北京日报》收到五六十篇来稿，后来陆续发表了张开济、白德懋、陈占祥、戴念慈等建筑界人士所写的八篇文章。从多位建筑师的言论看，完全赞成不应沿街建房的很少，大多数认为不能简单作出结论。提出应该根据具体情况和具体要求，房屋是否可以沿街修建，主要应该决定于房屋本身的用途与性质以及它所面临的街道的方向、交通量、通行车辆的类型、隔离地带的有无或宽窄等因素。有些商业建筑以及生

---

① 朱顺余：《闵行巨变》，《解放日报》1961 年 10 月 22 日。

活福利机构,沿街修建,是非常必要的。这样接近群众,便于集散,对美化市容起很大作用。①

虽然对于是否应沿街建筑,规划、建筑界仍有争议,但《北京日报》也提出:关于这个现实问题“虽然一时得不出结论,但这个讨论对今后城市建设的方向会有好处”②。在“沿街建筑”尚有争议的情况下,负责闵行一条街设计工作的上海市民用建筑设计院起初对成街建筑的规划并没有重视,后来在市委的指示下才最终确定成街成坊的原则。③

建筑设计上的大胆创新,实则受到此时期建筑学界“百花齐放”的影响。1959 年初,建筑学界便对新中国住宅标准及建筑艺术进行讨论。④同年 6 月,建筑工程部及中国建筑学会在上海召开民用建筑标准及建筑艺术座谈会,刘秀峰部长发表了《创造中国的社会主义的建筑新风格》的报告。该报告对新中国成立十年的建筑设计实践作了实事求是的总结,指出了以往建筑实际的不足,提出要紧跟形势、创造社会主义新风格。针对街坊布置特意提到:“要随地形、随自然条件,灵活运用自由式或周边式,不一定都要压红线。”⑤

解放思想、创作新作品,是这次会议的主旨。趁此机会,中共上海市委及市建委负责人邀请全国各地建筑专家及教授举行了多次座谈会,对上海几个地区的街坊布置、九种类型的住宅设计等提出意见。梁思成、林乐义、刘敦桢、吴良镛、黄康宇等众多建筑大家对成街成坊建筑式样展开讨论,专家总体对成街成坊持赞成态度,认为开创了住宅建筑的一个新局面。当然,也有专家不看好住宅沿街,指出苏联的做法是街道分工,“快速干道上住宅后退十几米甚至几十米,次要干道也退入红线三米五米”,同时认为“沿街商店,楼上居住,很易受干扰,应该使商店与住宅隔离”。专家对闵行、张庙一条街具体设计方案提出了一些改进意见。如街与坊应综合考虑,“闵行一条

①② 《北京的建筑师热烈讨论“沿街建房”问题》,《建筑学报》1957 年第 1 期。

③ 汪定曾:《关于上海市住宅区规划设计和住宅设计质量标准问题的探讨》,《建筑学报》1959 年第 7 期。

④ 袁镜身:《关于创作新的建筑风格的几个问题》,《建筑学报》1959 年第 1 期。

⑤ 刘秀峰:《创造中国的社会主义的建筑新风格》,《建筑学报》1959 年第 Z1 期。

街与街后的空间组织，道路、河道以及建筑群之间统一做得不够，应该再加推敲”。“总该有民族形式，如沿街两边，略作装饰。”[①]专家的意见进一步完善了闵行一条街方案。

可以说，对成街成坊的不同意见在闵行一条街设计之初就一直存在，尤其是沿街建房。不过，闵行一条街最终建成，它所呈现出的明朗、和谐、新颖之美，被支持者作为反驳的依据。1960 年 3 月，在全国基本建设会议上，上海市城建局副局长侯任民介绍闵行卫星城和“一条街”的建设经验，提出：只要设计合理，处理恰当，“沿街建造是屏风式”，“沿街盖房子不安静、不卫生、不安全”的观点是片面的。[②]

闵行一条街建成后，赢得了各界人士的赞誉和喝彩，普遍认为它既在城市景观上有立竿见影之效，又带给广大职工生活上诸多便利，是将住宅建设和城市建设结合起来的一次成功尝试。上海在闵行一条街之后，先后建造了多个一条街：张庙一条街、嘉定一条街、天山一条街、安亭一条街、桃浦一条街、松江一条街等。张庙一条街在 1960 年 1 月底竣工时受到了各方的关注，同样好评如潮：“在高速度施工中又打了一个漂亮仗。”[③]

由于上海的成功示范，一条街模式迅速在全国传播，“全国各地新的成街成坊的住宅建设如雨后春笋一般”。[④]在各地实践中，由于只是简单模仿，出现了问题：有的不问朝向立面一律朝街，有的形成山墙一律不许朝街的不成文规定，有的只成街不成坊，大批旧建筑挡在大墙后面。[⑤]一条街模式在全国各地的复制，再次引发了建筑学界对社会主义建筑风格及一条街模式的深入讨论。

上海市建筑学会分别在 1960 年 5 月、8 月组织系列座谈会，探讨社会主义建筑风格问题。1961 年 6 月，华东地区各省市建筑设计单位的设计工程师

---

① 《上海市民用建筑设计院关于邀请全国各地部分建筑专家及教授举行几次座谈会的记录》，1959 年 6 月，上海市档案馆，A54-2-718-122。

② 《闵行卫星城市和“一条街”建设的初步经验》，1960 年 3 月，上海市档案馆，A54-2-1024-147。

③ 《95 天建成又一条社会主义大街，张庙一条街盛装迎春》，《新民晚报》1960 年 1 月 26 日。

④ 张敕：《评闵行一条街》，《建筑学报》1960 年第 4 期。

⑤ 龚德顺、邹德侬、窦以德：《中国现代建筑史纲（1949—1985）》，天津科学技术出版社 1989 年版，第 83 页。

聚集上海,对城市住宅问题进行了一场热烈的讨论。工程师们对一条街模式的推广提出了看法,指出:"闵行、张庙一条街是城市住宅建筑中新的创造,值得发展、提高,但并不普遍适合于各省市实际情况和地区特点,各省市应根据地区特点,结合建筑群体布局,因地制宜,就地取材地创造各自的风格。"①

一条街模式并不适合于所有地区,这一观点的提出纠正了各地一窝蜂的状况。与此同时,上海各建筑工程师、设计专家深入闵行一条街、张庙路、曹杨新村、嘉定工业区等地,结合当地的建筑实例,就"什么是建筑风格的决定因素""新材料、新结构对建筑风格的影响"等问题,至 1961 年 10 月先后举行六次集中深入的讨论。②1961 年 12 月,上海民用建筑设计院以闵行、张庙一条街为实例,就"成街成坊"设计及两个住宅区的建筑风格开展学术讨论。1962 年 9 月,上海建筑学会组织会员再次讨论。在多次交流讨论后,建筑师对一条街模式有了充分的认识,并在"一条街好还是居民新村好"、如何建设一条街等问题上得到了大体一致的结论。

首先,专家们肯定了一条街的建筑风格,同时也指出一条街建筑存在的不足。

对于闵行、张庙两地的建筑风格,民用建筑设计院的专家有着一致的看法:闵行、张庙的规划设计不仅符合社会用途、体现了对人的关怀,而且以定型化与多样化的统一、整洁的街道、优美的绿化、开朗朴素、明快的建筑群,反映了我国社会主义建设朝气澎湃、欣欣向荣的精神面貌。③

因此,专家认为一条街的布局形式较之曹杨、鞍山等新村,有较多优点。同时也指出,由于在规划设计工作上缺乏经验,存在一些问题,如部分公共建筑的项目和规模超出了实际需要,有些行业(如百货、家具店)缺乏一定的仓库堆场等辅助用屋用地,底层店面要求大面积分间导致增加上层住宅建筑的造价。④

---

① 《华东各省市建筑设计单位设计工程师在沪集会探讨城市住宅建筑标准等问题》,《文汇报》1961 年 6 月 27 日。

② 《本市土木工程学会和建筑学会配合生产展开探讨,提高学术活动质量》,《解放日报》1961 年 10 月 20 日。

③ 贺圣山:《上海民用建筑设计院以闵行、张庙为实例讨论成街成坊设计和建筑风格》,《文汇报》1961 年 12 月 13 日。

④ 汪骅:《试论"一条街"的布局形式》,《文汇报》1962 年 8 月 26 日。

其次，专家们指出一条街不宜到处采用。

在规划设计闵行一条街时，上海市民用建筑设计院副院长汪定曾就曾指出：成街的规划并不是仅仅设计一条街的建筑，而是必须结合街坊内部绿化、交通、房屋同时考虑的，这样方不致造成内外脱节，街与坊毫无关系。① 这一观点受到专家的一致认可，他们指出，必须因地因时进行区别对待，其中首要考虑街与坊要配合建设。专家们反对单纯为了追求街景的美观而设置一条街，建议街和坊必须线面结合、同时建设。“像桃浦、安亭等孤零零地建造一条街，而没有成坊的住宅建筑配合，因此就好像一层皮，沿街造住宅既不实用(影响居民安静)，而且也显得过分单调，并不美观。”②认为像安亭、桃浦这种目前新村规模还不大、居民还不多的情况，就不适宜修建一条街，必须要看当前的条件，因时因地制宜逐步建设一条街，“如过多、过快地而不顾条件地建设一条街，从目前所取得的经验来看是不相宜的”③。有的设计人员指出：“在有的地区，街与坊不能同时修建时，也应先建坊后建街。”④

再次，专家们对一条街商业、住宅与交通等问题的处理提出了宝贵建议。

关于住宅、商业中心与交通之间的矛盾问题，专家指出，首先要根据道路性质区别对待，同时考虑相对地集中布置公共福利设施。由于一条街吸引较多的人流，因此不宜在运输繁忙的干道上或过境道路上采取一条街的布局形式，以避免与货运交通的相互干扰。⑤对闵行、张庙一条街，专家认为：它们都不是交通干道，货运卡车禁止通行，所以这样布置是适宜的。⑥

关于沿街商店的用屋如何恰当安排以及街与坊的整体空间如何组织等问题，专家根据闵行、张庙一条街的建设经验，归纳出一些需要注意的地方。如：商店等用屋可以根据建筑功能特点，采取单独设置与结合多层住宅底层

---

① 汪定曾：《关于上海市住宅区规划设计和住宅设计质量标准问题的探讨》，《建筑学报》1959年第7期。

② 《“一条街”好，还是居民新村好》，《文汇报》1962年6月27日。

③ 《上海科技界积极开展技术政策讨论》，《文汇报》1962年9月19日。

④⑤ 汪骅：《试论“一条街”的布局形式》，《文汇报》1962年8月26日。

⑥ 汪定曾、徐荣春：《居住建筑规划设计中几个问题的探讨》，《建筑学报》1962年第2期。

设置的混合布置形式;通过高低结合、虚实结合等方式造成广阔的建筑群体的空间,而不再是沿街两排屏风式的建筑立面。①

最后,专家提出不要局限于一条街模式,应因时因地制宜创造多种布局方式。汪定曾、徐荣春指出,"布置联合的商业机构不及将商店布置在住宅底层容易形成热闹的气氛"这种观点是片面的,不要一味追求一条街模式,"我们认为,在一个卫星城镇或大住宅区中心中,有足够的公共建筑来形成一个完整丰富的建筑群,如果布置得当,同样可以形成一个热闹、便利而美丽的中心地区"。因此,市镇或大住宅区中心,几个小区的联合中心和小区的中心布置方式可以多种多样,既可以采取一条街的方式,也可以采取一条街与中心结合或其他方式,建筑师应该结合远近期建设上的需要,因时因地制宜,运用各种手法来创造出适合当地具体情况的中心布局。②

从 1956 年北京专家关于沿街建筑的讨论,到社会主义建筑风格的讨论,再到一条街本身的讨论,建筑学界的探讨日益深入。"一条街不宜到处采用",以及不要局限于一条街模式,是专家对一条街深入审视的宝贵建议。

不过稍显奇怪的是,为什么在闵行一条街、张江一条街等红火没多久,建筑界就对其"泼冷水"呢?了解这一时期我国经济形势,就能明白一条街模式遭到重新审视的缘由。1960 年后我国逐步开始国民经济大调整。重轻农发展次序改变为农轻重,工业建设压缩战线;勤俭建国方针再次被强调,城市建设降低要求。在严峻的经济形势面前,一条街模式中的高标准、高规格受到质疑。就如北京专家程世抚、郑孝燮、安永瑜、周干峙等专家指出的:"成街成坊的修建方式,对于便利居民生活、便利综合建设、便于统一规划设计施工、和便于形成城市的街景等各方面是有一定好处的。但这并不等于高标准,也不应借以搞高标准的建筑,更不宜勉强凑成。"③

总体来看,1960—1962 年专家们对一条街模式的探讨是理性的。值得注意的是,专家们虽然称"一条街"模式不宜到处采用,但是对闵行一条街始

① 汪骅:《试论"一条街"的布局形式》,《文汇报》1962 年 8 月 26 日。

② 汪定曾、徐荣春:《居住建筑规划设计中几个问题的探讨》,《建筑学报》1962 年第 2 期。

③ 程世抚、郑孝燮、安永瑜、周干峙:《关于居住区规划设计几个问题的探讨》,《建筑学报》1962 年第 3 期。

终是赞誉有加。之所以这样，与闵行一条街的特殊密切相关。

闵行工业建设的突出，是闵行一条街崛起和发展的动力，也成就了闵行一条街的盛誉。各类人员的参观访问并不简简单单地针对闵行一条街，各国代表、中央领导到闵行，各大工厂是视察参观的中心。一条街与企业是一体的，一条街是新工业区的建设成就，离开了工业基石，一条街不可能这么耀眼。

相比较而言，其他各处一条街因没有坚实的工业基石，也就无法真正兴盛起来。同为卫星城的"一条街"，嘉定一条街、安亭一条街远逊于闵行一条街。嘉定一条街自 1960 年施工，到 1961 年陆续完工。沿街建筑虽已建成，但直到 1963 年初，尚未形成居住小区。[①]安亭一条街，就像前文专家所批评的那样，只是孤零零的一条街。

闵行一条街的特殊导致它是无法复制的，从而解释了各处一条街为什么仅能得其形而不能复其实，也印证了专家们对"一条街不宜到处采用"的正确认识。

建筑总是时代的映象，反映着时代的思想和精神。闵行一条街在特殊年代免不了与政治扯上关联，贴上标签、视作符号，并借助大众媒介及与民众的互动传播其政治意蕴。当褪去标签和符号时，建筑物才回归其本真。1990 年，闵行一条街被评为"上海 30 个建筑精品"之一，1999 年又荣获"新中国 50 年上海经典建筑"之"最佳小区特别奖"。[②]

---

① 陈翠芬：《上海嘉定县城中街设计简介》，《建筑学报》1963 年第 3 期。

② 上海市地方志办公室编：《上海名建筑志》，上海社会科学院出版社 2005 年版，第 939—940 页。闵行一条街获奖，是对其建筑理念、建筑风格及质量的肯定。笔者在采访小区居民时，老人们对楼房质量极为肯定，但对为什么质量这么好，大多回答不出来，有的会说：材料好。

第五章　城乡之间的交织与困境

卫星城于农村的意义，上海在1960年初给予清晰阐述：卫星城建设可以加强工农业生产的密切联系和配合协作，促进农业的机械化和电气化的提早实现；卫星城的合理分布和农村居民点的布点规划和建设可以密切结合起来，对逐步消灭城乡差别具有重大的作用。[①]实现工农结合、缩小城乡差别始终是党和政府追求的目标。卫星城被赋予缩小城乡差别的使命，说明国家在厂社、城乡结合的努力和实践一直存在。只是，卫星城能在多大程度上完成它的使命和责任，这是一个问题。本章围绕厂社互动，即卫星城工业主体与社队[②]之间的互动，考察双方在征地拆迁、"三废"污染处理中的交织及呈现的困境，并表明这种困境恰是卫星城成为特殊"飞地"的注脚。

第一节　厂社之间的良性互动

一、公社提供土地等资源

企事业单位是卫星城的主体，它们对以从事农业为主的农村各公社和农民来说是稀罕物。双方有着密不可分的联系：企事业单位需要公社提供土地等各类资源，同时作为"外来客"，在获取资源时给予公社一定补偿和力

---

① 《中共上海市城市建设局委员会关于上海工业布局和城市发展方面的若干体会》，1960年2月，上海市档案馆，A54-2-638-14。

② 社队是公社、生产大队、生产队的简称。

所能及的支援。

公社提供给企事业单位的各类资源主要有三种。

第一，土地资源。征用农村土地是企业扩建或新建的第一步。卫星城积极推进时期，各企事业单位征用了公社大量土地。据市城市建设局1961年9月统计，20世纪50年代后期以来卫星城建设共用地2万多亩。[①]除了企业选址征地，卫星城工业建设所需的道路交通、水运、供电、供水、排污等基础设施，都要穿越周边乡村，甚至安置在周边乡村的土地上。各卫星城中，因闵行基建任务最重，所以1958年、1959年两年中就征用马桥公社一万多亩。[②]征用公社的土地包括田地及民房，所以涉及房屋拆迁。据1961年10月统计，1958—1960年三年中上海、宝山、嘉定、松江和浦东五个县因基本建设需要而拆除的房屋，共有243 046平方米，11 088间，4 799户。其中上海、嘉定、松江三县（卫星城所在县城）共拆除房屋面积135 496平方米，占五个县总面积的56%。由于闵行卫星城建设早、规模大，所以上海县在各县中拆除面积最多，达113 018平方米[③]，占到总数的47%。上海县各公社中，马桥公社拆迁又占有很大比例，据1961年初统计，为闵行卫星城共拆除80 249平方米房屋。[④]

第二，劳动力资源。筑路、供电、供水等基础设施建设，以及企业车间等基础建设在迫切“上马”的形势下，短时间内需要大量劳动力。各建筑工程队在无法满足形势需求时，农村劳动力的补充就极为必要。从实际情况来看，各公社积极投入到卫星城各项基础建设工程。据统计，马桥公社自1959年1月至11月，一共支援闵行卫星城十八万个劳动日。[⑤]具体来看，有参与筑公路的：1959年7—8月农民们加入闵行一号路建设。[⑥]有参与拆迁

① 《中共上海市城市建设局委员会常委扩大会议记录——讨论城市规划和建设管理工作总结》，1961年9月5日，上海市档案馆，B257-1-2388-20。

②④ 《马桥人民公社关于申请提高国家征地中拆迁房屋贴补费的报告》，1961年1月16日，上海市档案馆，A54-2-1331-15。

③ 《上海城建局关于在大跃进三年中因基本建设拆迁郊区房屋的情况和目前存在问题及处理意见的报告（草稿）》，1961年10月，上海市档案馆，A54-2-1331-2。

⑤ 赵棣生、杜述古等：《城乡关系更好了——上海马桥人民公社一年》，《文汇报》1959年12月29日。

⑥ 《上海市第五建筑工程公司关于“闵行一条街”大面积工房工程快速施工经验的总结》，1960年1月17日，上海市档案馆，B197-1-181-1。

任务的:马桥公社组成了专业性的建筑工程队,从事公社房屋拆迁工作。随着拆迁任务的加重,建筑队伍从原有 26 人逐步扩大到 480 余人。①更多的是参与工厂基建。松江九〇一厂自 1960 年 3 月到 7 月上旬止共雇用民工 1 108 工,主要是挖农田灌溉渠、运土方、平整场地和安装水管等。②企事业单位招收农民做临时工,一般从事搬运、辅助、勤杂、养猪等工作,也有从事企业生产的。据 1960 年 8 月闵行的上海汽轮机厂、重型机器厂等五个单位的统计,各单位共招收农民 250—300 人。③

第三,副食品资源。上海远郊是全市蔬菜及农副食品的主要基地。卫星城企事业单位需要的蔬菜,初期是郊区先上缴市里再由上至下划拨,后来调整供销渠道,由附近农村公社安排一部分商品菜田面积,负责供应卫星城职工和居民生活所需。产销形式是菜场同生产队直接挂钩进货。1960 年 1 月闵行区成立后,上海县塘湾公社的火炬大队、马桥公社的友好大队和北桥公社的新民大队、浦一大队、安乐大队负责闵行区蔬菜供应。④这种供应模式避免了迂回运输及损耗,在其他卫星城也得到实行:嘉定卫星城由城镇周围七个农业生产队负责供应蔬菜,安亭卫星城由当地公社负责解决蔬菜供应。⑤不过,除蔬菜外的其他副食品供应,主要还是由市里统一完成调拨。

二、企业为公社带来实惠

各企业在享有公社提供的各类资源时,也给公社及农民带去了很多实惠。一种是物资或资金方面的补偿。企业按照规定付给公社征地费、青苗补偿费和房屋拆迁费,作为征地拆迁的补偿。一些经济条件较好的公社自己出些资金、再加上企业补偿费,尝试改变农村面貌,如马桥公社利用拆迁的旧料

① 《关于闵行工业区征地拆迁工作报告》,1959 年 12 月 19 日,上海市档案馆,A72-2-29-143。

② 《关于九〇一工地雇佣农村劳动力和购买副食品问题的调查报告》,1960 年 7 月 17 日,上海市档案馆,A54-2-1108。

③ 《闵行地区已发现的农村劳动力情况》,1960 年 8 月 19 日,闵行区档案馆,A7-2-0111-012。

④ 《上海市农业局、第二商业局关于调整上海闵行地区蔬菜产销关系的意见》,1963 年 12 月 24 日,上海市档案馆,B45-3-84-56。

⑤ 《上海市基本建设委员会关于嘉定卫星城镇生产、生活配套、材料、供应体制、预算定额和价格以及党的工作的调查研究报告》,1961 年 6 月,上海市档案馆,A54-1-255;《关于安亭工业区职工在生活方面存在问题的综合汇报》,1961 年 1 月 26 日,上海市档案馆,A54-2-1361-15。

和工厂补贴的拆迁费，增加了不多的新材料在闵行北面建造了一个公社居民点，农民很满意。[①]马桥公社的这个公社居民点成为上海农民新村的典型代表，被视作“国庆十周年”的献礼，后来也一直作为参观宣传的典型对象。

此外，一些工厂还为公社大队解决用水、用电问题。上海重型机器厂于1960年、1962年先后给彭渡大队林介、黄介两个生产队所在村庄安装了自来水。[②]上海汽轮机厂帮助塘湾公社建立一个大水塔，解决了一千六百多人的生产、生活用水，做到“吃水不用挑，洗衣不下河”。上海电机厂帮助杜行公社接通生产、生活用电。[③]

除了以上方式为公社带去实惠以外，企业结合自身优势实行生产上的厂社挂钩，为农村的机械化和工业的发展创造了一定条件。一是吸收农村劳动力进厂。如上所述，劳动力是农村公社提供给企业的一大资源，当然这是互利的，农民由此获得了技术、提高了收入。马桥公社友好大队位于上海电机厂西、上海锅炉厂南，处于工厂、学校中心，全大队有1 834人，土地总面积1 809亩，是个人多地少的生产大队。1958年由于闵行工业快速发展，存余部分劳动力进入工厂，因此社员生活水平有所提高和改善。[④]

二是帮助公社发展社办工业，这也是厂社挂钩的主要形式。技术下乡是卫星城各工厂支援公社工业的途径之一。最直接的方式是组织技术工人帮助公社改造农具。据1960年3月至6月底的统计，闵行区各厂工人与上海县各公社的工人、农民一起，普遍检修了电力灌溉设备，先后修理、安装、加工制造了车、钳、刨、钻等92台机床和插秧机、收割脱粒机、土洋水泵等各种家具、工具一千七百多件。[⑤]农业、畜牧业的技术改造推进了生产效率的提升。汽轮机厂帮助塘湾公社农具修配厂木工车间安装了锯料机，比手工操作提高效率一百倍。[⑥]间接的、对公社最有利的技术下乡方式则是帮助公

---

① 《上海工业布局规划和卫星城镇建设的若干经验（二稿）》，1960年1月17日，上海市档案馆，A54-2-765-41。

② 《上海重型机器厂关于报送厂区排水及马桥公社彭渡大队水稻减产会议记录的报告》，1963年2月15日，上海市档案馆，B173-4-281-42。

③⑤⑥　李锦春：《厂社挂钩，大力支援家业的技术改造》，《文汇报》1960年8月19日。

④ 《上海市上海县马桥公社友好大队关于土地问题的文件》，1963年8月17日，上海市档案馆，B257-1-3836-51。

社培养技术力量。培养方式有:由各公社选派人员到挂钩工厂里进行短期培训,或由工厂技术工人带徒弟,或在业余时间上技术课。如:马桥公社农机厂建立后,十几名社员每天步行十多里路去工厂学习技术,两个多月,造出了第一台农用电动机。①

生产扩散是卫星城各工厂推动公社社办企业发展的另一种重要途径。以工厂为主,厂社结合、共同协作,这是20世纪50年代末农村人民公社社办工业迅速发展的主要原因。工厂具有生产资源优势,把一些业务承包给社办企业,对双方都是有利的,对一些社办企业来说更是提供了生存之道。20世纪五六十年代,闵行工厂帮助马桥公社筹建了两家社办企业,直接促使公社有了"第一桶金"。②六七十年代,安亭的上海汽车制造厂生产的汽车零件以来料加工和外包内作的方式扩散给安亭社办农机厂,并为安亭公社汽车配件厂培训技术工人70名。③1964年吴泾化工厂因二期工程建设需要共征用塘湾、曹行人民公社有关生产队土地100余亩,由于历次征用,造成地少人多,如塘湾公社红星队1958年有可耕地2 700亩,至1964年只有700余亩。为了不因征地而减少社员的收入,吴泾化工厂经过劳动局同意后,将零星土方原料成品的短途驳运等杂活,采用发包形式发给红星队承做。④

三、良性互动的背后

综上所述,农村人民公社提供给卫星城企事业单位各类资源,卫星城各工厂也资助、支援周边公社,双方的良性互动是存在的,体现了一种工农互

① 中共上海县马桥公社委员会等著:《向农业机械化进军》,上海人民出版社1972年版,第7页。

② 《上海市人民政府办公厅关于上海市郊区卫星城镇情况的调查汇报(2)》,1980年3月20日,上海市档案馆,B1-9-124-128。

③ 《上海汽车制造厂、安亭农具机械修配厂关于生产扩散协议书》,1966年11月3日,上海市档案馆,G18-2-7-12;《上汽车制造厂革命委员会与安亭公社汽车配件厂签订的培训合同》,1974年,上海市档案馆,G18-2-20-55。

④ 《吴泾化工厂关于请同意将我厂成品、原料、星土方短驳等任务发包给塘湾、曹行公社有关生产队承包,解决与弥补因征地而影响社员生产生活的函》,1964年9月4日,上海市档案馆,B257-1-3635-104。

补、互相促进的关系。不过就双方的良性互动而言，有继续探讨的必要。

首先需要清楚的是，厂社良性互动的有力推手是政府。对公社来说，这些企事业单位犹如“空降来兵”，负责操控的则是政府。公社明白政府的意图：卫星城工业建设是国家建设，是上海工业建设的中心任务。也知晓其中的利害，于是积极配合、服从自上而下的各类指示成为一项政治任务。公社提供土地、劳动力、副食品等资源，是执行政府政策。

各企事业单位在政府的安排和支持下一一在卫星城落地，同时按照政策规定履行相应职责。征地拆迁各项补偿按照国家和市里相应规定处理，劳动力使用也是如此，厂社挂钩更是在党和政府的推动下展开。

由于国家工农业形势变化，政策随之发生变动，企业与公社之间的良性互动也就呈现出阶段性。1958—1960年是双方的“蜜月期”，这一时期双方有着良好的沟通和互动。以最能体现厂社互动的厂社挂钩为例。上海郊区的11个县在1958年底基本实现人民公社化[①]，之后按照国家要求全力发展社办工业。上海要求各工厂在大搞技术革新和技术革命运动的同时，积极支援城乡人民公社工业的发展。1959—1960年初，上海采取区县挂钩、厂社挂钩、厂厂挂钩等措施，促使工业部门帮助郊区人民公社工业发展。[②]卫星城各企业与公社距离近，厂社挂钩成为各企业的重要任务。这一时期企业积极帮助公社发展社办工业。或帮助培训，或把业务承包给社办企业，或直接吸收农民进厂。

1960年下半年起，由于“大跃进”运动带来的粮食减产及严重后果，国家缩小社办工业规模，压缩社队企业劳动力，同时精简城市职工，充实农业第一线。之后，国家进入国民经济调整时期。社办工业衰落，原本进入卫星城各企业的农民被一一退回公社，厂社挂钩不再被提起。六七十年代，社办工业起落多次，和卫星城一些企业之间有零星联系，但是成效不大。[③]

所以，卫星城企业和公社之间存在良性互动，但是具有阶段性。1960

① 中共上海市委党史研究室：《艰难探索(1956—1965)》第1册，上海书店出版社2001年版，第132—133页。

② 《进一步大抓巩固推广提高，使技术革命不断开花结果》，《文汇报》1960年5月9日。

③ 农村社办企业在1958—1977年期间经历了几次兴衰，但并没有真正发展起来。参见于秋华：《中国乡村工业化的历史变迁》，东北财经大学出版社2012年版，第245—248页。

年初，上海市建委在总结卫星城建设经验时提到，卫星城的建设使得“工农两利”“城市建设和农村建设得到了很好的结合”。[①]这种密切关系及良好成效只是体现在特定时期。当然，厂社之间的互动是不可避免的，这从各企业落地农村就已开始。政府推动及政策规定确定了一些原则性问题，具体怎么操作需要厂社双方展开交涉。相较于政府的推动、政策的变动及其带来的固定结果，厂社之间的交涉更具有历史的丰富性，也更能解读双方关系。厂社之间的交涉主要集中于两方面：征地拆迁问题，污染问题。为了追求自身利益最大化，双方在交涉中矛盾丛生，甚至引起冲突。

第二节　征地拆迁中的厂社关系

在公社提供给各企事业单位的各类资源中，土地是最宝贵的。土地是农业建设根基、农民安身立命之本。企事业单位征用的土地中，有农田也有农民宅基地。征用土地牵涉甚广，既涉及征地、青苗等补偿费，也涉及房屋拆迁、劳动力安置和农民生计。所以企事业单位在公社征地，既是工业建设的需要，又须照顾到农民生产生活。征地拆迁之事，一方面需要厂社之间的交涉，另一方面又显然不仅仅关乎厂社之间。

一、基于利益的交涉和矛盾

征用农民土地，企事业单位须按照相关征用政策和规定给予补偿和资助。有的企业甚至会给予公社一些额外的支持，比如解决用电、用水问题。从公社角度来说，认为向企业提供了土地，企业的资助是应该的，在和企业交涉时，往往会提出过高的要求。1973 年吴泾化工厂纯碱工程上马，需征用塘湾公社 74 亩土地。塘湾公社提出了三个条件：第一，帮助他们建立一个小型工场(公社付钱)，搞些工厂的综合利用或某些产品的简单加工等，以

① 《上海工业布局规划和卫星城镇建设的若干经验(二稿)》，1960 年 1 月 17 日，上海市档案馆，A54-2-765-41。

增加公社的收入;第二,提供三、四台机床;第三,能多供应一些化肥。这些条件在公社看来顺理成章,而工厂方面则有较多的无奈,但由于征地影响农民生活,厂里讨论后决定帮助公社搞一个硫铁矿渣利用的小工场。①

在征地拆迁上,厂社双方有着各自利益,因此在履行自身义务时往往会出现问题。有时是企事业单位没有按照规定给予补偿。为妥善解决拆迁户居住问题,1958 年起规定除拆迁补偿费外,工厂还需贴补建筑材料。根据马桥人民公社的经验和参照其他单位拆迁补贴的情况,1960 年上海市基本建设委员会初步规定了拆迁农民房屋的材料补贴标准:每平方米建筑面积补贴木材 0.05 立方米,水泥 24 公斤,钢筋 1.5 公斤。②1961 年 8 月,马桥公社因为上海电机厂、上海锅炉厂、上海重型机床厂三家工厂未能提供补贴木材约 440 立方米,且多次与工厂交涉无果后,由上海县政府向市建委、农委、城市建设局转报情况请求帮助解决。③之后各工厂有了一些动作,可是并没有补足,1962 年底马桥公社经上海县政府向上海市公用事业办公室转报:还有遗留下来 19 户拆迁户未安排,未能安排原因主要由于有关征地单位至今尚未将应补贴木料补齐,还有约 186 立方米木料未补贴。④之后各工厂又补贴了部分,但是还没补足,于是 1963 年 7 月公社经上海县政府又向上海市经济计划委员会报告,要求帮助解决木料 115 立方米。⑤

有时是公社配合不够或提出不合理要求。1959 年春上海滚动轴承厂在闵行征地 54 亩,土地上住着农民 16 户,该厂当即付给马桥公社征地费、青苗补偿费和房屋拆迁费等四万余元,后来按照规定于 1959 年 12 月付给公社木材、水泥、玻璃、洋钉、煤等拆迁材料。公社最后安排 13 户农民,余 3

---

① 《吴泾化工厂革命委员会关于为塘湾公社办小型工场和提供机床等的请示报告》,1973 年 4 月 23 日,上海市档案馆,B76-4-745-5。

② 《关于处理基本建设中拆除农民房屋问题的通知》,1960 年 9 月 16 日,上海市档案馆,B123-4-1235-33。

③ 《上海县人民委员会报请督促建设单位拨付在我县马桥公社拆迁民房应补贴的木材》,1961 年 8 月 11 日,上海市档案馆,A54-2-1331-49。

④ 《上海县人民委员会关于马桥公社拆而未建房屋所需木材请帮助解决的报告》,1962 年 12 月 29 日,上海市档案馆,B257-1-3063-94。

⑤ 《上海县人民委员会关于我县马桥公社拆而未建房屋所需木材请帮助解决的报告》,1963 年 7 月 3 日,上海市档案馆,B257-1-3500-31。

户仍留在原地。民房在厂区内,给工厂安全、生产带来不少影响,企业认为拆迁补偿早已给公社,要求公社安排居民迁出,而公社说拆建有困难。为此事,1963 年 3 月上海市建委、农委和城建局等单位到现场了解情况、召开现场会议。后来该厂与公社一再联系,公社同意拆迁,但要求厂里协助解决红砖 20 万块、费用 7 000 元。于是滚动厂向农业机械制造局申请拨款 7 000 元,但被驳回,要求继续与马桥公社沟通,按照市的有关规定办理。①

厂社双方的交涉实质是利益的交涉,交涉往往与矛盾交织在一起。厂社之间因为征地拆迁时常需要交涉,不论问题出在哪一方,双方若不能心平气和地坐下来商讨,都会给对方留下负面印象。当这种交涉需要上级的介入才有望解决时,意味着双方交流之门已经关上。

由于土地征收与农民的切身利益密切相关,所以征地拆迁一事不仅牵涉政府、公社、企业,农民也极易卷进,从而形成更为复杂的状况。

安亭卫星城自 1960 年兴建以后,集中征用了安亭人民公社塔庙生产队 1 100 多亩土地,导致该生产队耕地面积减少 42%,农业总收入在一年中减少 30%。②这对塔庙生产队的农民来说事关生计,即使企业按照规定给予补偿,也只能解决一时之需。农民的不满引起了政府的重视,最后上海市城市建设局同意公社提出的移民并建造农民新村的要求。③

1961 年上海电化厂在安置农民房屋拆迁过程中也遭遇了农民不满。④位于吴泾卫星城的上海电化厂在征地建设后,和很多企业一样,留下了一个“后遗症”——四十多户农民继续居住厂区内。⑤上海电化厂向城建局写报告:厂内杂居农民,小孩奔走嬉戏,容易出安全事故。工厂称已给公社民房

① 《上海滚动轴承厂关于征地、拆迁工作及马桥公社用地的报告、批复》,1963 年 3 月,上海市档案馆,B257-1-2884。

② 《关于安亭人民公社塔庙生产队组织移民急需另建居民点的请示报告》,1960 年 11 月 20 日,上海市档案馆,A54-2-1129-66。

③ 《上海市城市建设局关于安亭工业区征地拆迁的处理意见》,1961 年,上海市档案馆,A54-2-1331-168。

④ 以下材料参见:《中共上海市委关于同意安置上海电化厂厂区农民拆迁后居住房屋并征用土地的批复》,1961 年 7 月至 12 月,上海市档案馆,A54-2-1315-83。

⑤ 国民经济调整时期,在尽量少征地少拆迁的政策规定下,许多工厂厂区内的居民未搬走,从而形成农民进出工厂、农民在厂区内烧饭生活的现象,这也导致安全、工厂保密问题。为此,工厂与公社、政府之间会展开多年交涉。

拆迁贴补材料，但是这些农民始终没有迁走。公社这边也很无奈，因为这些农民不愿住进已经建好的新村。中共上海市委同意城建局提出的原拆原建适当改善的办法，建造平房，解决43户农民拆迁问题。可是工作推进很不顺利，直至1961年9月，在市建委、市农委、上海电化厂、市民用设计院、闵行区建筑公司、塘湾公社、上海县建设科各部门负责人开会讨论，取得一致意见后决定10月份开始建造平房。

可是一波未平一波又起。闵行区建筑公司在陈家宅建造平房过程中，遭到当地农民的阻挠，导致工程无法继续。县政府后来派人检查，发现主要原因是：(1)征用土地，公社未通知到生产大队，地上的青苗、私人树木处理赔偿费用工厂未丈量贴补到队；(2)电化厂废气、作物赔偿费未协商解决；(3)农民要求工厂接装电灯，工厂未答应。

后来在上海县政府、公社和大队、工厂多方商议下，第(1)(2)点问题中涉及的各类补偿由工厂贴补到位。[①]大队承认对农民教育不够，向厂方表示道歉，也希望厂方改善紧张态度，将关系搞好。农民这边的诉求基本解决，但是公社仍然希望工厂能提供材料，将空斗墙改为实墙。面对公社的要求，上海电化厂去函：12月3日市建委、市农委、城建局以及上海县等单位曾到民房拆迁工地，大家均认为这批民房造得较好，标准亦较高，空斗墙有很多优点，其他公社的拆迁中很多采用空斗墙，既节约又实用，特别在目前砖瓦材料供应困难的情况下，为了节约国家物资，贯彻勤俭建国方针，公社应进一步向社员做好说服工作。

最后空斗墙是否改为实墙，从档案中看不到结果。以上案例表明，征地拆迁一事牵涉甚广，农民作为切身利益受损者，若问题得不到解决，极易加剧厂社之间的矛盾。厂社之间凡是因征地拆迁发生矛盾，政府各部门的介入是必然的。不管最终处理结果如何，厂社之间的矛盾已然存在。

二、基本建设用地检查中的企业和公社

以上厂社之间的矛盾聚焦于企业征用土地引发的补偿、拆迁安置问题，

① 档案中未提到第三个问题的处理结果。

企业征用土地还牵涉到一大问题:土地使用问题。新中国成立后,我国坚持基本建设应节约用地的原则,这既符合勤俭建国的建设方针,也是发展农业的需求。20世纪五六十年代,尤其是国民经济调整时期,我国多次开展基本建设用地检查,要求用地单位退还土地给农民。上海卫星城各企事业单位(主要是企业)征用农村土地数目不小,成为上海基本建设用地检查的重点对象。在土地的"征"与"退"之间,由于立场不同,利益诉求不同,企业与公社之间存在一定的张力。

(一)基本建设用地检查

基本建设应节约用地,该原则在1953年"中央人民政务院关于国家建设征用土地办法"中已作强调:"凡征用土地,均应由用地单位本节约用地的原则。"①

"一五"计划实施期间,西安、成都、太原等重点工业城市征用大量土地用于工业建设。在此过程中出现了多征少用、早征迟用、征而不用的现象。"大跃进"运动兴起后,各地轰轰烈烈兴办工厂,基本建设规模急剧扩大,用地问题不再是数地而是全国性的问题。针对全国一哄而上的情形,1959年8月,内务部下发对国家建设征用土地进行检查的通知。主要检查三方面问题:(1)早征晚用、多征少用和征而不用的现象;(2)用地单位忽视审核手续,不经批准自行占用土地和拆除房屋;(3)不给补偿或补偿过少。②

随后而至的国民经济各领域全面调整时期,因压缩基本建设战线、加强农业战线,基本建设用地检查在全国普遍展开。1962年4月10日,国务院转发内务部《关于北京、天津两市国家建设征用土地使用情况的报告》,并指出,报告中反映的情况虽不是全部的、确切的调查,但是可以看出占用、浪费土地的情况是严重的,要求各地应当立即进行基本建设征地情况的检查,并明确处理规定:对于征而不用、多征少用、早征迟用的土地,应当一律退还当

① 《关于抄发"中央人民政务院关于国家建设征用土地办法"的命令的通知》,1953年12月16日,上海市档案馆,B26-2-212-26。

② 《内务部关于要求对国家建设征用土地工作进行检查的通知》,1959年8月7日,上海市档案馆,A54-2-739-91。

地的人民公社和生产大队，处理得越快越好，不要耽误生产，多占的土地不许用来搞机关副食品生产，已经用了的也必须退还。[①]10 月，针对一些地方的检查工作没有抓紧进行，以及利用种种借口不愿意把土地退给群众的情形，国务院批转内务部《关于各地方各部门检查征用土地使用情况的综合报告》，重申处理规定，并比之前增加了要求：在退还征而不用的土地时，一律不许向生产队收回补偿费或赔偿投资拆旧等费用；对于那些坚持不退还的部门、单位，应当查明情况，予以严肃处理。[②]

从 1959 年用地检查开始，上海卫星城的企业就成为政府部门的重点关注对象。1959 年 4 月，市城市建设局向市委的报告中提到几个工业区土地浪费现象相当严重，首先介绍的就是闵行卫星城：26 个用地单位征用的 5 230 亩农地中，有新通机器厂、上海机器厂、炼焦厂等八个单位的 838 亩地，征而未用或早征迟用，部分土地荒芜三个季度。[③]1960 年上海市基本建设会议上，市农业委员会领导在报告中介绍了 1959 年 12 月重点抽查 20 多个用地较多单位的情况，其中重点提到了闵行区的上海重型机器厂、上海电机厂、吴泾煤气厂、吴泾化工厂在基本建设用地中土地浪费荒芜的情形。[④] 1960 年 9 月，市城市建设局向市委呈报用地检查的报告中明确提出：浪费土地现象以闵行、吴淞、彭浦等地区最为严重，其中问题比较突出的在闵行地区。并列举：上海重型机器厂征地 1 949 亩，实际使用 906 亩，未用土地达 1 043 亩，除由公社耕种 466 亩，自种 177 亩外，空荒竟达 400 亩。上海锅炉厂征地1 175 亩，实际使用仅 458 亩，征而未用土地 717 亩，其中已交公社耕种 417 亩，自种 112 亩，空荒 188 亩。上海电机厂，1958 年以来征地 914 亩，已用 604 亩，未用 310 亩，其中自种 228 亩，空荒 82 亩。[⑤]

---

① 北京政法学院经济法教研室编印：《基本建设法规资料汇编》（上册），1981 年版，第 196 页。

② 杜西川、徐秀义编：《中国土地管理法律大全》，中国国际广播出版社 1990 年版，第 380—381 页。

③ 《中共上海市城市建设局委员会关于征地浪费和影响农民利益情况的报告》，1959 年 4 月 27 日，上海市档案馆，B257-1-863-36。

④ 《关于基本建设用地情况——上海市农业委员会宋日昌在 1960 年基本建设会议上的发言稿》，1960 年，上海市档案馆，A54-2-1014-5。

⑤ 《中共上海市城市建设局委员会关于基本建设中浪费土地及影响农业生产问题的检查报告》，1960 年 9 月 20 日，上海市档案馆，A54-2-1107-26。

1960年10月,上海市城市建设局的一份报告指出了卫星城浪费土地较为严重的情况:在全市多征少用、征而不用、早征迟用的土地11 233亩中,各卫星城浪费土地为5 356.5亩,所占比例高达47.7%。其中,最大的闵行卫星城是浪费土地最严重的,达3 436.6亩,在卫星城中占比64.2%。①

从基本建设用地检查结果看,卫星城浪费土地十分严重。顺理成章,卫星城各企业成为退地工作的重点对象。

(二)不愿退地的企业

卫星城于1959年底确立在城市布局中的地位,闵行、吴泾以及1960年初新开辟的四个卫星城,正准备在征用土地后大规模兴建,谁知基本建设用地检查紧随而来。高频率、地毯式的用地检查,及日益严格的退地要求,让各企业猝不及防。一场牵涉政府部门、企业、公社的退地拉锯战由此展开。

表5-1 1960年10月上海卫星城检查和处理浪费土地情况

地区名称	原征而未用数(亩)	已交公社数(亩)	原空荒数(亩)	空荒土地处理情况			
				交公社种	已耕种	已作处理	仍荒芜
浏河	64	22	42	—	—	—	42
吴泾	776.7	314.2	229	—	112.7	13	103.3
闵行	3 436.6	1 743	1 126.7	83.2	338.2	54.4	650.9
安亭	391.9	211.6	219.5	8.4	—	76.5	134.6
嘉定	321.8	237.5	137.3	45.9	12.6	34.8	44
松江	365.5	67.2	237.1	—	—	—	237.1
合计	5 356.5	2 595.5	1 991.6	137.5	463.5	178.7	1 211.9

资料来源:《上海市城市建设局关于检查处理基本建设浪费土地的请示报告》,1960年10月5日,上海市档案馆,A54-2-1107-35。

1960年10月用地检查的阶段性总结,反映了六个卫星城处理征而未用土地的情况。征而未用是指企业已办理征用手续,土地预备但最终并未用作企业基建及生产。从表中可知,其中近一半在后来退还公社。空荒土地的处理也是多样,有交公社种的,有企业自种的(表中"已耕种"指企业自

① 《上海市城市建设局关于检查处理基本建设浪费土地的请示报告》,1960年10月5日,上海市档案馆藏,A54-2-1107-35。

种),也有作其他处理的(多是企业作仓库等基本建设用),但仍有一千多亩是荒芜的,占原空荒数61%。从对空荒土地处理结果来看,企业自种是主要处理方式,再加上企业其他处理方式,远超交给公社耕种。

对企业来说,宁愿自种也不愿意退还给公社,这是保留土地的途径。上海锅炉厂在退还公社417亩之后,将其他空余荒地120亩全部开垦,绝大部分播种了卷心菜、小白菜、萝卜等耕作物,其余十边土地播种蚕豆和大麦。① 上海电机厂也是自种土地的典型:征而未用310亩,其中自种228亩,空荒82亩;而且自种的200多亩在调查时尚未解决饲料问题。②市委工业工作部要求上海电机厂认真处理,并将结果上报。十天之后,上海电机厂呈报处理情况:"关于我厂1958年以后基建用地情况,我们作了认真的检查和实地观察,除了已建成的厂房和正在施工的场地外,能种的已全部种上农作物,没有空荒土地情况。"③

1960年,企业自种有着政策的支持。面对粮食紧张局势,中共上海市委在中央号召下提出自力更生、大搞副食品生产的方针。在该方针指引下,企事业单位专门派干部主抓蔬菜、养猪、蘑菇三类副食品生产。于是,各企业办养猪饲养场,"做到干部下猪棚,政治下猪场",同时划地种蔬菜、蘑菇,并积极举办种菜、养猪、栽培蘑菇等业余讲习班。④ 1960年9月,上海市基本建设委员会开会讨论企业利用已征未用土地展开副食品生产的问题,并请一些动作迅速、已挖种的企业介绍经验。⑤1961年初,闵行区各企业还对当年种植蔬菜作了规划。14家企业共规划了337.1亩成片播种以及125.7亩的十边播种。⑥

---

① 《上海锅炉厂汇报我厂闵行新厂用地检查情况》,1960年10月23日,上海市档案馆,A36-2-437-37。

② 《上海市电机工业局为检查与处理在征用土地中浪费土地作出报告由》,1960年8月,上海市档案馆,A54-2-1108-35。

③ 《城建局关于有关工厂基建用地浪费问题的通知和有关单位的检查报告》,1960年8月至1960年12月,上海市档案馆,A36-2-437。

④⑥ 《上海市闵行区1961年副食品生产规划(草案)》,1961年2月5日,闵行区档案馆,A6-1-0077-001。

⑤ 《上海市基本建设委员会关于基建征地中浪费土地限期挖种的会议记录》,1960年9月23日,上海市档案馆,A54-2-1107-1。

表 5-2 1961 年闵行部分单位种植蔬菜面积计划

单 位	成片播种面积(亩)	十边播种面积(亩)
汽轮厂	23	14
电机厂	32	30
重型厂	93	33
发电厂	24	2
新民厂	41	14

资料来源:根据《上海市闵行区 1961 年副食品生产规划(草案)》(1961 年 2 月 5 日)整理制作,闵行区档案馆,A6-1-0077-001。

正是有政策支持,各企业在检查出来的空荒土地上采取自种作为解决方式,并声称这是响应中央大办农业、大种十边号召,符合市委对"不浪费一寸土"的号召。从表面上看,企业这么做符合方针。但是,企业自种局限于蔬菜、饲料,而且企业并无农业专业人士,更为重要的是,如果企业都采取这种方式,那么退地工作就很难顺利展开,大办农业大办粮食的方针也就不能得到有效贯彻。对此,中共上海市委、市政府很清楚,所以对 1960 年 10 月市城市建设局的统计结果并不满意,要求各企业在认真检查下退出更多可退之地。1960 年 11 月初,市城市建设局要求上海电机厂将 264.1 亩土地退给公社①,可见并不认同该厂"能种的已全部种上农作物,没有空荒土地情况"的处理结果。

之后,各企业的退地工作继续进行,问题也继续存在。一些企业采取不理睬、不合作的态度,不愿配合退地处理。如上海电机厂并没有马上按城市建设局要求退还土地。又如,1961 年 1 月初,嘉定县政府呈报市农委、城市建设局:经检查,有 68 个市区工厂、企业事业单位在嘉定县所属地区不办征地手续擅自占用农田 1 468 亩,经数次催促,要求退交公社耕种或迅即补办征地手续,但这些单位绝大部分口头同意,背后不动,也有的不表示态度,甚至推却责任。②

① 《上海市城市建设局关于收回上海电机厂已征土地的函》,1960 年 11 月 5 日,上海市档案馆,A54-2-1108-39。

② 《上海市嘉定县人民委员会关于报送我县范围内基建浪费用地已进行检查情况和存在问题的报告》,1961 年 1 月 4 日,A54-2-1332-31。

1961年1月起，上海规定各用地单位征用土地必须获得市委批准，进一步收紧征地政策。同时，市委再次下达关于检查和处理多征少用、征而未用等浪费土地现象，并作出必须在春耕前退回给公社生产队耕种的指示。闵行、吴泾两大卫星城成为重点要求退地对象，城市建设局通知退地的面积为3 679亩。[①]

这一次用地检查，先是由闵行区委对上海重型机器厂、上海电机厂、上海汽轮机厂、上海锅炉厂、上海重型机床厂、上海碳素厂、吴泾化工厂等16家单位进行检查；接着城市建设局另行派人会同闵行区委、上海县、有关公社、生产队、电机局、冶金局等单位分别去各企业展开核查并对闵行、吴泾卫星城有浪费土地的单位进行全面复核；最后农村工作委员会和基本建设委员会一起会同城建局就闵行、吴泾几个大厂的用地情况进行现场复查。[②]

经过一轮又一轮的复查及处理，闵行、吴泾卫星城企业浪费土地情况基本查清，推动各企业退地工作。从1961年4月统计结果来看，闵行和吴泾浪费土地的单位共28个，各单位退交公社耕种的土地有3 174亩，其中闵行2 859亩，吴泾315亩；这些退地数中已由建设单位和生产队订立退地协议书的有16个单位1 829亩土地，正在签订协议的有10个单位1 345亩土地。[③]退还土地占应退土地总数的82%，用地检查及处理取得了一定成绩。

政府方面的压力、催促或督促是大多数企业必须面对的，但企业不愿退交的心态仍是明显的。以自种蔬菜、稻谷为理由在这轮复查处理中已不能作为企业的“挡箭牌”，上海电机厂后来不得不将多余土地退给公社。[④]不过企业还有其他办法。就如城市建设局在报告中说：“少数单位虽经数次协商反复催促，但强调特殊原因退地并不坚决。”[⑤]这里所说的特殊原因，有强调

---

①③ 《上海市城市建设局关于闵行吴泾两工业区内基本建设浪费用地的检查情况和处理意见的报告》，1961年4月，上海市档案馆，A54-2-1332-14。

② 《上海市城建局等关于市内及闵行、吴泾地区等基建浪费土地的来往文书、报告和市委、中共上海市委基本建设委员会的批复》，1961年3月至11月，上海市档案馆，A54-2-1332。

④ 《上海电机厂关于基建推迟后暂余土地的情况汇报》，1961年3月26日，上海市档案馆，B257-1-2519-10。报告中提到：城建局提出退地264.1亩，经核查有出入，将237.3亩交给公社耕种。

⑤ 《上海市城市建设局为请速检查并督促你局所属单位的基建浪费土地退交公社耕种由》，1961年3月15日，上海市档案馆，A54-2-1332-48。

保卫保密工作,强调堆场、饲料场需要,等等。在城市建设局的复查中,发现有13个单位227亩土地因为已经用于基本建设施工场地、材料肥料堆场等而不能退出;有5个单位126亩土地因工厂生产管理保卫保密等关系,不同意退出;有3个单位38亩土地因受有害气体和烟灰影响,种植不好未曾退出;另外有50亩土地由4个单位种植饲料。还有个别企业继续采用争种十边的方式,或强调厂区完整,不愿退交。[①]这些特殊原因实际上成为企业与各方谈判的筹码。企业以这些原因作为退交的理由,划地也可多可少,就如上海汽轮机厂有征而不用土地116亩,但只同意退交20亩,其余土地声称要大搞副业及保卫保密、堆场等需要。[②]进一步讲,堆场这方面企业是可以"有所作为"的,或者摆些材料,或者说今后有需要。在养猪饲料地被认可的情况下,有的单位借口养猪,实际上种蔬菜粮食,不愿退地。上海电机厂沿厂边缘地有13亩种植了水稻,生产队要求退出,该厂推脱种饲料不肯退。[③]

总体而言,这轮复查处理大大缩小了企业拒绝退地的空间。1961年8月市委提出了更为收紧的退地政策。提出三种土地可以暂时不退:(1)已经用于基本建设或者确定即将用于基本建设,其时间不超过一般作物的一熟生长周期的必需用地;(2)在厂区中心或者确实与工厂生产管理、安全保卫、保密有关系的土地;(3)受有害气体烟尘影响,种植不好的土地,以及边角零星土地,或公社、生产队认为不便耕种的土地。并进一步明确:今后凡因基本建设多征少用、征而不用的浪费土地,应立即退交生产大队及时耕种,不能随意改变用途,或种植蔬菜、饲料,饲养家禽家畜。如确实需要饲料地亦应征得县、公社、生产大队的同意,可以利用上述三种土地进行种植,不宜过多占用整块土地;如果必须使用不在上述暂时不退范围内较完整的土地时,应该经过市及区(或系统)的副食品领导小组,根据饲养任务和用地比例进

① 《上海市城市建设局关于闵行吴泾两工业区内基本建设浪费用地的检查情况和处理意见的报告》,1961年4月,上海市档案馆,A54-2-1332-14。

② 《上海市城市建设局为请速检查并督促你局所属单位的基建浪费土地退交公社耕种由》,1961年3月15日,上海市档案馆,A54-2-1332-48。

③ 《上海市城市建设局关于征用土地及用地检查处理情况文件》,1962年,上海市档案馆,B257-1-2835-55。

行审查,并报经建委、农委批准后方得正式使用。①

随着 1962 年、1963 年国家多次下发文件要求严抓基本建设征用土地检查,上海响应号召持续深入开展检查及退地工作,企业后退之路更为狭窄。1962 年 12 月,上海市政府向国务院汇报,截至十月底,检查出 239 个单位有征而未用的土地约4 680 亩,除了 634 亩土地尚在研究处理外,其余土地均已或即将退还给公社。②1963 年 6 月,上海县在报告中反映,1962 年间在马桥等 16 个人民公社 50 多个生产大队范围内共检查出 104 起浪费土地现象,各建设单位退出 2 023.277 亩。加上 1961 年共退出 4 770.823 亩。1963 年以后再次检查,到 5 月底,共有 21 个单位又退出土地 302.964 亩。现正在继续协商退地中的还有 12 个单位,约有 130 亩土地。③

经过反复不断地检查和处理,企业应退可退之地增多。退还土地中,不仅包括较大的、整块的土地,而且包括一些零星小块土地。据上海县统计,闵行几家大厂在 1962 年检查处理中基本上退出了较大的、整块的土地。如上海锅炉厂两次共退出整块土地 621 亩,重型机器厂退出 712 亩,上海电机厂退出土地 312 亩,其余退出土地在 10 亩以上的约占该年退地总数的 50%。至 1963 年,退交的土地大多是小块零星土地和过去未能解决的可退土地。④

对企业来说,各种不配合依旧存在。有的故意拖延与生产大队签订退地协议,有的干脆不执行政府退地指示,有的声称保留备用地,有的强调保卫保密需要不愿退出厂区内的土地。⑤在处理副食品生产用地上,政府要求退回给公社,于是各企业采取了迂回措施:先把土地退交生产队,再向生产队租种以发展副食品生产。档案资料显示,企业租种生产队土地的方式搞副食品生产所占用的土地并不少。⑥而上海锅炉厂则在退地过程中采用了

① 《中共上海市委关于同意所属基本建设委员会和农村工作委员会对闵行、吴泾两工业区内基本建设浪费等用地处理意见的批复》,1961 年 8 月 6 日,上海市档案馆,A54-2-1332-1。

②⑤ 《上海市人民委员会关于上海市征用土地使用情况的报告》,1962 年 12 月 13 日,上海市档案馆,B257-1-2833-150。

③④ 《上海县人民委员会关于报送基本建设用地的检查和处理情况的文件》,1963 年 6 月 27 日,上海市档案馆,B257-1-3167-16。

⑥ 据上海市 1962 年统计,市属各单位 1958 年起因发展机关副食品生产而使用的农村土地,经过积极的处理,目前占用的土地还有 3 600 余亩,其中大多数都是向生产队租种的。参见《上海市人民委员会关于上海市征用土地使用情况的报告》,1962 年 12 月 13 日,上海市档案馆,B257-1-2833-150。

把土地借给生产队的形式。1962年7月,位于闵行的上海锅炉厂和马桥公社紫兴生产队签订协议书,双方约定,除了退还的45.5亩,锅炉厂将暂时不用土地22.9亩借给队方耕种,并说明:如今后厂方因生产需要使用时不再办理用地申请手续,但厂方应事先通知队方并尽可能待农作物成熟收获后交还使用。①不论是退还后再租地还是借出土地,都是企业在政府步步紧逼之下的应对之策。

实际上,各企业不配合退地的行为并不只是主观上的不愿退交,有的确实是客观需要。比如,虽然一些工程因计划变更或撤销导致基建停止,但是因生产需要一些工程仍然会上马,所以一些企业保留备用地是为了今后需求。在和生产大队签订的退地协议中,往往也会对此作以下说明:今后因建设需要生产大队应该退还。从后来情况看,一些企业确实因生产扩大或建设需要,申请收回已退土地。政府对企业申请审核比较紧,1962年10月上海电机厂申请收回已退土地19.8亩,最后同意收回7.19亩。②不过政府也不得不重视企业生产建设的需求,上海重型机器厂在1963年以后多次申请收回已退土地作新建金工、加工车间所用,每次申请都被批准。③由此可见,多轮复查处理使很多企业处于无地可退状况,政府认为"过去基建征地中浪费的现象是严重的,而可退的土地潜力也是很大的"④,实际产生了严重的后果:当生产建设需要土地时已无地可用,这颇类似于"竭泽而渔"。最后政府又不得不给予解决,即允许企业收回已退之地。

再如厂区内征而未用土地,企业不愿意退交,之前还能以保卫保密需求作为保留理由,1962年后在政府高要求下,厂区内整块土地必须被退给公

① 《上海锅炉厂关于检送退地协议书的文件》,1962年7月19日,上海市档案馆,B257-1-2879-58。

② 《上海电机厂关于要求收回基建用地的报告》,1962年10月18日,上海市档案馆,B257-1-2879-21;《上海电机厂关于上报调整退地协议书的文件》,1962年11月9日,上海市档案馆,B257-1-2879-7。

③ 《上海重型机器厂关于调用厂区土地的文件》,1963年6月5日,上海市档案馆,B257-1-3228-60。《关于上海重型机器厂收回已征土地的请示》,1973年5月28日,上海市档案馆,B246-1-600-102。《关于上海重型机器厂收回退地的请示》,1974年8月3日,上海市档案馆,B246-1-672-129。

④ 《上海县人民委员会关于报送基本建设用地的检查和处理情况的文件》,1963年6月27日,上海市档案馆,B257-1-3167-16。

社耕种。农民进出工厂确实不利于农民安全和企业管理，企业不得不与生产队在协议书上写明：队方所有人员只限在退地范围内集体进厂进行耕种，未征得厂方同意队方一切人员不准任意出入厂区。①另外，可以想象厂区内有一块或几块农田的场景，究竟是工厂还是田地？

虽然政府的政策使得企业用地进一步压缩，不过一些企业仍在寻找空间。直至 1966 年，政府依旧发现征地过程中的诸多问题，如企业私用公社土地、贪多求大、不履行征地协议等。②企业与政府的博弈在退地过程中持续进行，企业不愿退交的心态明显。而企业退地不仅与政府密切联系，也与公社有着密切关联。

（三）退地中公社的诉求

企业退地，直接接收方是生产队，而生产队背后是公社，乃至所在县政府。作为接收退回土地的一方，公社、生产队有着自己的利益诉求。

公社对企业退地的不满主要体现在三点。第一，对企业退回土地的不满。1963 年 6 月嘉定县政府把企业已经退还给生产队耕种的土地分为以下几种情况：有的是征后未用；有的大片土地经过填土、取土，原有土质已被破坏，或者河浜堵塞，排灌、施肥等方面都有困难；有的已做过施工场地或生活用地，需经翻垦、平整后才能耕种；有的土地受有害气体影响，等等。③其中并没有详细说明后几种不良土地的具体数字，但从所述看公社对退回土地有着明显的不满。企业在政府的高要求检查处理中，用地空间日益缩小，一些有问题的土地也被要求退回，公社对此不满在所难免。

第二，对企业应退不退行为不满。企业在退地过程中采取各种方式，尽量不退或少退，对企业的应退不退行为，有些生产队有抱怨："现在全党全民，各行各业都在支援农业，但是为什么还有少数单位，对应退的土地不肯退还给生产队耕种使用，这是什么道理。"④一些公社在企业拖延不退后，多次向上汇报要求政府介入解决。⑤

---

① 《上海锅炉厂关于检送退地协议书的文件》，1962 年 7 月 19 日，上海市档案馆，B257-1-2879-58。

② 《上海市纺织工业局转发市人委批转上海市城市建设局关于当前征地拆迁工作中的问题和处理意见的报告的通知》，1966 年 8 月 5 日，上海市档案馆，B257-1-4644-1。

③④ 《嘉定县人民委员会关于恢复和扩大耕地面积情况的汇报》，1963 年 6 月 16 日，上海市档案馆，B257-1-3503-16。

⑤ 《上海市上海县马桥公社友好大队关于土地问题的文件》，1963 年 8 月 17 日，上海市档案馆，B257-1-3836-51。

第三,对企业赔偿的不满。企业退回土地涉及作物赔偿,有两种情况。一是企业在已退土地上耕种蔬菜或下种青苗,处理方法一般是:蔬菜由企业收割,收割后交给生产队耕种;生产队适当补偿企业所需种籽,至于已施肥料及已废劳力,企业都无偿支援农业。二是企业未经征地手续征用公社土地,该土地已由公社耕种秧苗,后来企业退还该土地时秧苗受损,或者企业迟退土地影响农时造成歉收。第二种情况的处理比第一种要复杂,有些特殊情况往往需要政府各部门与企业、公社、生产队经过多轮协商。上海金属加工厂位于松江卫星城,1960 年 2 月新建,至 11 月初先后共征用土地 380.54 亩,而实用土地 436.3 亩,多用土地 55.76 亩。①该厂事先未办理征地手续,又未和城西人民公社联系,动土埋设水管时损坏油菜秧苗,对此公社、生产队意见很大。公社、生产队多次和该厂联系,但金属加工厂并未理会,双方在政府部门介入下,于 1961 年初才有了协商结果。金属加工厂支付给生产队青苗赔偿费、土地迟退造成歉收赔偿。②

在赔偿问题处理中,企业和公社、生产队之间时常有争论,公社、生产队对企业赔偿经费不满,企业对公社附加条件也不满。如上述金属加工厂退地赔偿一事中,金星生产队提出部分白田赔偿问题,企业认为该项白田并不在因建设而设计的土地范围之内,所以认为不合理。③总之,退地是牵涉企业和公社双方利益的事,其中既有公社的不满,也有企业的不满,由此争论、协商成为常态。

土地是农民安身立命之本,争夺土地及其附着物,表面看来是农民惯有思维所致,不过若考虑到时代背景,发现这一时期公社、生产队对企业退地的不满有着深层次的根源。“大跃进”造成工农业发展比例失衡,“三年自然灾害”加剧了农村的悲惨境地。在严峻的农业形势面前,多一份土地对农民就意味着多一份生存希望,公社、生产队自然盯紧企业退地,也自然对企业应退不退等各种情况心生不满。

除了严峻的农业形势,上海远郊地少人多境况是又一重要根源。上海

① 《关于上海金属加工厂多用土地和在油登港取土问题的情况报告》,1960 年 12 月 24 日,松江区档案馆,0006-12-0022-0236。

②③ 《松江县委基本建设委员会关于上海金属加工厂擅自动土埋设水管损坏油菜秧苗的情况报告》,1960 年 11 月 22 日,上海市档案馆,A54-2-1268-35。

远郊农村本来就是地少人多，卫星城在各远郊兴建以来开辟、征用了大量农田，地少人多问题逐步凸显。国民经济调整时期，在加强农业第一线的号召及贯彻精简职工、压缩城镇人口的指示下，上海远郊公社接受安置了大批外地工人、学生、城镇居民回乡参加农业生产，地少人多矛盾更加突出。

1963 年上海县在报告中称，因不少生产队在征地后已存在地少人多的问题，再加上城镇人口回乡，更无土地可以安排生产和生活。如马桥公社友好生产大队，原有 3 600 亩可耕地、1 600 人口、500 余个劳动力，1958 年、1959 年共征用 2 000 余亩土地，全大队只剩可耕地 1 100 亩，平均每人只有八分土地，已很紧张。全大队 1959 年总收入 317 644 元，1960 年只有 288 344 元。而自 1961 年以来，从城镇与各工厂陆续回乡生产劳动力共有 300 余人。由于陆续退到 600 余亩可耕地，稍微缓解了土地问题，平均每人八分土地，否则每人平均只有五分土地，生产便很成问题，甚至无工可以安排。友好生产队从干部到群众普遍反映，如没有这些土地退给生产队种，社员生活便不能维持。①

嘉定县同样存在地少人多问题。长征公社红旗生产大队位于城区，属纯蔬菜大队。该大队在 1959 年以前有可耕地面积 1 432.5 亩，农业人口 1 563 人，劳动力 532 名，每人平均土地有九分多。到 1964 年，共征用土地 646 亩，有人口 1 950 人，劳动力 780 人，每人平均土地只有四分多。嘉定县城西公社、城南公社也有类似情况。因此，生产队对土地的要求十分迫切，对基建多余的土地，该退而没有退的单位，意见很大。此外，地少人多的困境不仅让公社、生产队对退地特别在意，而且对基建单位继续用地十分敏感。国民经济调整时期，虽然各企业工程遭遇下马，退还土地，但是工业建设是国家既定方针及举措，继续征用土地展开生产建设是迟早之事。一旦继续征地，对地少人多的公社无疑是雪上加霜，“对社员的生产、生活将带来更大问题”②。

卫星城企事业单位建设的征地需求与公社对土地的需求之间的矛盾成为当时的普遍问题。1963 年，上海金属加工厂向市农村工作委员会、松江县

① 《上海县人民委员会关于报送基本建设用地的检查和处理情况的文件》，1963 年 6 月 27 日，上海市档案馆，B257-1-3167-16。

② 《上海市嘉定县人民委员会关于国家基本建设征用土地前后的基本情况和存在问题处理的报告》，1964 年 5 月 8 日，上海市档案馆，B11-2-87-15。

政府汇报该厂与金星生产队之间关系，指出征用金星生产队大量土地已使该队的情况和社员的生活起了一定的变化：90%以上的社员口粮全由国家供应，资金也靠社员自己负担。因该队集体资金积累很少，不能克服在生产及社员生活上两种困难，社员意见较多，同时该队干部在贯彻各项工作中也产生了一些畏难情绪。上海金属加工厂自1960年在松江征地建厂，就一直因征地退地、青苗等补偿问题与生产队有矛盾，从以上1963年汇报可知，该厂与生产队关系已很紧张，而这种紧张关系源于企业与农民对土地需求之间的矛盾。生产队存在的困难不是上海金属加工厂能解决的，所以工厂向上汇报，希望上级有关部门研究解决。对此，松江县政府在批复中指出县政府无法处理，请农办解决。而农办答复，这个是普遍性问题，要等待市里开过会再做决定。①

第三节 “三废”污染及处理中的厂社关系

上海卫星城因工而兴，尤其是闵行、吴泾卫星城为重化工业生产基地，“三废”污染不可避免。“三废”污染中，废气废水的危害更为突显。至70年代末，我国对“三废”污染治理缺乏科学、系统、完善的制度和措施，因此污染持续存在。上海卫星城各企业与周围农村公社因为污染问题常起纠纷，严格说来主要是厂群之间的矛盾，但公社是社员利益的代表，公社担负着与工厂协调解决的职责。由于从各自利益出发，企业与农民、公社之间的较量、矛盾始终存在，这也成为厂社之间的一道难解之题。

一、卫星城“三废”污染及危害

“三废”是废水、废气、废渣的简称。“三废”来源于厂矿生产使用的原料、材料和燃料。有的是直接流失的原料或材料，如铁矿粉、硫酸、火碱等。有的是在生产过程中产生的副产品，如硫化物、氢化物、焦油等。有的是原材料、燃料里面的夹杂物，如冶金渣、化工渣、炉灰等。②在工业化、城市化进

① 《上海金属加工厂关于建厂后与生产队关系的汇报》，1963年5月25日，上海市档案馆，B257-1-3219-8。

② 郝正平：《化害为利的一件大好事》，《人民日报》1965年8月16日。

程初期,"三废"是主要污染源。

"三废"与企业生产行为紧密相关。上海卫星城因工而兴,企业发展迅猛,"三废"污染随之产生。因卫星城多为重化工业,"三废"性质复杂,危害严重。

（一）卫星城"三废"排放严重

1960 年 9 月,上海市化工局对全市化工厂进行调查,划出废气废水最为严重、亟须解决的 30 家工厂。其中,吴泾的上海焦化厂、吴泾化工厂、吴泾天原分厂、中联二厂,每月污水排放量排首位,每月废气排放量排第二,仅次于桃浦工业区。

表 5-3　1960 年各区化学工厂污水废气排放情况

区　域	厂　　名	每月污水量（吨）	每月废气量（万 m^3）
桃浦区	第二制药厂、泰山化工厂、润华染料厂、远东、华兰、桃浦厂	155 730	1 550
闵行区	上海焦化厂、吴泾化工厂、吴泾天原分厂、中联二厂	276 000	1 320
长宁区	天星化工厂、上海树脂厂、泰新染料厂、天原化工厂、五洲药厂、华恒化工厂、华亭染料厂、九福药厂、上海赛璐珞厂	7 200	320
吴淞区	上海硫酸厂、高桥化工厂、上海农药厂、新中化学厂	1 970	1 200
闸北区	利生化工厂、恒信化工厂	—	420
普陀区	大丰化工厂、上海硫酸厂第一车间	960	200
卢湾区	华贸化工厂	—	123
徐汇区	开源化工厂	75	—
南市区	开明化工厂、上海助剂厂	—	—

资料来源:《中共上海化工局党委关于化学工厂污水废气综合利用和处理的报告》(1960 年 9 月 23 日),上海市档案馆,B76-1-427-15。

吴泾卫星城各企业废气废水排放的严重引起政府的持续关注。1961 年城建局针对吴泾展开具体调查,结果显示,吴泾卫星城已投入生产和正在建设、扩建的十一个工厂,废水处理情况不容乐观:无毒害或已做处理至无害的只有三家,有严重毒害性、目前尚未作出完善处理的有六家,尚未投产、但投产后有严重危害性的有两家。在废气方面,妨害周围环境和生产的是上海焦化厂的沥青气,上海电化厂的氯气,以及上海焦化厂、吴泾热电厂和上海碳素厂的烟灰。“这些废气目前均未作有效的处理。”废水废气类型及涉及企业情况如表5-4和5-5所述。

表5-4　1961年吴泾卫星城企业废水类型

废水类型	无毒害或已做处理至无害的	有严重毒害性,目前尚未作出完善处理的	尚未投产,但投产后有严重危害性的
工厂	卫生陶瓷厂、联合加工厂(建工局)、联合加工厂(城建局)	上海焦化厂、上海电化厂、永星洗涤剂厂、上海碳素厂、吴泾热电厂、硫酸盐砌块厂	吴泾化工厂、合成橡胶厂

资料来源:《上海市城市建设局关于解决吴泾地区工业废水危害问题的意见》(1961年8月21日),上海市档案馆,A54-2-1337。

表5-5　1961年吴泾卫星城企业废气类型

废气类型	沥青气	氯　气	烟　灰
工厂	上海焦化厂	吴泾化工厂、上海电化厂	吴泾热电厂、上海碳素厂

资料来源:《上海市城市建设局关于解决吴泾地区工业废水危害问题的意见》(1961年8月21日),上海市档案馆,A54-2-1337。

严重毒害性废水大体上可分为三类。第一类是含酚废水,上海焦化厂每天有11 033吨,上海碳素厂每天有3 120吨,后者还含氰化物0.64 mg/L(酚的口服致死量为8.5克,卫生标准为0.001 mg/L,氰化物含0.1—0.2 mg/L,即会毒死鱼类,卫生标准为0.1 mg/L)。第二类为烟灰废水,达PH13—14(浓酸性),硫酸盐砌块厂每天有500吨,严重影响附近农民生活用水和灌溉。第三类是硫酸含砷废水,如永星洗涤剂厂每天有142吨内含砷40 mg/L、氟1 600 mg/L的废水。①

吴泾卫星城的这些化学工厂因其污染而受到关注。上海焦化厂被称为全市含酚废水的“超级大户”。②上海碳素厂生产时烟尘弥漫,是个有名的“黑

① 《上海市城市建设局关于解决吴泾地区工业废水危害问题的意见》,1961年8月21日,上海市档案馆,A54-2-1337。

② 《上海焦化厂党委在批林批孔运动推动下依靠群众自己动手治理废水》,《文汇报》1974年10月12日。

灰"工厂,群众说"碳素厂的麻雀也是黑的"。[①]吴泾化工厂在氯磺酸生产中,每天排放大量三氧化硫、氯化氢、氯硫酸等有害气体,是当地的污染大户。[②]

五个卫星城中,吴泾是"三废"污染典型代表,政府有过调查。由于六七十年代"三废"调查工作尚未充分展开,因此缺少其他卫星城"三废"污染的总体情况。从资料来看,各卫星城企业都存在一定的"三废"排放。闵行卫星城以机械工业为主,坐拥上海电机厂、上海重型机器厂、上海锅炉厂、上海汽轮机厂"四大金刚"。各企业排出的废水、废气长期未得到有效处理。[③]嘉定、安亭、松江三个卫星城"三废"情况相对来说不严重,主要因污水排放影响居民生活用水。如据1961年底调查安亭十家企业,有七个工厂均有工业废水排出。[④]1970年市革委会工业交通组的一份计划:"从七二年至四五规划末期,争取解决吴淞、高桥、吴泾、闵行、松江、嘉定等地区的工业污水问题。"[⑤]这说明吴泾、闵行、松江、嘉定卫星城工业污水问题都很严重。松江卫星城是"三废"排放不大突出的一个,但直至1981年,松江县城每天有3.8万吨工业废水和生活污水排入水体,蒸汽锅炉和工业炉窑很少有消除烟尘装置,月每平方公里降尘量已大大超过标准,还有大批工业废渣未能及时处理。[⑥]此外,档案中卫星城企业与社队持续的纠纷,说明"三废"排放长期存在。

（二）卫星城"三废"危害严重

卫星城建在远郊,被农村公社所包围,"三废"污染对公社社员的生产和生活带来严重危害。

首先,造成农田歉收。

上海县因邻近闵行、吴泾、龙华等工业区,成为"三废"危害较为严重

---

① 《依靠群众战"三废","黑灰"工厂改面貌——上海碳素厂革命委员会在上海市治理三废工作会议上的发言材料》,1976年5月,上海市档案馆,B246-3-127-19。

② 《上海市环境保护局关于检查1977、1978年建设项目执行"三同时"情况的报告》,1979年12月18日,上海市档案馆,B1-9-45-111。

③ 档案中缺少闵行卫星城"三废"排放总体情况,不过"四大金刚"废水废气污染公社农田、影响农民生活的相关档案不少,上海重型机器厂污水问题甚至长期存在。

④ 《上海市城市建设局关于安亭工业区工厂的工业废水危及饮用水源和农田灌溉的报告》(1961年12月11日),上海市档案馆藏,档案号:A54-2-1336-37。

⑤ 《上海市革命委员会工业交通组关于解决"三废"污染和今后规划的简况报告》,1970年10月,上海市档案馆,B246-2-555-15。

⑥ 《本县报送市政府〈松江总体规划〉材料》,1982年2月,松江区档案馆,0006-23-0035。

的远郊县城。1961年上海县全年损坏农作物面积共计6 351.245亩,减产粮食444 591.8斤,减产油料9 112斤,减产棉花16 517.3斤,减产药材2 512.5斤,减产蔬菜4 038 607斤,其他199 477斤。[①]1962年共计损害面积有2 598.665亩,其中粮食面积927.865亩,共减产粮食141 841.12斤。另外,油料29.44亩,减产896斤;棉花56.46亩,减产3 270.10斤;蔬菜1 437.39亩,减产1 334 865斤;其他(药材等)36.69亩,减产54 186斤。还有社员自留田110.82亩。[②]1963年上海县境内受到损害的各种农作物共达三千五百七十亩,减产粮食十八万三千多斤,减产棉花(皮棉)二万九千六百多斤,减产油料九千多斤,减产蔬菜七千五百多担,减产药材七千三百多斤。[③]

在上海县各公社中,毗邻闵行、吴泾卫星城的马桥、曹行、塘湾、北桥公社所遭到的“三废”污染问题最为严重。下表显示,1961—1963年三年中,马桥、塘湾、曹行、北桥四个公社农作物受损面积达到上海县的65%—82%,比例不可谓不高,且逐年上升。

表5-6 1961—1963年上海县马桥、塘湾、曹行、北桥公社受损农作物面积

年 份	上海县受损面积(亩)	马桥四公社受损面积(亩)	占比(%)
1961年	6 351.245	4 127.175	65
1962年	2 598.665	2 053.638	79
1963年	3 570	2 915	82

资料来源:《上海市上海县人民委员会关于报送1961年度征地拆迁与工厂废气污水煤烟损坏农作物处理工作情况的报告》,1962年3月20日,上海市档案馆,A54-2-1460-174;《上海县人民委员会关于我县1962年度因工厂废气污水减产粮食等农作物和减去我县1962年度国家基建已征用的土地面积以及借地后的减产粮一并报请增补的报告》,1963年2月7日,上海市档案馆,B257-1-3499-1;《上海市上海县人民委员会关于工厂废气、废水等影响我县农业生产和居民生活的检查情况报告》,1964年4月6日,上海市档案馆,B11-2-98-10。

① 《上海市上海县人民委员会关于报送1961年度征地拆迁与工厂废气污水煤烟损坏农作物处理工作情况的报告》,1962年3月20日,上海市档案馆,A54-2-1460-174。

② 《上海县人民委员会关于我县1962年度因工厂废气污水减产粮食等农作物和减去我县1962年度国家基建已征用的土地面积以及借地后的减产粮一并报请增补的报告》,1963年2月7日,上海市档案馆,B257-1-3499-1。

③ 《上海市上海县人民委员会关于工厂废气、废水等影响我县农业生产和居民生活的检查情况报告》,1964年4月6日,上海市档案馆,B11-2-98-10。

公社与企业之间是复杂的交叉关系：一个公社受污染企业可以是一个，也可以是几个，同样一家企业影响到一个或几个公社，见表5-7。

表5-7 1963年闵行区有关工厂废气、废水等影响农作物情况

单位	生产公社	问题	影响情况
吴泾化工厂	塘湾	有害气体外溢	影响附近995亩农田作物生长，减产粮食17 479斤，棉花（皮棉）7 195斤，蔬菜3 881担，药材41 486斤，厂方赔偿生产队损失31 322元
上海碳素厂	曹行	1. 沥青气体和一氧化碳外溢 2. 烟灰外扬 3. 废水排入附近河浜	影响附近农田725亩作物生长，减产粮食38 605斤、油菜4 135斤、棉花（皮棉）5 908斤、药材2 255斤，厂方赔偿生产队9 589元
上海焦化厂	曹行 塘湾	1. 炭黑烟灰 2. 沥青气体	影响附近960亩农田作物生长，粮食减产58 353斤、油料4 714斤、棉花（皮棉）11 067斤，蔬菜减产8 000斤，药材减产8 175斤，厂方赔偿生产队损失15 156元
八一电机厂	北桥	烟灰影响	影响附近25亩农田作物生产，减产粮食1 485斤，蔬菜8 467斤，厂方赔偿生产队损失615元
上海电化厂	塘湾	1. 氯气和二氧化硫气体外溢 2. 漂白液、液氯废水 3. 硫化碳废渣	影响附近164亩农田作物生长，减产粮食1 051斤、棉花（皮棉）120斤、蔬菜477担，厂方赔偿生产队损失5 117元
达丰化工厂	北桥	气体影响	影响附近农田46亩，减产粮食7 178斤

资料来源：《上海市上海县人民委员会关于工厂废气、废水等影响我县农业生产和居民生活的检查情况报告》，1964年4月6日，上海市档案馆，B11-2-98-10。

其次，影响鱼类、牲畜生长。

吴泾卫星城各化工企业的废水，1961年之前43%的废水未经任何处理直接放入黄浦江或经大磊塘、老俞塘流入黄浦江。废水不仅影响农田灌溉，而且造成鱼类死亡，硅酸盐砌块厂烟灰废水导致死掉鱼苗30 000尾。

废气、烟灰影响到公社畜牧业。塘湾公社红星大队受上海电化厂废气影响，该大队的猪、牛、羊患肝病的现象十分严重。第八生产队1969年集体饲养四十二头猪，只出售了二头，饲养周期长达一年（一般五、六个月即可出售)。社员私养猪经屠宰检查,十有八九内脏不能食用。[①]曹行公社永新大队也有此类情况:猪、羊等牲畜只长肚子不长肉,屠宰结果是肝胀。[②]

最后,危害农民身体健康。

企业排放出的污水,不仅使得农民喝水成为问题,而且影响农民身体健康。如闵行卫星城上海重型机器厂污水排放多年未解决,导致东河泾河水发绿,影响农民饮水卫生。[③]

废气同样严重危害到农民的身体健康和生活。塘湾公社红星大队在上海电化厂附近,农民深受该厂排出氯气影响,也多次向上汇报情况。1964年红星大队第七生产队全体社员反映上海电化厂三车间排出有害气体,影响居民身体健康,部分社员患有支气管炎。此外生活日用品也遭受氯气腐蚀,损失较大:衣服帐子易坏,钟生锈停走,自行车新购买三个月钢圈就腐蚀。[④]1970年,红星大队再次向上反映情况:第六、七两个生产队社员在田间劳动时有时要戴口罩,据反映,有不少社员特别是儿童由于受气体的影响而患有肝炎、肾炎、气管炎。初步统计,患肝炎的有七人,肾炎九人,气管炎五十三人。第一生产队有十九户社员,其中有八户距离电化厂不到一百公尺,十一户距离化工厂十公尺左右,由于受有毒气体的严重侵害而无法安居。此外,社员的衣着用物受有毒气体的腐蚀,因此使用期大大缩短。如社员朱仁堂、朱锡根、黄金祥等于六八年添置的夏布蚊帐,只用了二年不到就酥掉(一般可使用二十年)。社员吃菜和居民一样,清晨到菜场买菜,烧柴也有很大困难。[⑤]

曹行公社东边紧靠吴泾电化、化工、焦化、碳素、电瓷和橡胶研究所等八

---

① 《上海市上海县革命委员会关于红星大队受电化厂等有毒气体侵袭严重影响农副业生产和人畜安全的情况报告》,1970年7月21日,上海市档案馆,B76-4-565-5。

② 《曹行人民公社革命委员会关于受工厂气体影响请求解决的报告》,1971年5月10日,上海市档案馆,B76-4-615-39。

③ 《上海重型机器厂关于要求解决污水排出问题的报告》,1961年12月28日,上海市档案馆,A54-2-1336-24。

④ 《上海市卫生防疫站为"上海县塘湾公社红星大队第七生产队全体社员反映上海电化厂三车间排出有害气体对居民影响"的意见》,1964年6月,上海市档案馆,B257-1-36-36。

⑤ 《上海市上海县革命委员会关于红星大队受电化厂等有毒气体侵袭严重影响农副业生产和人畜安全的情况报告》,1970年7月21日,上海市档案馆,B76-4-565-5。

个工厂，社员身体也受到影响。社员平时没有体格检查，车沟大队单单在参军、支边和少数献血的社员体检中，就发现肝炎11人，肺结核7人。车沟二队有6名社员在志愿献血的体检中就有4名肝炎，1名肺结核。群众普遍反映：很多人有类似症状，要求全面进行体检。①

除了废气废水，化工企业在当时设备、技术不过关的情况下会发生气体外溢的生产事故。这些事故一旦发生，对周围农民的影响无疑是巨大的。上海第二冶炼厂是松江卫星城"三废"污染最为严重的一家化工企业。1976年6月、7月该厂接连发生重大跑氯事故，大量四氯化钛溢出，毒气随风逸出厂外，使厂房的东、南、北三个方向大片农田和不少贫下中农以及家禽家畜受到不同程度的毒害。大量稻秧枯死，鸡鸭死去，社员健康受到严重影响，长胜大队有五十多人咳嗽，呼吸不畅，其中有五人：金水珍（女，55岁），喉头起泡，有热度；顾阿妹（女），吴桂宝（女）需输氧治疗；徐阿六（女），还在厂里观察；六岁的吴小妹呕吐八次，一天未进食；金星大队也有一人住院医治。长胜大队长安生产队因受毒气影响，全队一天不能出工；其他毒气所及的地方，贫下中农普遍有异样感觉。②

以上所述，大致可以了解卫星城各企业"三废"污染及危害的严重程度。由于"三废"污染没有得到有效解决，问题持续存在，对公社的影响也持续存在。

（三）"三废"污染及危害的持续

计划经济时期，我国"三废"治理处于起步阶段。20世纪60年代起，党和政府开始重视"三废"污染治理，提出回收和综合利用的方针，强调"变废为宝"。在联合国人类环境会议的推动下，1973年我国召开了第一次全国环境保护会议。随后相关环境保护法规陆续制定，要求企业遵循"三同时"③。但是直至80年代，我国企业"三废"污染问题仍然十分严重。

上海在六七十年代成立了专门处理"三废"的机构和组织。1963年9

---

① 《曹行人民公社革命委员会关于受工厂气体影响请求解决的报告》，1971年5月10日，上海市档案馆，B76-4-615-39。

② 《冶金部、市治理三废领导小组、上海市冶金工业局关于环境保护、三废治理、综合利用工作的规定、通知、报告》，1976年7月17日，上海市档案馆，B112-5-1093。

③ 凡新建、扩建、改建项目必须实行治理污染设施与主体工程同时设计、同时施工、同时投产。

月1日成立上海市环境卫生局,下设废水废气管理处和工业废渣管理所,对全市三废综合利用和三废治理实施管理。1964年4月,废水废气管理处与废渣管理所合并成立上海市工业三废管理所,1970年2月市工业三废管理所撤销,成立城建局革委会三废管理组。1973年2月成立上海市治理三废领导小组办公室。[①]在政府领导下,上海掀起了"变废为宝"、综合利用的多次运动,实施企业"三同时"制度,并针对重点企业展开单项污染源治理工作。

当时公开发行的报刊上刊载"妙计收三废""从三废中找到大量财富"等。一篇文章写道,上海综合利用废水、废气、废渣,已经变出了很多宝贝,就像小时候童话中魔法杖点石成金一样;并且"看了我们的灿烂的现实,就觉得神话世界里的神仙和魔法师的故事也是平淡无奇的了"[②]。上海究竟变出多少宝贝呢? 据统计:1960年到1964年,上海从"三废"中回收了黄金二千二百两,白银六十六万两,各种有色金属四万吨,废酸、废碱液、废渣等二百八十多万吨,合计约值二亿一千万元。[③]

从废物中变出一些宝贝是可能的,但把所有废物都能变成宝贝,这是做不到的。一些报刊报道各企业"夺取战三废的新成绩",许多过去"废气天上飘,废水地下跑"的工厂,今天出现了"地面清洁空气好,化学工厂无味道"的新面貌。[④]如果不夸张的话,这些只是个别案例。

"三废"治理取得一定成绩。据档案资料记载,到1970年底,每天已可解决污水80万吨,占污水总量的百分之四十;每年有各种废渣(包括有毒渣)115种、436万吨,其中可用作建筑材料、工程设施的,约20种、320万吨,目前已充分利用的,如制造水泥、大型砌块、煤渣砖、铺路等约200万吨,占可用渣总量的三分之二以上。从资料可以看到,废渣处理成绩较为显著,但废水废气问题还是严重,尤其是废气,其中桃浦、吴淞工业区废气问题更

① 《上海环境保护志》编纂委员会编:《上海环境保护志》,上海社会科学院出版社1998年版,第95页。

② 林放:《有废必有宝》,《新民晚报》1960年7月16日。

③ 《本市许多工厂企业大搞综合利用从"三废"中找到大量财富》,《新民晚报》1965年11月26日。

④ 《上海工人战"三废"除"公害"大搞综合利用》,《文汇报》1971年10月23日。

为严重，“打算进一步调查研究，提出综合利用和处理废气的规划”①。

但是，即使采取了一定措施、取得一些成绩，企业“三废”污染并没有得到有效治理，因此污染及危害持续存在。1963 年底，上海市环境卫生局在《工作简报》中提到：“本市的废水、废气问题，确已到了不可容忍的地步，对各方面的危害越来越严重，甚至还要贻害子孙。”并提到一年来市政府接到关于三废等问题的人民来信有一二百封，有些还是几十人的联名控告信，语气非常激动。②70 年代末，上海市环境保护办公室在调查全市环境问题后指出：“本市环境污染日趋严重。切实解决污染问题，保护环境，已刻不容缓。”③80 年代初，因污染导致的厂群矛盾继续，1981 年全市共排出 676 个矛盾尖锐户。引起冲突的主要原因是企业排放的“三废”超过了人民能够忍受的程度，妨碍了民众的正常生活。④

吴泾卫星城废气废水问题一直持续至 70 年代。1971 年，受吴泾各化工企业废气废水影响，周围公社农作物受损面积达 5 788.4 亩，比 60 年代有过之而无不及。受损公社范围还进一步扩大：电化厂、吴泾化工厂、焦化厂、碳素厂、合成研究所等五个工厂和单位所溢出“三废”影响范围从原有塘湾、曹行二公社，扩大到浦东的杜行、陈行共四个公社十一个大队七十六个生产队。受害严重的有塘湾、曹行二个公社，轻的有浦东的杜行、陈行二个公社。⑤曹行公社从原来只影响 600 多亩土地扩大到 2 400 多亩，受影响之后损失非常严重，粮食除颗粒无收外，即使收获的部分也是粒子瘪，国家不收购，出米率低(不到六折)，种子无法选留。⑥

总体来说，由于环保意识缺乏，环保制度、法规不完备，技术和资金匮

---

① 《上海市革命委员会工业交通组关于解决“三废”污染和今后规划的简况报告》，1970 年，上海市档案馆，B246-2-555-15。

② 《上海市环境卫生局关于工业三废工作简报(二)》，1963 年 11 月 14 日，上海市档案馆，B256-2-34。

③ 《上海市革委会工业交通办公室上海市环境保护办公室关于二十八个工厂必须在年内治理好主要“三废”的通知》，1978 年 8 月 14 日，上海市档案馆，B163-4-917-58。

④ 《上海市环境保护局关于解决因污染引起厂群矛盾工作的情况和意见》，1981 年 9 月 28 日，上海市档案馆，B323-1-44-133。

⑤ 《上海市上海县革命委员会关于吴泾地区工业“三废”影响农作物情况的调查报告》，1972 年 4 月 18 日，上海市档案馆，B76-4-673-46。

⑥ 《曹行人民公社革命委员会关于受工厂气体影响请求解决的报告》，1971 年 5 月 10 日，上海市档案馆，B76-4-615-39。

乏,计划经济时期企业“三废”污染并没有得到有效治理,污染及危害持续存在。

二、厂社之间的纠纷及冲突

(一)矛盾和冲突

农民是企业“三废”污染的直接受害者,一般而言,农民发现污染后,会通过生产队或公社向企业反映。当农业生产及生活遭到损失后,他们需要企业给个“说法”。“说法”包括企业“三废”技术及管理的提升,今后不再或少排废气废水,最重要的是企业对农民所遭受损失给予赔偿。

写人民来信是农民、大队、公社处理与企业矛盾的重要方式。有时是社员个人写人民来信,如1963年2月28日马桥公社紫兴大队社员顾永春写信给市委办公厅人民来信来访处,反映上海锅炉厂排放污水影响社员用水问题。有时是部分社员联名写信,如1963年马桥公社彭渡大队陆家生产队部分社员联名向上海县政府反映上海重型机器厂排放污水影响该队正常用水。[①]有时是以生产队名义写人民来信。如上海焦化厂在“三废”污染附近农田后置之不理,强调要生产队做出科学鉴定,因此生产队一再向市、县写人民来信。[②]有时是生产大队和公社先后向上写信反映问题。如1961年塘湾公社金星生产队于5月2日、11日先后写信给上海县政府反映吴泾大型砌块厂煤灰水影响生产和生活,在该厂不重视没有采取措施之后,塘湾公社再次向市委办公厅写信要求处理。[③]

除了写人民来信,矛盾有时以厂群之间的直接冲突而呈现。1961年8月17日晚上十时,马桥公社友好生产大队社员群众百余人到上海电机厂,要求厂长书记查看深夜是否排放煤烟,并解决煤烟问题及赔偿对农作物造成的损害。社员群众在门口哄闹。原因是该生产大队的农作物受电机厂有

---

① 《上海市人委公用事业办公室关于要求解决吃水问题的来信和处理情况报告》,1963年3月,上海市档案馆,B11-2-50。

② 《上海市上海县人民委员会关于工厂废气、废水等影响我县农业生产和居民生活的检查情况报告》,1964年4月6日,上海市档案馆,B11-2-98-10。

③ 《中共上海市委基本建设委员会关于吴泾大型砌块厂烟灰水影响农业生产、生活用水问题处理情况的函》,1961年7月13日,上海市档案馆,A54-2-1336-75。

害气体的损害，1960 年就发生过，当时经过双方研究，于该年 10 月 25 日达成协议，除由工厂赔偿损失外，今后由工厂改进炉子，生产队调整布局。但虽经过双方努力，并无显著效果，工厂仍然放出有害气体，生产队将大部分粮食作物改种了认为无妨的蔬菜、薯类等作物后，还是老样子。于是生产队在 1961 年再次向工厂提出要求，多次协商，电机厂的回复前后不一，有时称愿意赔款，有时称还得查明作物受损原因。多次催促无果，这时又出了新问题——由于工厂继续放煤烟而使三四十亩的稻叶发焦。新老问题集中在一起，工厂没有回复，社员要求解决问题的心情越来越迫切，不满情绪也就产生了。①

农民要求企业给予“说法”，企业没有明确回复，这是矛盾产生的一种原因。此外，也有可能是因赔偿金额农民与企业无法取得一致。如果厂社双方能坐下来平心静气协商处理问题当然更好。如果问题无法解决，那么人民来信或直接冲突会让上级机构更为重视厂社矛盾，推动处理过程。

（二）处理方案

针对因污染而起的厂群纠纷和冲突，最根本的解决之道是没有污染。正如前文所言，当时中国缺乏系统、科学、严谨的治理理念和举措，污染问题持续存在。所以，针对厂群矛盾，政府制定了适当的处理原则和标准。

针对农副业赔偿，1959 年底主管农业的宋日昌副市长宣布总的原则：凡因有害气体等损害的农作物，本着既不使国家吃亏又不使公社社员吃亏的原则，酌情合理地补偿。1960 年初，按照市委指示，上海县处理本县农副业受污染赔偿问题，在此过程中发现一些问题，有的生产队要求补偿金额过高，有的企业拖到年底才给补偿金额。针对这些问题，上海县政府提出了处理方法。除了督促企业变“三废”为“三宝”外，提出三点。(1)补偿办法最好采取有损害就补偿的办法，因为这样做可以既及时又有实际依据，不要在年底时出现你说多我说少的讨价还价的情况。(2)种植抗毒性较强的农作物。经老农座谈会反映说，像茄子、辣椒等物一般受损失较少，这样去做既有国

① 《上海市上海县马桥人民公社关于友好生产大队部分干部、社员去上海电机厂要求察看煤烟损害农作物情况的报告》，1961 年 8 月 22 日，上海市档案馆，A72-2-888-14。

家的经费,又可少影响社员的收入。(3)加强绿化工作防气保苗。如果将工厂周围广植树木,这样不但美化了工厂,并且对防止有害气体保护青苗很有利,因此建议工厂和公社双方加强绿化。①

在以上处理原则及建议中,上海市所提的“酌情合理的补偿”是处理农副业赔偿的总原则,但是怎样的补偿是酌情合理的呢?这是一个复杂的技术问题,不只是一种理念就可以解决。上海县所提的建议也不错。从后来情况看,企业的赔偿大致分为夏季、秋季两季。种植抗毒性较强的农作物、加强绿化工作,能在一定程度上预防、减少污染,但是如果污染严重,这两项措施起不到太大作用。

1960 年以后因污染而起的厂群矛盾,政府越来越感到补偿问题的复杂性。一方面需要让企业端正态度、正视污染及后果,积极参与到补偿处理中;另一方面需要针对农副业赔偿的核心问题——种植面积受损范围的鉴定和赔偿的计算标准,采用公平合理的方式。1961 年 8 月马桥公社友好生产队针对上海电机厂的不满,让闵行区、上海县、市农委、市建委、城市建设局、市废气污水综合利用办公室等单位负责同志坐在一起,再次商讨赔偿处理原则。这一次提出的处理原则和意见更为详细。其中有:厂社双方应贯彻相互主动、相互照顾、相互谅解、充分协商、加强团结的精神,在双方不能取得一致的时候可以提交到双方上级党委;不能只依赖赔偿解决问题,有关工厂、公社、生产队都应积极采取措施,改善现状。在涉及赔偿处理的核心问题中,其提到对农作物受害面积及程度需要经过深入调查研究,并请专家鉴定;赔偿标准应根据该地区棉、粮、油料作物或蔬菜的平均收获产量为计算标准;社员自留地的产量核算应高于大田标准。此外,其对公社因减产而影响三包一奖的指标问题、农业税征收标准也提出意见。②

在探索中,政府对赔偿问题的处理原则和意见越来越具体,越来越具有可操作性。但是原则和意见并不能“包治百病”,处理过程中出现的问题不

---

① 《上海市上海县人民委员会关于处理有害气体及废水等损害农作物的报告》,1960 年 2 月,上海市档案馆,A72-2-482-110。

② 《中共上海市闵行区委、中共上海市上海县委关于农作物受工厂排出废气污水损害赔偿问题的请示报告》,1961 年 11 月 24 日,上海市档案馆,A72-2-888-4。

一、多样，赔偿金额的确定不是一帆风顺的。此外，除了对农副业的赔偿，对农民的补偿还涉及其他方面，补偿的方式也是多样的。在受企业废水污染导致喝水问题后，企业需要帮助生产队安装自来水管，从而解决农民饮水问题。农民因污染导致身体有病后，企业需要支付生病相关费用，包括一些生产队提出对社员体检的费用。有时生产队或公社会提出让企业帮助建小厂等要求。

由于情况复杂，厂社双方往往不能按照市委指示及相关原则自行处理，这时需要上级机构介入调解。大队、公社代表社员一方，涉事企业是另一方，介入的上级机构一般包括：区、县政府，企业主管部门，城建部门等。不同的情况涉及不同机构。1962 年上海焦化厂泥煤水外流影响马桥公社红星大队农作物、鱼苗生长，该厂、公社、大队负责人到现场勘查，核实受损面积和程度，可是红星大队要求高，该厂觉得“双方悬殊很大，势难求得统一”，最后要求上海县农委协助解决。①1963 年上海重型机器厂排放污水影响彭渡大队水稻减产，2 月 7 日开会的单位有：上海市城建局、上海县政府、闵行区政府、马桥公社、彭渡大队、南郊公务所、上海重型机器厂。因问题未解决，3 月 7 日开会的单位增加了上海市第一机电局、第二设计院。②1972 年，吴泾地区“三废”工作组介入吴泾各企业与各公社、大队之间的“三废”赔偿工作，在经过现场勘查核实以及与公社、大队、厂方多次协商，一些公社与企业赔偿数字确定下来，但塘湾公社红星大队坚持他们估算的作物受损面积，在僵持不下后，吴泾地区“三废”工作组只得向化工局、冶金局搬救兵，希望后者介入协助解决。之后，化工局会同上海电化厂党委书记多次与上海县负责同志、公社书记、吴泾地区“三废”工作组共同协商讨论，最后确定赔偿金额。③

从资料来看，上级机构、部门介入处理主要集中于农作物受损面积及金

① 《上海焦化厂关于塘湾公社红星生产大队被损坏农作物赔偿问题处理的报告》，1962 年 6 月 16 日，上海市档案馆，A72-2-950-158。

② 《上海市人委公用事业办公室关于要求解决吃水问题的来信和处理情况报告》，1963 年 3 月，上海市档案馆，B11-2-50。

③ 《上海市化学工业局关于三废损害农作物赔款的批复、情况处理报告》，1973 年 1 月，上海市档案馆，B76-4-753-3。

额赔偿上。需要上级机构、部门介入处理，意味着厂社之间的沟通已不顺畅。即使最终在上级介入下得到处理，也无法消弭厂群、厂社之间的矛盾。

(三) 难解之题

围绕污染赔偿，厂群、厂社之间纠纷不断，这也成为厂社之间的一个难解之题。企业和公社、生产队相互把责任推给对方。

在企业看来，社队存在的问题主要有四点。(1)在作物受损面积上故意以少报多、以轻报重，有意“敲竹杠”。企业认为，设备已经改进，措施已经上马，污染情况不会这么严重，是“农民觉悟低，有意‘敲竹杠’”①。(2)社队不种植抗毒性强的作物，是自身问题。“为什么不种上抗毒性强的、不会受影响的作物，而偏要种上老一套的作物，不动脑筋。”②(3)社队故意把经济作物放在厂周围，存心要多赔款。1971 年上海电化厂反映：塘湾公社红星大队在农作物安排上经济作物面积占总面积的 60%，其中药材面积 488 亩。经济作物亩产值比粮食作物大三至四倍。作物的分布方面，又将经济作物种植在工厂周围，因此每亩的赔偿数较棉粮作物大二至三倍。③(4)社队对受损地区的农作物管理极差，施肥不足，甚至不管理，导致歉收或受污染严重。上海电化厂在处理 1977 年度“三废”赔偿中，认为红星大队从不施肥，是管理不善，不应该按其高产水平进行赔款。④

针对企业的指责，社队并不认同。1961 年 7 月，曹行公社车沟、永新生产大队在呈交市农委、市化工局、上海县建设科的报告中，对企业提出的这些意见，生产大队“觉得是难接受的，有怨气的”，指出由于生产搞不好就无赖，这种思想生产大队是绝对不存在的。此外，各生产队“想尽办法种足种好，这是我们农业的根本问题，就是有影响损坏，放弃不种是不可能的，知道

① 《上海市上海县革命委员会关于吴泾地区工业“三废”影响农作物情况的调查报告》，1972 年 4 月 18 日，上海市档案馆，B76-4-673-46。

② 《上海市上海县曹行人民公社车沟生产大队、永新生产大队关于上海吴泾化工厂、上海焦化厂、上海碳素厂气体损坏农作物情况并要求迅速处理解决的函》，1961 年 7 月 18 日，上海市档案馆，A72-2-950-58。

③ 《上海电化厂革命委员会关于 1970 年度农田损坏赔偿损失的报告》，1971 年 3 月 6 日，上海市档案馆，B220-2-791-18。

④ 《上海电化厂革命委员会关于农业赔款的函》，1978 年 1 月 13 日，上海市档案馆，B220-2-934-29。

影响就不要种，是不能接受的。而且气体影响有活动性，捉摸不住，到底种什么不影响，我们的知识经验还不多，把握不大，同时一下完全改变作物品种，面广量大，种籽技术等各种基础条件，事实也是不可能的”①。

1972 年 4 月上海县革委会向上海市革委会报告关于吴泾地区工业“三废”影响农作物的调查情况，报告指出，刚开始少数生产队在报受害面积时，确有以少报多，以轻报重等现象。但是，经公社、大队教育后已经作了纠正。1971 年度受损面积是经过厂、社、队联合调查组逐块踏田核实后确定，是有事实根据的，合情合理的，根本不存在农民有意“敲竹杠”的问题。并且生产队在某些方面还作了一些让步，农民说：“其实我伲有很多东西不计算，如水稻全部焦毁，重种人工不算，棉花也如此。”此外，生产队并没有故意把经济作物种在工厂周边，而是与水稻颗粒无收、生产大队调整作物布局有关，企业的说法是片面的。②

然而，社队故意以少报多、以轻报重的情况有时是存在的。如下表所示，1963—1965 年，上海焦化厂和曹行公社车沟生产大队在作物受损面积及赔偿金额上总是没有达成一致。生产大队提出的受损面积偏高，在双方派出人员共同核定后受损面积缩小，赔偿金额随之减少。

表 5-8　上海焦化厂与曹行公社车沟生产大队核定作物受损情况及赔偿金额

年份(年)	生产大队提出受损情况	核定后受损及赔偿情况
1963	秋收作物受损 653.93 亩	510.38 亩，损失费 10 347.22 元
1964	夏熟作物受损 82.3 亩，赔偿 3 891 元	75 亩，损失费 3 355.26 元
1965	秋收作物 391 亩左右损害或减产，赔偿 19 657.83 元	损失费 14 073.80 元

资料来源：《上海市化学工业局关于赔偿曹行公社车沟生产大队受气体影响损失费的批复》，1963—1964 年，上海市档案馆，B76-3-1611-86；《上海焦化厂关于赔偿曹行公社车沟、永新生产大队作物受工业气体影响损失费的请示》，1966 年 1 月 12 日，上海市档案馆，B76-4-247-6。

① 《上海市上海县曹行人民公社车沟生产大队、永新生产大队关于上海吴泾化工厂、上海焦化厂、上海碳素厂气体损坏农作物情况并要求迅速处理解决的函》，1961 年 7 月 18 日，上海市档案馆，A72-2-950-58。

② 《上海市上海县革命委员会关于吴泾地区工业“三废”影响农作物情况的调查报告》，1972 年 4 月 18 日，上海市档案馆，B76-4-673-46。

社队一边回应企业的意见和指责,一边指出厂方存在的问题。第一,企业不承认作物受损的明显事实。上海焦化厂沥青池周围,热沥青发出气体,连人都站不住,但该厂不承认作物被熏坏,1970 年明显受到影响损失而得不到赔偿的面积,永新大队有 192 亩水稻,30.5 亩棉花,42 亩夏熟作物,5.1 亩药材,8.5 亩甜瓜。①

第二,厂与厂之间互相扯皮,互不认账。由于厂与厂距离不远,气体影响有交叉,有突然性的,有陆续性的,工厂之间便相互扯皮、推卸。如 1972 年 3 月 18 日吴泾化工厂打电话给曹行公社说:“你们要注意,这二天电化厂有大量气体出来。”22 日上海电化厂打电话给曹行公社永新大队说:“你们要当心,化工厂这几天有气体出来,要注意。”结果是吴泾化工厂的气体溢出影响了 84 亩的夏熟作物。又如 1972 年 1 月上海焦化厂会同曹行公社车沟大队就油菜受气体影响的情况进行观察,双方一致认为油菜叶子卷缩,有焦黄、白斑点。车沟大队认为确是焦化厂的气体造成的,但焦化厂说还不能下最后结论,究竟哪家厂出的气体,提议由吴泾三废组做试验而得出结论再作决议。社队干部和广大群众对工厂的这种做法意见很大。有的群众反映说:“工厂踢皮球,我伲触霉头。”②

第三,企业压缩作物受损面积。上海焦化厂废气影响曹行公社车沟二队农作物,但该厂对车沟二队赔款界限只到夏介门前一条路上为止,路北的不赔,药材、甜瓜不赔,社员自留田不赔,从来没有赔过的土地不赔。③

第四,企业不主动承担责任,对赔偿采取拖拉政策,甚至不给赔偿款。吴泾卫星城的上海焦化厂、吴泾化工厂、上海电化厂等化工企业,因废气影响邻近上海县各公社、大队,社队以及上海县政府经常在向上级汇报中提到各厂不及时给付赔偿。1971 年 5 月,曹行公社上报市革委会,各厂赔偿费一直拖拉,上海焦化厂和电化厂的赔偿 1970 年度拖到 1971 年 5 月初刚刚解决,导致有关生产队在资金、口粮、饲料、种子方面发生很多困难,向国家反复商借了多次。④1970 年 4 月,上海县革委会上报市革委会称上海电化

---

①③④ 《曹行人民公社革命委员会关于受工厂气体影响请求解决的报告》,1971 年 5 月 10 日,上海市档案馆,B76-4-615-39。

② 《上海市上海县革命委员会关于吴泾地区工业“三废”影响农作物情况的调查报告》,1972 年 4 月 18 日,上海市档案馆,B76-4-673-46。

厂应付给红星大队1969年的赔款(尚有一万九千余元)尚未解决,该厂说是市化工局没有批。①1972年4月,上海县革委会再次上报市革委会,称上海焦化厂、电化厂、吴泾化工厂1971年遗留款仍有十五万九千五百多元。目前已影响了部分队的春耕生产资金和社员生活预支付,广大干部和群众迫切要求市有关部门召开会议,迅速解决这个问题。②

总之,社队认为企业没有积极负责地处理污染赔偿问题,代表社队的上海县政府也经常在问题没有及时或圆满处理后向市里汇报情况,认为企业没尽到责任:"有些工厂,对这方面的问题仍重视不够,既未积极设法改进设备,加强管理来彻底解决废气废水影响问题,而发生问题后,又不主动去调查和联系处理,以致有的工厂与附近生产队、社员的关系还相当紧张,群众存在不少意见。"并一再指出:如有问题发生或附近群众有意见,各主管局要责成厂方应有专人负责,主动联系,实事求是地承担责任,公平合理地协商解决。尤其是要求对各厂加强群众观点,主动搞好与附近公社、生产队和社员群众的关系。我们也不断加强对社员群众的教育和检查处理情况,共同妥善处理在社会主义建设过程中发生的问题,以巩固工农联盟,互利于工农业生产,密切党和国家与群众的关系。③

企业与社队之间相互指出对方存在问题,这也导致赔偿处理中纠纷不断,乃至发生冲突。生产队作为污染的直接受害方,通常认为企业给予赔偿是天经地义的,在上报受损面积和程度时也不乏"多一点是一点"的心理,或者采取一些措施,以多拿赔偿费。生产大队、公社,包括县政府,虽然有时也会指出生产队的无理或理亏行为,但是通常与社员站在一个阵营。社队是受害方,维护自身利益是社队权益,尤其在那个挣扎在生计线上的年代,农民的一切言行是值得理解的。

企业又为什么在赔偿问题上与社队纠缠不清呢?从自身利益出发,

---

① 《上海市上海县革命委员会关于红星大队受电化厂等有毒气体侵袭严重影响农副业生产和人畜安全的情况报告》,1970年7月21日,上海市档案馆,B76-4-565-5。

② 《上海市上海县革命委员会关于吴泾地区工业"三废"影响农作物情况的调查报告》,1972年4月18日,上海市档案馆,B76-4-673-46。

③ 《上海市上海县人民委员会关于我县工厂废气、废水等影响问题的处理报告》,1964年11月20日,上海市档案馆,B11-2-98-19。

是企业找借口、推卸责任的重要原因。企业并没有意识到农业生产在国民经济调整中的重要地位,也没有真正领会党和政府关于"农业为基础,工业为主导"即工农结合的精神,而是从自身生产出发,重视产出忽视其他。因此,企业往往把发展生产与治理"三废"对立起来。有的认为:"生产是主要的,'三废'工作是次要的,可搞可不搞",强调"无时间、无人力、无问题";有的看不到"三废"的危害,认为"我的'废'只有一点点,无关大局";甚至有人说:"对我生产有利就搞,不利就不搞"。[①]在这种思想影响下,一些企业治理"三废"和综合利用总是排不上队,挂不上号,有的即使列了项目,在材料、设备和维修等方面也得不到相应的保证,不能顺利实现;有的企业只愿意搞那些收益大、利润高、易解决的项目,而对影响工人群众的身体健康,但收益少的项目不够重视。[②]政府认为,企业的思想认识是阻碍"三废"治理的重要原因,并且认为"这种重本位、轻大局,重经济、轻政治的观点还具有一定的代表性"[③]。企业对"三废"治理不上心,影响到由"三废"污染引发的赔偿处理。一些化工企业认为有些废气是正常的,是农民在无理取闹。而由于政府对"三废"治理工作的推进,让企业在处理污染赔偿时拥有一份担心:如果承认污染严重,该怎么向政府交代? 1971年,曹行公社在向上汇报时就提到上海电化厂、吴泾化工厂等企业在推脱时有一个共同的说法:"我厂近年来国家投资几十万元,大搞三废回收,哪里还有这么多气体影响,叫我们怎样交账呢?"[④]如果企业认可社队提出的严重的作物受损,那么也就表明企业在"三废"治理上不作为,将会受到上级部门的批评。

本位主义是企业在污染赔偿处理中的出发点,究其根本则是企业重工轻农思想的反映。企业认为他们是全民所有制,公社基本上是集体所有制,"集体所有制不能揩全民所有制的油"。企业虽然在口头上认为要互相支

①③ 《上海市环境卫生局关于做好工业废水废气废渣综合利用工作的请示报告》,1966年1月25日,上海市档案馆,B11-2-146-85。

② 《狠抓路线教育,认真治理"三废"——上海燎原化工厂的调查》,《人民日报》1973年6月15日。

④ 《曹行人民公社革命委员会关于受工厂气体影响请求解决的报告》,1971年5月10日,上海市档案馆,B76-4-615-39。

援、协作,但心里认为,只有公社来支援企业,全民所有制区别集体所有制,应当保证全民所有制不断发展。[①]在污染赔偿处理中,企业总认为社员是为“私”字,企业自身是为“公”字。[②]企业重工轻农的思想,是赔偿处理中推卸、不作为的根源。

当然,企业在污染赔偿纠纷中确实存在一些困难,如邻近几个工厂如何划分废气影响范围,工厂厂内及附近民房拆迁问题上级不及时解决,社队受损作物的科学鉴定等。

总之,企业、社队从各自角度、利益出发,在污染无法有效治理的时代,因污染而起的纠纷也就持续进行着。

第四节 特殊的“飞地”

“飞地”是指隶属于某一行政区却不与该地区毗邻的土地。[③]“飞地”古已有之,但与传统“飞地”多因行政区划变革、自然地理等因素而形成不同的是,1949 年以后伴随工业化、城市化进程出现的“飞地”多源于经济和军事需要。城市学研究专家周一星从城市化视角解读“飞地”,认为是指“城市向外推进时出现了空间上与原建成区断开,职能上却与原有市区保持密切联系的新的城市用地”[④]。他指出,一方面 20 世纪五六十年代我国因工业发展需要、在城市外围形成工业“飞地”[⑤],另一方面“许多大城市的卫星城镇就是飞地型发展的产物”[⑥]。

上海卫星城符合“飞地”概念和特征。它是我国工业、科技向高精尖发

① 《中共上海市委基本建设委员会关于吴泾大型砌块厂烟灰水影响农业生产、生活用水问题处理情况的函》,1961 年 7 月 13 日,上海市档案馆,A54-2-1336-75。

② 《曹行人民公社革命委员会关于受工厂气体影响请求解决的报告》,1971 年 5 月 10 日,上海市档案馆,B76-4-615-39。

③ “飞地”还有一层含义,指属于某一国家管辖但不与本土毗连的土地。

④ 刘国光主编:《中外城市知识辞典》,中国城市出版社 1991 年版,第 32 页。

⑤ 周一星、陈彦光等编著:《城市与城市地理》,人民教育出版社 2003 年,第 213 页。这里的工业“飞地”指向城市远郊的工矿区。

⑥ 刘国光主编:《中外城市知识辞典》,中国城市出版社 1991 年版,第 32 页。

展的产物,在职能上与市区保持密切联系。各卫星城发展工业、科技,与周围农村发展农业显著不同。从这个意义上讲,厂社关系的分离,是计划经济时期的必然现象,它是这一时期我国工农、城乡关系的投射。1958—1977年是我国城乡二元体制形成并固化的时期。国家的核心任务是实施工业化战略,并以计划经济体制与农产品统购统销制度、人民公社制度、户籍管理制度作为制度保障。在重重保障下,工厂成为国家的象征,是城市的体制,而农村是农民的聚落,公社是农业生产的组织者。工业与农业分割、城市与乡村对立体制的确立,使得厂社之间难以产生真正的交融。

厂社各有任务,又有着不同的管理体系和建设路径,双方有如两条平行线、无法相交。而这两条平行线有先后次序,工厂在前,公社在后。尽管在国民经济调整时期国家强调以农业为基础,提倡大办粮食、工业支援农业,这也成为公社与工厂交涉的重要资本,并在公社要求企业支援社办工业、退地、污染赔偿等方面体现出来。但是工业主导地位是不可动摇的。同时,这些部属和市属企事业单位在生产建设、科研管理上基本是市区制度的照搬,职工的工资、户口等也遵循市区政策规定。厂社之间泾渭分明,双方虽然在地理位置上如此接近,却始终无法交融在一起。最能反映厂社之间关系的,是厂社互动的最后结果——卫星城企业并没有真正带动周围农村的经济发展。至80年代初期,远郊农民纷纷抱怨,说出内心真实想法:“背靠大树没柴烧,近水楼台不得月”,并把大工业附近的乡镇都不发达的现象称为“灯下黑”。①在闵行、安亭等地调研中,多位受访者表示企业和农村的联系不大。曾在安亭工作的一位受访者说出直观感受:“当时大家对卫星城的建设寄予比较大的希望,但是由于将市场和农村分开,带动不了当地(安亭)经济发展。”②

上海卫星城又是特殊的“飞地”。在性质和功能上,卫星城和同时期国内工业“飞地”有着显著区别。卫星城既承担着疏散市区工业和人口的重任,又肩负促进农村发展的使命,这种预设是一般工业“飞地”无须承受的。

---

① 凌岩:《乡愁钩沉》,上海社会科学院出版社2014年版,第125—126页。

② 采访对象:沈先生;采访者:赵凤欣、闫艺平;时间:2014年9月9日;地点:闸北区原平路受访者儿子家中。

同时，一般工业“飞地”往往在城市外围平地而起，而卫星城依托原有县城基础。诸多特别之处，形塑了卫星城独特的管理模式。

上海各卫星城以镇为建设中心，其中闵行、嘉定、松江分别是当时上海县、嘉定县、松江县县城所在地。各卫星城的行政管辖权归市区，但卫星城与所在地的密切关系导致卫星城管理并不只是简单的市区治理结构的“制度性延伸”，而是呈现出复杂的面貌。各卫星城生产建设由市区主抓，而城市建设则由所在地政府负责管理。这种生产与生活在管理上的区隔，因卫星城地处远郊而产生，又进一步催生了卫星城城乡交织下的困境。

卫星城建设初期，城乡交织下的管理困境已有呈现。1961 年安亭卫星城兴建初期，各企业反映：生活用煤不能解决，蔬菜与副食品供应、日用品供应等存在问题，但是找哪哪不管，“市里认为应由嘉定负责，而嘉定也无法解决或不能全部解决，公社更无力解决。在很大程度上形成三不管现象”①。后来，各卫星城蔬菜供应由附近农村公社安排，基本得到解决。但是副食品供应仍由市里统一完成调拨。从而产生嘉定、松江各县上交的副食品往市里送，而卫星城各市属单位却又从市区往回拉，导致迂回运输及损耗。

1960 年闵行区②成立，但在商品供应上无法自主，引发职工和居民在生活上的诸多不便，进而影响生产建设。闵行区居民生活用煤由上海县供应，但上海县生活用煤是通过市农委分配，数量有限，在供应数量上长期不足，导致单位、居民意见很多：上海电机厂等企业只能大量动用生产用煤作燃料，造成生产部门和生活部门之间的纠纷；吴泾地区由于上海县塘湾公社无民用煤球供应、闵行一条街居民食堂由于县商业局煤站无煤供应，居民意见很多；对新迁来的单位，县商业局煤站因限于货源不供应生活用煤，如天原化工厂迁来闵行，县不解决，市也不解决，退给区里，区里无煤供应，工厂意见很大。闵行区财贸部向上反映情况时提出在本区设立煤建批发部，负

---

① 《关于安亭工业区职工在生活方面存在问题的综合汇报》，1961 年 1 月 26 日，上海市档案馆，A54-2-1361-15。

② 1960 年 1 月闵行区成立，管辖闵行、吴泾两个卫星城。1964 年 5 月政府撤销闵行区。

责安排供应本区的生活用煤。该意见并未得到批准,最后决定目前分配体制暂不变动,仍由农委、上海县供应。[①]

此外,1960—1963 年,闵行区商业局多次向市第一商业局反映:闵行属市区,工业品[②]仍加 0.7%—5%的地区差价,有些商品比市区高,消费者有意见,要求取消地区差价。市第一商业局的意见是:工业品是集中生产分散消费。从产地到销地,必须支付一定的运输费、经营管理费、资金利息、运输损耗等商品流通费用,这些应在价格上予以补偿。因此,产地和销地之间就要有个地区差价,否则不利于商品流通。闵行虽划为市区,但在地理上仍在上海县境内,工业品价格必须与上海县衔接,否则闵行会与上海县发生矛盾。因此仍执行上海县价格。[③]

由上可见,闵行、吴泾两个卫星城即使成立闵行区,仍然摆脱不了地处远郊、与所在县及周围农村公社的空间和历史渊源,管理始终存在问题。区县、城乡之间的交错复杂情形也是 1964 年撤销闵行区的重大缘由:闵行区的城镇居民点不仅是职工和家属的集中居住地,而且一贯是周围农民经济、文化活动的中心,因此区县之间、城乡之间情况错综复杂,领导管理不便,工作上存在不少矛盾。在商业工作上,"不仅商品供应有一、二、三类地区的矛盾,而且还有城乡矛盾。不少商业机构,区县重复设置在一个镇上。如上海县在闵行镇上设有煤球厂、食品加工厂、运输装卸站等机构,大都同闵行区设置有关机构重复。这些重复的机构不仅在业务上常有矛盾,而且在人力、物力上也造成浪费"。在户口管理工作上,闵行区建立以前,"有四万五千多人,本来属于县的人口,建区以后,划为市区人口。由于县区之间关系密切,居民经常迁移",结果"户口迁入大于迁出,也使市区人口不断增加"。此外,

① 《关于闵行区生活用煤和煤球供应问题的请示报告》,1960 年 5 月 5 日,上海市档案馆,B123-4-944-63。

② 工业品,包括日用工业品、五金交电类。前者包括棉布、鞋袜、火柴、搪瓷器皿、煤油、肥皂、香烟等,后者包括铁钉、铁丝、自行车、收音机、灯泡等。

③ 《关于建议取消本区工业品地区零售差价的报告》,1960 年 3 月 27 日,上海市档案馆,B123-4-1191-37;《上海市第一商业局关于闵行区工业品地区差价问题和调整各县呢绒地区差价的通知》,1960 年 5 月 5 日,上海市档案馆,B123-4-1191-39;《关于闵行区五金交电商品当地开单市区交货不另加地区差价的联合报告》,1963 年 8 月 17 日,上海市档案馆,B123-5-1688-136;《上海市第一商业局关于闵行区地区差价问题的意见》,1963 年 8 月 30 日,上海市档案馆,B123-5-1688-111。

在市政建设、文教、卫生、税收和信贷等工作上，也都或多或少地存在着扯皮的问题。①

1964年闵行区建制撤销后，卫星城的管理问题依旧存在。闵行卫星城行政管理体制比较混乱：闵行设街道办事处，属徐汇区管辖，主管里弄和集体事业；商业系统党的关系在区里，业务由市专业公司分管，没有统一领导；公安分局仍保持原来区的行政体制，业务上由市公安局领导；房管所是一个基层房管单位，但承担的任务比原闵行房管局的任务还重，很不适应；城镇建设没有统一管理，大家各行其是，原有地下管线系统也遭破坏，有的项目，连甲方也找不到。因此"闵行长期以来，处在市里'管不到'、区里'管不了'、街道'管不着'的'三不管'状态"②。

有学者说，"计划经济时代的飞地治理必然是地方政府治理结构的制度性延伸"③。这种判断基本符合那些在城市外围平地而起的工矿城镇，这部分工业"飞地"少有牵绊，但是对卫星城来说并不完全正确。卫星城一方面在地理和历史渊源上与所在县城和周围农村有着紧密联系，另一方面又承担着疏导市区、服务农村的双重使命。这就导致它无法脱离农村，但是处于"全市一盘棋"中的卫星城又离不开市区，由此卫星城被置于计划经济时期城乡二元结构及体制的夹缝中。相伴而生的管理模式成为"夹心饼干"，两头够不着，从而产生诸多问题。

其实，管理者未尝不知道卫星城"既不同于上海市区和一般城镇，又不同于单纯的工矿区和工人新村，更不同于农村集镇"④，他们在实际管理中也面对诸多困惑，如：卫星城城市建设到底是按城市的标准还是农村的标准？尽管最初设想是前者，但是实地管理者是县，关系密切者是公社，协调一致并不容易，尤其在建设中必须考虑到卫星城与农村交杂的现实。而因

① 《上海市人民委员会办公厅关于上海市吴淞、闵行两区建制问题的调查报告》，1964年1月31日，上海市档案馆，B24-2-97-256。

② 《上海市人民政府办公厅关于上海市郊区卫星城镇情况的调查汇报(2)》，1980年3月20日，上海市档案馆，B1-9-124-128。

③ 姚尚建：《制度嵌入与价值冲突——"飞地"治理中的利益与正义》，《苏州大学学报(哲学社科学版)》2012年第6期。

④ 《关于闵行区商业网的设置和货源分配的意见》，1960年2月15日，上海市档案馆，B123-4-1205-45。

城乡交织权限不明的问题更是他们无法解决的。

计划经济时期的上海卫星城,在时势推动下成为特殊的"飞地"。这块"飞地"因城乡二元制度的混合而特征鲜明。特殊的"飞地"有着特殊的治理,卫星城处于城乡之间——孤立于城之外,又区隔于乡的尴尬位置。探索时期的卫星城,只有在时代发展中才能获得重新定位的机会。

第六章　评　　析

第一节　卫星城建设成效分析

如何看待上海卫星城建设成效？需要与最初上海建设卫星城的目的结合起来仔细分析。1960 年初上海总结了建设卫星城的四方面意义：一是合理调整上海工业布局，推动重工业建设；二是通过疏散市区工业和人口，逐步改建旧市区；三是促进城乡结合；四是具有战备意义。除了第四点，前面三点是有具体对象的，但是要展开评价也不容易。既要有衡量标准，还需结合实际仔细解读；既要关注卫星城建设的外在目的，更要关注卫星城自身。

一、成　　效

（一）形成各有特色的产业中心，促进上海工业结构和工业布局的调整

发展工业，促使上海工业和科技向高、精、尖方向发展，是卫星城肩负的重任。五个卫星城在近二十年的建设中形成了各有特色的产业中心：闵行是制造成套发电设备、重型机械的机电工业基地，成为国家动力设备的主要生产基地，被喻为"上海的动力之乡"；嘉定以尖端科学技术为中心，丰富的科研成果为工业和国防建设作出巨大贡献；吴泾以煤炭综合利用为主；安亭以机械、汽车工业为主；松江则发展为轻纺、有色金属工业等综合性工业基地。

表 6-1 是对卫星城部、市属企事业单位历年发展情况的统计。从中可知，1957 年仅有 33 家，1971 年发展到 111 家，十几年的时间增加了 78 家。在动荡岁月中，到 1978 年企业数量不增反减。在这 100 多家企事业单位

里,有的闻名遐迩,数创上海或中国第一,有的名声不响却是各领域的骨干企业。正如前文所述,产品是这些企业的底气。

表 6-1 上海卫星城部、市属企事业单位户数

地 区	工业性质	单位户数(户)			
		1957 年	1965 年	1971 年	1978 年
闵 行	机电	7	22	35	29
吴 泾	化工	2	9	12	12
嘉 定	科研、仪表	11	16	35	32
安 亭	汽车、机械	—	10	10	10
松 江	机床、有色冶炼	12	20	19	18
合 计		33	77	111	101

资料来源:1957—1971 年工厂数来自《城市规划简报(八)》,1972 年 9 月 23 日,上海市档案馆,B257-3-109-25;1978 年工厂数参考了改革开放后对各卫星城的调查资料、志书等。

二十年里,卫星城企业逐步发展,并为国家创造了财富。据现有资料,至 1978 年,闵行卫星城工业总产值达八亿五千万元,工业用地面积等于市区总工业用地面积的六分之一。①松江卫星城 18 家部属、市属工厂,固定资产原值 20 967 万元,总产值 21 446 万元,利润 4 867 万元,上缴税金 1 276 万元,劳动生产率 1.32 万元。②

笔者没有找到其他卫星城企业总产值的资料,不过可以提供部分企业的产值和利润数据。安亭卫星城的上海汽车制造厂,在 1960 年迁入安亭前已有初步发展,从汽车修配进入整车生产,不过批量生产及工厂的进一步发展要到安亭扩建后。1960 年迁入安亭后,该厂技术装备从 22 台增加到 69 台,职工人数从 289 人增加到 518 人,总产值从 177.4 万元增加到 1 160.7 万元。③利润总额从 1970 年 61 万元增加到 1978 年1 390 万元。④和上海汽

① 《上海市闵行卫星城规划建设调查》,1981 年 6 月 9 日,上海市档案馆,B1-9-380。

② 何惠明、王健民主编:《松江县志》,上海人民出版社 1991 年版,第 471 页。

③ 《上海汽车工业志》编纂委员会编:《上海汽车工业志》,上海社会科学院出版社 1999 年版,第 154 页。

④ 《汽车工业规划参考资料》编写组编:《汽车工业规划参考资料》,中国汽车技术研究中心 1988 年版,第 160—161 页。

车制造厂一样，上海汽车发动机厂的阔步发展也是在迁入安亭建厂后。1971年起，为实现发动机批量生产，该厂制成各种专用机床70余台，制造发动机的主要生产方式采用由专用机床组成的半自动生产流水线。至1978年，上海汽车发动机厂拥有机床设备816台，职工人数1 655人，总产值达2 475.5万元，比1956年的63万元增加38倍。①如果没有动乱岁月，这些企业创造的价值将更大。就如吴泾卫星城的明星企业——上海焦化厂，1977年全厂完成产值7 762万元，上缴利润1 104万元，这是在生产形势好转的情况下取得的佳绩，但和1965年的水平差不多。②

卫星城形成各有特色的产业中心，为上海工业结构的调整作出了贡献。上海解放初期延续了之前轻纺工业为主的工业结构，重工业基础薄弱。1952年，上海工业的比重是：纺织工业52.2%，轻工业24.9%，重工业22.9%。到1956年，上海工业内部结构发生了较大变化，重工业、轻工业和纺织工业的产值比重变化为32.7%、26.2%和41.1%。③原先纺、轻、重顺序的排列开始向重、轻、纺并举的方向发展。1958年以后，近郊工业区和远郊卫星城成为上海发展重工业的基地。伴随近郊工业区和远郊卫星城的建设，上海的工业结构发生了根本性的改变。1960年统计，重工业所占比重上升为56.3%，轻工业（包括纺织业）则下降为43.7%。④上海从历史上长期以轻纺工业为主的城市，一跃成为重工业占比更高的现代工业都市。依托上海的工业底子，上海优先发展重工业、协同发展轻工业，逐步建成门类齐全、综合性的工业体系。

1949年后上海工业布局，不仅注重轻、重工业结构的调整，同时注重空间上的分布。中心区工业点和工业街坊、近郊工业区、卫星城，是计划经济时期上海基本形成的三个圈层工业布局。⑤在三个圈层中，上海有着清晰的

---

① 《上海汽车工业志》编纂委员会编：《上海汽车工业志》，上海社会科学院出版社1999年版，第155页。

② 上海焦化厂厂史编写委员会编：《上海焦化厂厂史》，上海市印刷四厂印刷1989年版，第185页。1965年总产值7 748.9万元，上缴利润为994.3万元。

③ 上海市统计局编：《胜利十年——上海市经济和文化建设成就的统计资料》，上海人民出版社1959年版，第41页。

④ 上海市统计局编：《1983年上海统计年鉴》，上海人民出版社1984年版，第80页。

⑤ 贾彦：《1949—1978：上海工业布局调整与城市形态演变》，《上海党史与党建》2015年第1期。

认识:“市区抓改造,近郊抓配套,新建到远郊。”自从1959年底卫星城被确认为上海城市发展的方向以后,整个六七十年代一直持有这种理念,也就是说,远郊卫星城始终被置于重要的地位。卫星城建设的持续进行,促使上海形成中心—近郊—卫星城三个工业圈层,从而促进上海工业布局趋向合理。

(二)工业建设带动城镇发展,促使各卫星城具有城市雏形

大的工业项目或联合企业的建设,需要道路、通信、煤气等基础建设跟上,而人口的增加需要住宅、教育及商业、休闲服务业的配套。上海卫星城建在远郊,基本以镇为中心。在工业建设的带动下,各卫星城逐步具有城市雏形,促使乡镇向城市转型。

第一,城镇人口扩张。企事业单位的入驻,以及商业、文化教育等各业的兴起,推动卫星城人口增长。1958—1961年是卫星城红火建设时期,几年中各卫星城总人口急剧增加。闵行1957年有31 137人,1958年开辟为卫星城后人口倍增,当年达到60 000人,之后继续增加,至1961年4月闵行卫星城总人口为76 600人。[①]1959年,嘉定县城人口为31 476人,1960年辟建为卫星城后,至1961年初,总人口达到45 000余人。[②]松江、吴泾、安亭分别从1957年51 300人、5 000人、3 000人,增至1960年约60 000人、20 000人、9 000人。以1960年底和1957年人口数相比,闵行等地在未确立为卫星城的1957年共计约118 000人,至1960年五个卫星城总人口达到近210 000,即三年时间因卫星城的发展推动城镇人口增加近100 000人。(见表6-2)[③]

部、市属企事业单位职工是人口增长的主体。闵行1961年4月总人口76 600人中,工厂职工为31 212人,去除闵行区属、县属、镇属工厂职工3 000多人,部、市属工厂职工占28 000多人。[④]嘉定1961年初总人口45 000余人

① 《关于闵行规划和建设问题调查研究报告》,1961年9月12日,闵行区档案馆,A6-1-0076-002。

② 《上海市基本建设委员会关于嘉定卫星城镇生产、生活配套、材料、供应体制、预算定额和价格以及党的工作的调查研究报告》,1961年6月,上海市档案馆,A54-1-255。

③ 《上海市城市建设局关于调研工作的计划、报告》,1961年8月19日,上海市档案馆,B257-1-2429。资料中吴泾1957年人口没有数字,据其他资料为5 000人左右。卫星城总人口包括常住人口和寄居人口,后者主要指工作在卫星城、户口在市区的职工。

④ 闵行区属、县属、镇属工厂职工人数是1960年1月的统计,参见《1960年闵行镇情况》,1960年1月,闵行区档案馆,A6-1-0014-001。

中县城原有人口为 33 622 人,增加的一万多人几乎全部来自部、市属单位:部、市属单位职工总数为 11 539 人,其中新建 12 个单位的职工为 8 267 人,建筑安装等施工单位的职工为 3 462 人。①同一时期,安亭、松江、吴泾卫星城各企业生产工人陆续进驻企业。据 1961 年 10 月统计,卫星城职工由 1957 年 0.9 万人增加到 1961 年 6.6 万人(松江和嘉定不包括原有开办工厂企业单位职工人数)。②之后由于时势变动,企业生产停滞及"精简职工运动",导致卫星城部、市属单位职工人数在 1965 年减少至 6.09 万,至 1971 年缓慢增加到 10.13 万。根据已有资料对卫星城部、市属企事业职工的统计,至 1978 年,闵行有一定幅度上升,嘉定、松江则有小幅度下降。吴泾、安亭卫星城相关数据缺乏,但是从闵行、嘉定、松江职工人数变动情况,估计变动应不大。所以至 1978 年卫星城职工总人数应在 10 万上下,见表 6-2。

表 6-2 上海卫星城总人口和企事业职工人数

卫星城	企事业职工人数(万人)			总人口(万人)		
	1965 年	1971 年	1978 年	1957 年	1960 年	1978—1982 年
闵 行	2.83	4.12	4.8	3.11	7.50	9
吴 泾	1.00	1.57	1.5	0.50	2.03	3
嘉 定	0.67	1.90	1.8	2.80	4.60	6
安 亭	0.62	0.90	1.0	0.30	0.92	1.21
松 江	0.97	1.64	1.62	5.13	6.00	6.2
小 计	6.09	10.13	10.72	11.84	21.05	25.41

资料来源:1965 年、1971 年企事业职工人数来自《城市规划简报(八)》,1972 年 9 月 23 日,上海市档案馆,B257-3-109-25。1978 年数据来自各档案和方志,其中吴泾、安亭数据为约估。1957 年、1960 年总人口数据来自《上海市城市建设局关于调研工作的计划、报告》,1961 年 8 月 19 日,上海市档案馆,B257-1-2429。1978—1982 年人口数据参考了 1978 年后的档案和方志,其中安亭是 1982 年人口普查数据,嘉定、闵行、吴泾、松江为 1978 年人口数据。

企事业职工的到来,改变了原先乡镇的人口结构。原先以农业人口为主的各乡镇,逐步转向以工业人口为主。依据资料,至 1978 年,五个卫星城

① 《上海市基本建设委员会关于嘉定卫星城镇生产、生活配套、材料、供应体制、预算定额和价格以及党的工作的调查研究报告》,1961 年 6 月,上海市档案馆,A54-1-255。

② 《关于住宅建设问题(三稿)》,1961 年 10 月,上海市档案馆,B257-1-2752-37。

部、市属单位职工总人数约占总人口40%。表6-2显示,闵行、吴泾、安亭三个卫星城的部、市属单位职工占到城镇人口的50%以上,嘉定、松江的比例相对小些,约30%。另外,如果把闵行、嘉定、松江各自县属工业职工,以及交通、建工、市政公用事业、文教卫生、商业服务等单位职工计算进去,那么农业人口的比重将更为降低。如1978年闵行卫星城已有市属工业职工4.8万人,加上市政公用事业、文教卫生、商业服务等单位职工1.6万人,共有职工6.4万人,占总人口比例达到71%。①

大量部、市属企事业职工的增加,既是生产科研的需要,是各卫星城形成产业中心的支撑,同时又推动了为企事业和城镇服务的基础设施及住宅、通信、医疗等各项配套建设。

第二,城镇建设启动。按照规划,卫星城建设的宗旨是"就地工作、就地生活"。最早建设的闵行卫星城是城镇建设的样板,包括宽广的沪闵路,兼具住宅、教育、购物等多种功能且规格高、风格新的闵行一条街,以及各项基础设施的高速度建设。初期,嘉定、安亭等卫星城就是以闵行为样板。尽管高规格后来因形势变幻不再被认同,但是前期的高速度建设搭建了初步的城市框架。之后的岁月中,卫星城建设不再按城市标准,而是按照"工农结合、城乡结合"方针,使其接近农村水平,以缩小工农、城乡差别。卫星城城镇建设遭遇停滞,缓慢前行。不过,和辟为卫星城之前相比,已初步形成城市面貌。

通往中心城市的主干道一一建成,卫星城内部逐步建成方格型交通网络,住宅、商店、书店、影剧院、饭店、公园等城市景观,改变了以往农村集镇的面貌。"人间乐园好春光,天堂不如新闵行"②的赞誉,虽有稍许夸张成分,但仍是当时当地真实情境、心境的抒发。五个卫星城里,吴泾、安亭基础差,从人口少、破旧萧条的农村小镇发展为拥有数万人口、初具城市面貌和规模的城镇,这种崭新变化的对比度会更强。

---

① 《关于"闵行总体规划和近期建设规划"审查意见的报告》,1980年7月1日,B1-9-179-120。

② 《闵行卫星城市和"一条街"建设的初步经验》,1960年3月,上海市档案馆,A54-2-1024-147。

工业是卫星城的灵魂，工业建设又带动城镇建设，卫星城从乡镇向城市转型。在经济职能上，卫星城拥有众多骨干企业，分别成为机电、化工、仪表、科研基地。其中吴泾、安亭直接从农村村镇转型为工业城镇，嘉定、闵行、松江则从小型工业城镇转向上海重要工业城镇。在人口结构上，大量部、市属单位职工及行政、商业、文教等职工的到来，改变了原有农民占绝对优势的情形。在城镇面貌上，工厂、高层住宅、饭店、剧院、宽广公路等具有城市特征的建筑群，更是给人以强烈的直观视觉感受。

二、不　　足

尽管卫星城建设在推动上海重工业建设、改变上海工业结构、促进上海工业布局调整及推动卫星城向城市转型上呈现出一定成效，但是这种成效又是有限的。这种有限性可能很难精确评论。因为上海最初并没有在所有目标上给出精确的数据，如卫星城重工业产值应该达到多少及在全市的比例，所以在这方面就留下评论空间。20 世纪 80 年代有学者统计，上海六个卫星城(加上了金山卫)1979 年的工业总产值 40.5 亿元，约为全市工业总产值的 6.9%；上缴利润和税金 12.6 亿元，约为全市的 7.2%；而固定资产 38.6 亿元，则占全市的 26.1%。在此基础上指出：卫星城企业的经济效益普遍不够理想。[①]也有学者认为，上海卫星城适应了国民经济发展的需要，为全市工业总产值作出积极贡献。[②]有些成效可以通过数据或现状看到其有限性。如，后期卫星城工业建设存在停滞状况，又如，卫星城对上海工业布局调整的作用非常小，下面会结合数据等资料仔细分析。还有，卫星城虽然建有一些具有城市特征的建筑群，但是和城市相比，不仅数量少，而且零散，关键到后期缺乏新建或修建，无法满足民众的生活需求，所以只是具备城市雏形。

在卫星城促进城乡结合方面，成效比较微弱。一方面，卫星城本身的存在是给周围农村一种工业城镇的示范，闵行、嘉定、安亭等地的一条街和商业服务吸引了城镇附近居民的到来，工厂为部分居民带来了自来水和电，他

① 陈迪化等：《从金山卫的发展探讨卫星城的建设》，《城市问题》1985 年第 1 期。

② 陈贵镛、何尧振：《上海卫星城镇的规划和建设》，《城市规划研究》1985 年第 1 期。文中指出 1979 年卫星城的工业总产值占全市的 11.1%，上缴利润和税金占全市的 11%。

们在接触、耳濡目染中感受着城市的便利和新潮。部、市属单位职工的生活方式、行为习惯乃至一些观念,也会在无形中影响农民。另一方面,卫星城在促进农村经济发展、和周围农村之间的联系,正如第五章所述,结果是不理想的。这里不再赘述。

疏散市区工业和人口,应是卫星城建设成效的另一大衡量对象。最初规划认为,通过卫星城疏散市区工业和人口,既可以改造市区又可以调整上海工业布局。其中,从市区迁建是卫星城工业建设的一大任务。那么,在这方面情况如何呢?

城市规划学把大城市对人口的吸引称为磁力吸引,把为摆脱这种磁力吸引而采取的一系列措施称为反磁力吸引体系。在反磁力吸引体系中,卫星城有着重要地位,是抵抗大城市磁力场的重要空间。通过各种分析可以发现,计划经济时期上海卫星城“反磁力”成效是微弱的。

首先,市区工业和人口过于集中,布局混乱。据1980年档案资料记载,市区中心地块集中了全市91%的工厂,93%的人口,84%的职工,81%的工业产值。[①]也就是说,市区、卫星城、近郊工业区三者数据总和中,仅有9%的工厂、7%的人口、16%的职工集中于卫星城与近郊工业区。

市区依旧集中大量人口,导致人口平均密度高达每平方公里38 000余人。[②]同时,各项建设过多地集中在市区。一些单位和职工从市区迁入近郊工业区和卫星城,不过在原地又办起了新厂;未迁出的工厂进行扩建,或在里弄兴办集体所有制工厂。据统计,“四五”期间新建改建厂房及其他建筑一千万平方米,其中七百万平方米在市区,见缝插针,市区建筑密度越来越高,平均已达45%,有些街道高达80%以上,在全国各大城市中是最高的(北京、广州20%多,天津30%多)。[③]此外,市区工业布局混乱,表现为工业布局和地区公用设施各自为政,工厂与生活区混杂。据1962年调查,约有70%的工厂与住宅、学校混杂相间。[④]70年代依旧如此:市区2 700多家全

① 《上海市城市总体规划纲要(修订稿)》,1980年12月,上海市档案馆,B1-9-179-23。

② 天佐、嘉生:《从南京路的断垣残壁谈起——在调整中前进迫切需要搞好城市规划》,《解放日报》1979年4月10日。

③ 《上海市革命委员会工业交通组关于城市改造和城市建设工作情况的汇报提纲》,1975年9月29日,上海市档案馆,B246-2-1405-8。

④ 《关于城市建设问题的意见》,1963年9月10日,上海市档案馆,B11-2-24-1。

民所有制工厂分设有20 000多处生产点，且绝大部分与居民杂处。①“有些住宅被工厂包围，有的居住里弄内设有工厂。甚至在一幢房子里，楼上住人，楼下设厂，既不利于生产发展，又严重影响居住环境卫生和安全。”②

市区集中的工业和人口，印证了卫星城疏散作用的微弱。不过，直接考察卫星城疏散工业和人口的情况仍是需要的。至1978年，卫星城企事业单位共有101家，其中从市区迁入的有44家，见表6-3。最初规划是以迁建为主，以疏散市区工业，从最后结果看，约占卫星城企事业单位总数的44%。

表6-3　1978年上海卫星城部、市属企事业单位从市区迁入户数

地　区	工业性质	企事业单位户数(户)	从市区迁入户数(户)
闵　行	机电	29	15
吴　泾	化工	12	2
嘉　定	科研、仪表	32	7
安　亭	汽车、机械	10	10
松　江	机床、有色冶炼	18	10
合　　计		101	44

资料来源：根据档案、方志等资料统计。

卫星城企事业单位的迁建、新建和扩建，在政府的指令下有计划、统一地进行。相对而言，人口导入虽受到指令控制，但有自主空间。按照规划，卫星城需要接收从市区迁入的人口，所以卫星城企事业职工(包括工业、行政、文教、服务业等单位职工)的迁居情况影响到卫星城疏散功能的发挥。

对卫星城企事业职工来说，其户口从市区迁到卫星城，也就意味着在卫星城定居。如果户口仍在市区，那么职工仍属于市区的人口。“就地工作、就地生活”的规划设想，就是想让职工将卫星城作为定居之地，从而达到疏散市区人口的目的。因此，职工是否落户、定居在卫星城，是衡量职工对卫星城依附度的最重要标准。1978年对闵行主要工厂职工户口情况的统计显示，职工

① 天佐、嘉生：《从南京路的断垣残壁谈起——在调整中前进迫切需要搞好城市规划》，《解放日报》1979年4月10日。

② 《上海市城市建设局革命委员会关于城市规划资料的函》，1973年2月26日，上海市档案馆，B257-2-765-1。

61 444 人中,户口在市区的有 29 000 多人,占职工总数的 47.5%,户口在闵行的职工有 28 646 人,占比为 47.6%,户口在外地的占 5.9%。其中,市属工厂职工 48 026 人中,户口在闵行的 21 502 人,占比为 44.8%。[①]根据松江卫星城 1982 年统计资料,市属工厂职工户口在市区、工作在松江的约 10 000 人,当年市属工厂职工为 19 687 人,计算可知落户率为 49%。[②]考虑到 1978 年后上海加大卫星城建设力度,之前的落户率会低些。80 年代初期,学者蔡纪良指出,据 1979 年上海六个卫星城的统计,共有职工 16.89 万人,常住人口 21.6 万人,其中从市区迁去的人口有 6 万。[③]另有学者郑正等人指出,从市区去 7 个卫星城的 16.7 万职工中,只有 4.7 万在卫星城安家落户。[④]除本书主要论述的五个卫星城,70 年代末 80 年代初上海兴建了金山卫、吴淞—宝山两个卫星城。蔡纪良所指的六个卫星城包括金山卫,郑正等的统计则包括所有七个卫星城。卫星城个数不同,职工总数大致相同,应是其中一篇文章统计有误。只看落户率的话,前者为 36%,后者为 28%,都不高。据此推算,1978 年前五个卫星城中,嘉定、吴泾、安亭职工的落户率是较低的。

疏散市区人口到卫星城,最理想的状态是来自市区的职工及其家属一起落户、定居在卫星城。按 20 世纪六七十年代上海市户平均人口 3.8—4.5 人计算[⑤],若职工及其家属一起从市区郊迁至卫星城,那么卫星城疏散市区人口的作用将更明显。这就需要考察带眷率,即带眷职工占总职工的比重。

1961 年 4 月市城市规划设计院对闵行进行调查,职工总数有 41 051 人,带眷职工为 10 100 人,带眷比例为 24.6%。又根据对上海电机厂等六个单位的典型调查,有眷职工占全单位职工的比重是 57.38%。也就是说有一半的有眷职工未安家于闵行,带眷水平并不高。当年的调查还提到,“闵行是各卫星城中带眷水平最高的,吴泾只有 8.6%”[⑥]。1972 年,市规划建

---

① 《关于解决闵行地区生活配套设施的请示报告》,1978 年 10 月 14 日,上海市档案馆,B289-2-89-112。

② 《松江总体规划现状基础资料》,1982 年 2 月,松江区档案馆,0006-23-0035-0054。

③ 蔡纪良:《论我国卫星城的建设和发展》,《城市问题》1982 年第 3 期。

④ 郑正、宗林、宋小冬:《关于上海卫星城镇建设方针政策的建议》,《城市规划汇刊》1984 年第 2 期。

⑤ 谢玲丽:《上海人口发展 60 年》,人民出版社 2010 年版,第 104 页。

⑥ 《检送“关于闵行规划和建设问题调查研究报告”的函》,1961 年 9 月,闵行区档案馆,A7-1-0029-002。

筑设计院的一份调查显示，吴泾带眷率为13.2%，闵行为25%。[①]相比1961年，闵行带眷比例并未增加，吴泾增加了一些。1972年底，安亭卫星城十个厂的职工人数9 091人中，家属迁至安亭的有807户，1 034人，带眷率为11.4%。[②]另外，据1979年嘉定卫星城档案，市属单位的职工总数一万八千余人中，"连同家属一起把户口迁至嘉定定居的只有一千五百户，带眷率仅百分之十七"[③]。

由于职工落户、带眷比例低，假日前后大量职工往返市郊，增加了公共交通压力。多数单位还自放厂车，增加了企业负担。带眷率低对生产也带来一定影响。1972年，松江金属加工厂反映，该厂每周休息一天，在假日的前后两天中，有些职工精力分散，工效较低，也容易发生生产事故。如一次一位工人因搞错配料比例，车间停止生产六小时等。[④]

从以上对档案等资料的分析可以看出，职工及其家属迁居卫星城的情况并不理想，透露了卫星城"反磁力"功能的微弱。1978年以后，职工郊迁率低的问题终于暴露在公众面前。1980年《解放日报》一篇文章提出："在卫星城镇就业的四十万职工中，带家属在郊区落户的很少。大部分职工原来每星期回市区一次，后来增为二次、三次，现在很多职工索性天天赶回市区，这对职工的生产、学习、休息都不利，对公共交通的压力也很大。近些年来，待业青年普遍不愿到郊区就业。有些同志把这些现象称为'人心向市'。"[⑤]

第二节 问题及检视

上海卫星城在工业建设、城镇建设等方面获得一定成就，同时在疏散市

① 《城市规划简报（五）》，1972年7月18日，上海市档案馆，B257-3-109-16。

② 《上海汽车厂有关安亭工业区小学、托儿所、校舍事宜及职工生活设施方面若干问题的报告》，1966年9月至1978年6月，上海市档案馆，G18-2-109。

③ 《关于嘉定卫星城镇建设情况和意见的报告》，1979年11月29日，嘉定区档案馆，1-28-18-20。

④ 《城市规划简报（五）》，1972年7月18日，上海市档案馆，B257-3-109-16。

⑤ 梁志高、高柳根、厉璠：《关于建设卫星城镇的几点设想》，《解放日报》1980年5月21日。该文把近郊12个工业区都看作是卫星城，所以职工人数达到四十万。

区工业和人口、城乡结合等方面作用微弱。总体而言,卫星城建设成效不佳,与卫星城自身发展中存在诸多问题密切关联。面对问题,政府并非不作为,但是由于时代的制约,有限的努力无法解决根本问题。

一、存在的问题

1980年前后,上海市政府对闵行、嘉定等卫星城做过多次调查。其中,最早建设、坐拥“四大金刚”的闵行卫星城是调查的重点。1981年5月,国家城建总局赴上海调查组对闵行卫星城的规划建设进行了调查研究。前后多次调查及报告揭示了上海卫星城建设存在的诸多问题。主要体现在以下四点。

第一,总体规划问题。

工业布局与工业建设是卫星城规划的核心要点,各卫星城以某行业为主展开建设,各自形成了特色鲜明的工业卫星城。但是由于过去着重发展重工业,导致行业单一,进而影响到男女职工性别比例。调查表明,闵行工厂主要是机电工业,缺少其他适应妇女工作的轻、纺等工业,以致女职工比例较低,仅占总职工的34%,市属工厂女职工比例更低,仅占29.8%。[①]女职工比例低影响到职工找对象难,也不利于职工就地安家落户。行业单一进一步影响到卫星城职工的郊迁率。据调查,已在闵行、安亭等卫星城安家落户的市属厂职工,百分之九十是同厂双职工和同地双职工。没有在卫星城落户的职工,其中有相当一部分是配偶一方在卫星城工作、一方在市区工作的双职工。这些职工由于不同厂、不同工种、不同地区,想迁往卫星城也有困难。[②]因为卫星城没有对口单位接收,很多异地双职工只能等到退休年龄,才能在卫星城定居下来。

此外,卫星城存在规模小的问题。在各卫星城中,闵行人口最多,但至1978年总人口也仅9万。安亭总人口则最少,仅1万多人。卫星城规模过小容易带来一些弊病,一是疏散大城市人口作用不大,二是规模过小,工业

① 《上海市基本建设委员会关于“闵行总体规划和近期建设规划”审查意见的报告》,1980年7月1日,上海市档案馆,B1-9-179-120。

② 张学全:《改变卫星城镇单一的工业布局有利职工落户》,《文汇报》1980年1月3日。

和生活用地受限制，住宅建设受影响，不利于卫星城本身的发展。三是规模小就没有条件建设较大型的公共文化设施，文娱生活单调，年轻人就不愿久住。“根据国外经验，二十万以上人口的卫星城镇最有利于巩固和发展。”①

还有，布局分散等问题带来一定的负面影响。闵行东起闵行船厂，西至重型机器厂，横贯 9 公里；南起黄浦江，北至铁路纵深 3 公里，城市可发展面积达 23 平方公里，但至 1979 年实际建设用地仅 7.41 平方公里，造成工厂、居住区布局分散，工程管线配套困难，职工交通、居民生活不便。②

第二，生活设施问题。

城市建设的滞后性，前文已有较多阐述。这里再说几点。

一是，闵行是卫星城中的典型，城市建设曾走在前列，其七十年代末的城市建设状况很能说明问题。1980 年的调查称：闵行“缺少文化宫、少年宫、科技馆、菜场、饮食服务、医疗卫生、中学校舍等都不适应需要。市政公用设施方面，现有水厂制水能力不足，没有雨水系统，排水困难，污水系统也不完善。红旗新村和工农医院之间没有边路，电话通讯不便，煤气缺少”③。

二是，住宅与其他公共服务设施建设的滞后是导致职工郊迁水平低下的关键因素。20 世纪 50 年代末卫星城大规模、高标准的城市建设吸引大批职工前往，但住宅建设跟不上职工增长的需要，因此很多职工愿意前往，但无法前往。这种情况延续了很多年。至 1964 年，嘉定新增的 4 100 个职工中，“由于住宅不够，眷属迁去的仅 345 户，已提出要求迫切需要迁去的还有 769 户”④。嘉定的这种情况在安亭、闵行等卫星城同样存在，也就是说，住宅建设落后于职工的需求。由于公共服务设施长期得不到配套完善，已迁居卫星城的很多职工无法安心于工作，导致各卫星城职工多次向上反映问题，甚至要求调回市区。这也使得很多尚未迁居卫星城的职工产生畏惧之心。到后期，配套服务的不完善，以及住房条件差，令很多职工不愿迁往

---

① 《上海市人民政府办公厅关于上海市郊区卫星城镇情况的调查汇报(2)》，1980 年 3 月 20 日，上海市档案馆，B1-9-124-128。

②③ 《上海市基本建设委员会关于“闵行总体规划和近期建设规划”审查意见的报告》，1980 年 7 月 1 日，上海市档案馆，B1-9-179-120。

④ 《上海市规划建筑设计院关于嘉定近期配套建设规划的报告》，1964 年 2 月 24 日，上海市档案馆，B11-2-91-5。

卫星城。1980年闵行地区的群众反映:“昆阳新村已经建好五年,至今没有菜场,基本的商业网点也不配套。至今还有八千多平方米的住房分不出去。”[①]有学者研究,80年代初期,卫星城共新建单身宿舍43万平方米,但是住宿的很少,多数是每天往市里跑。其中原因,一是宿舍条件太差,每室8人,十分吵闹;灯光昏暗,无法学习;卫生条件不好,环境不舒适。二是食堂伙食不好,文娱生活单调等。[②]从最初的迫切要求迁往到后来的不愿迁居,职工的心态变化反映了住宅及其他公共服务设施配套问题对职工郊迁带来的重大影响。

第三,相关政策问题。

一是户口政策。户口问题是有关中国城市政策的一个根本性的问题。计划经济时期,我国利用户籍管理严格限制城乡间的人口流动。根据是否享受粮食定量供应,户口分为城市户口和农村户口两大类。实际情况比较复杂,不仅有城市和农村的差别,还有大城市和小城镇的差别。不同的户口,代表生活待遇和就学、就业等方面的差别。

上海五个卫星城中,闵行、吴泾比较特别,最初成立闵行区,闵行区撤销后又归属徐汇区;其他三个卫星城,嘉定、安亭均属嘉定县管辖,松江隶属松江县。区和县不同,导致职工户口的不同。当闵行、吴泾卫星城市属单位的职工入户当地,其户口为市区户口;嘉定、安亭、松江卫星城市属单位的职工入户当地,其户口则为城镇(郊区)户口。[③]有了市区户口,可以享受市区的某些社会权利和物质待遇,例如定食供应标准比城镇高,还可以在市区申请分配房子、安置子女等。嘉定、安亭、松江卫星城职工将户口迁入后转为城镇户口,就要降低某些社会权利和物质待遇,同时还会影响子女就业。由于“僧多庙少”,各卫星城的市属单位要接收不少从市区分配来的毕业生,因此郊迁职工的子女大多数要分配到五类工资、福利条件较差的县属单位。这

① 《卫星城镇文化生活设施亟待配套》,《文汇报》1980年11月9日。

② 蔡纪良:《论我国卫星城的建设和发展》,《城市问题》1982年第3期。

③ 资料中有一种说法:从市区迁到郊县城镇就要改为城镇户口。参见张学全:《卫星城镇的职工为什么安家落户这样少?》,《文汇报》1979年11月6日。其实这是一种笼统的认识。闵行、吴泾卫星城的职工将户口从市区迁到闵行、吴泾后,仍是市区户口。这点在采访过程中得到老职工的认同。

就使很大一部分郊迁职工感到吃亏，认为家不迁来卫星城，子女进市局单位的机会多，条件也比县属单位好。[1]此外，户口“迁出容易迁回难”，迁到郊区后就很难迁回市区。因此，户口问题是导致卫星城职工郊迁率低的重要原因。

卫星城除了拥有上海市区户口的职工，还有原来就住在当地的职工和来自其他郊县或外地来的职工，以及县属企业的职工，他们都是城镇户口。这样就产生了同一地区，甚至同一单位里的职工存在不同户口的混杂现象。

二是工资政策。在各卫星城，除了有部、市属单位，还有不少县属单位。两者的职工工资水平有着地区类别的差异：前者享受八类地区的工资待遇，后者享受五类地区工资待遇。还有，由原县属划归市专业局的单位，几经周折，由五类地区工资待遇改为六类半。这样，在同一个卫星城就有三种不同工资待遇。由于种种原因，不论是市属或县属单位，都互有享受八类或五类地区工资待遇的职工进出，因此，在一个单位里，甚至一个车间内，一个小组中，都有享受不同地区类别工资待遇的职工存在，形成了同工不同酬，同级不同酬。由于工资类别不同，附加工资也不同，至于福利待遇也有很大的差别。工资收入上的差别影响了职工之间的团结，也间接影响了企业的生产建设。[2]

三是商品供应、住房分配政策。在商品供应上，卫星城按郊区货源分配，因此日用工业品高档商品少，低档商品多，花色品种不齐全。在供应渠道上，郊县大量的副食品往市里送，再等市里分配安排。这样，一方面是大量的副食品送往市区，而各工厂企业却每天要用卡车去市区装运回来，相向运输，不仅浪费了大量人力、物力，而且供应数量往往不足，质量也存在问题。直到70年代末，安亭卫星城职工依旧常年吃不到河鲜、海鲜和家禽。以海鲜来说，市有关部门从未供应过安亭一斤海鲜；安亭公社捕捞的河鲜，60%以上调市，30%左右供应饮食行业，居民终年吃不到鱼虾。[3]

①② 《关于嘉定卫星城镇建设情况和意见的报告》，1979年11月29日，嘉定区档案馆，1-28-18-20。

③ 《上海汽车厂关于安亭地区各工厂企业主要负责人第二次座谈会的纪要》，1976年1月9日，上海市档案馆，G18-2-109-48。

在住房政策上，卫星城建设初期，职工的住房面积和房租都比市区略有优惠，后来按照缩小城乡差距、“城乡结合、工农结合”方针，卫星城房租和房屋分配标准跟市区一样。还有一些政策也不利于职工郊迁，以闵行为例：青年职工与父母同住市区，因结婚愿意搬到闵行，但按规定上海的住房要缩小，父母又不同意，因而不能在闵行申请住房，这些职工难以迁来闵行安家。①

第四，行政管理问题。

计划经济时期，卫星城部、市属企事业单位的生产和科研归中央各部、上海市各工业部门领导，非生产性建设的管理则呈现出多种形式。

1980 年，时任上海城市规划建筑管理局局长后奕斋一针见血地指出了卫星城在管理体制上存在的问题：“目前，上海郊区工业城镇的组织体制与隶属关系有多种形式，如闵行、吴泾作为一个街道受市区领导；嘉定、松江作为城厢镇受县领导；安亭受县领导；金山石化总厂则政企合一。”他认为必须加强城镇的统一管理，“郊区工业城镇规模大的应单独设区的建制，规模小的可以分片设立相当于区级的建制，把城镇各方面的管理工作统一起来，使市政建设、文教卫生商业服务、公安、就业等问题有统一的机构负责管理”②。

如后奕斋所说，嘉定、安亭两个卫星城的城市建设受嘉定县领导，松江卫星城由松江县管辖。嘉定县、松江县不只管辖卫星城，各自皆有其他城镇、乡村诸多事务需要管理。闵行、吴泾两个卫星城的情况稍复杂，曾在 1960 年初合并为闵行区，后来于 1964 年撤销、设立闵行街道办事处划归徐汇区管辖。按理说，闵行区的成立有利于两卫星城建设。不过也有三点问题。一是人口少、规模小，导致区委事务少而机构和人员繁多，存在机构臃肿、人浮于事的问题。二是虽然有区的建制，但是并没有明确区的管辖责任和范围。上海县的一些机构仍然设在闵行镇上，同时在市政建设、文教卫生等工作上，上海县和闵行区政府之间有时互相推诿。三是在城乡二元体制

① 《上海市人民政府办公厅关于上海市郊区卫星城镇情况的调查汇报(2)》，1980 年 3 月 20 日，上海市档案馆，B1-9-124-128。

② 后奕斋：《上海郊区工业城镇规划和建设的几点体会》，《城市规划》1980 年第 6 期。

下闵行区无法妥善处理区内户口、工资等多元复杂的状况。最终导致撤销区的建制。而在撤销后，行政管理体制仍然比较混乱，闵行、吴泾卫星城长期处于“三不管”状态。

以上几大卫星城规划建设中存在的主要问题是导致卫星城建设成效不大的直接原因。对于这些问题，政府并不是不重视或视而不见，有的无法调整，有的则努力去完善或解决。

二、曾经的努力

政府初期的设想是美好的。在卫星城规模上，1959 年设想“每个点 10 万人左右还是比较适宜的”，闵行、松江条件比较优越，“规模可以更大一些，到 20 万人以上”，“有的点由于条件差或工业性质的特点，可以小一些，5 万—6 万人左右”。闵行、吴泾、松江、嘉定、安亭、浏河六个卫星城规划总人口 80 万，再加上计划辟建的青浦、周浦、川沙等卫星城，全部人口远期达到 180 万—200 万。[①]国民经济调整时期很多工程下马后，上海对规划作了调整。1961 年，上钢四厂、焦化厂、水泥厂等企业明确不在闵行建设，规划人口下调。[②]1972 年卫星城人口规划继续调整，闵行为 15 万人，松江、安亭各为 10 万人，嘉定为 7 万—8 万人，吴泾为 5 万人。[③]在建设过程中，政府并不是一成不变，而是根据形势对卫星城规模作相应的调整。从当代视角来看，卫星城人口规模是比较科学的。但是，当时的客观条件阻碍了这一规划的实施。

关于卫星城以发展重工业为中心，行业单一从而影响男女婚恋、定居问题，1958 年刘少奇到上海汽轮机厂视察时提出过。当时，刘少奇听说这个厂每星期休假，有许多人去市区，就进一步询问原因。当了解到有的小伙子是到上海找女朋友时，他就考虑到，作为社会主义的“卫星城”，不应该单纯地发展重工业，而是应该各行各业齐全，于是，提出闵行“是否可以加点纺织业、食品工业，还要做衣服的，做帽子的，缺一不可，电影、戏院等社会服务行

---

① 《关于上海城市总体规划的初步意见》，1959 年 10 月，上海市档案馆，A54-2-718-34。

② 《检送“关于闵行规划和建设问题调查研究报告”的函》，1961 年 9 月，闵行区档案馆，A7-1-0029-002。

③ 《城市规划简报(八)》，1972 年 9 月 23 日，上海市档案馆，B257-3-109-25。

业也要搭配起来”,“各行各业要搭配,不搭配,弄不好的,领导要做些社会组织工作”。[①]

行业搭配的设想在上海城市规划中多有呈现。1959年城市总体规划初步意见中提到,“为了便于城市男女居民的就业,在以某种重工业为主的城市里,可以搭配一些能吸收较多妇女就业的轻纺工业和精密工业,和为基本工业服务的一些服务性工业”。但又认为这个问题不宜过分强调,指出在每一个卫星城里各种行业齐全在当时不具备建设的条件。[②]行业不要过分单一的设想是持续的。1972年城市规划中也提到,“为考虑男女职工平衡,照顾双职工家属就近就业,还可安排一些女工较多的轻纺、手工业”[③]。

在城市建设上,上海在规划初期就制定了“就地工作、就地生活”的建设原则,期望创造“就地生活”的条件,从而避免英国等西方国家早年“卧城”的结果。因此,卫星城建设初期,十分强调市政工程、公用事业和其他配合工程,同时强调住宅建设必须结合城市的改造和卫星城工业建设,并配置相当数量的公共福利建筑。

闵行卫星城辟建初期,体现了工业建设与城市建设同步进行的指导方针。在上海电机厂、汽轮机厂扩建,重型机器厂、锅炉厂等企业陆续迁建和新建的同时,住宅区、生活区的建设同步展开。闵行一条街采用高标准、成街成坊的规划指导思想,曾受到中央领导的高度赞赏。1959年6月,邓小平在视察闵行卫星城时,认为“这样很好嘛,今后全国就照这样做”,“闵行这么多人,远离市区,没有宿舍怎么行!这么多厂,运输的物资很多,没有像样的公路,那怎么行!”。[④]闵行一条街成功建设后,一方面成为上海卫星城乃至全国城市建设的旗帜,另一方面促进了职工迁入卫星城的积极性,闵行各厂反映一条街建成后“动员职工家属迁往闵行的工作,就比较容易做了”[⑤]。在闵行城市建设初见成效后,市委总结经验时提

① 《刘少奇同志和上海人民心连心》,《文汇报》1980年4月7日。

② 《关于上海城市总体规划的初步意见》,1959年10月,上海市档案馆,A54-2-718-34。

③ 《城市规划简报(八)》,1972年9月23日,上海市档案馆,B257-3-109-25。

④ 中共上海市委党史研究室编著:《邓小平在上海》,上海人民出版社2004年版,第89页。

⑤ 《关于住宅建设问题(三稿)》,1961年10月,上海市档案馆,B257-1-2752-37。

到:“现在看来,在卫星城组织较高水平的公共福利设施是完全必要的。”①

对于卫星城各项配套工程建设中的问题,政府各部门有着清醒的认知。1961年上海市城建局在总结中提出:“城市建设为生产服务和为人民生活服务的方针贯彻执行不力。我们修建的有一些配合卫星城镇和新工业区建设的道路桥梁的质量很差,如松江工业区的道路、青松路、北佘路等等。松江县公路养护单位长期不肯接管。”“对新建中的卫星城镇和近郊工业区的住宅、公共福利设施和市政公用设施的配套建设也存在组织得不够及时等问题。”②

在各项建设中,住宅建设最受重视。这既是解决职工居住问题,满足他们最为迫切的需求,又是疏散市区人口的关键措施。因此,自1959年“逐步改造旧市区,严格控制近郊工业区规模的继续扩大,有计划地辟建卫星城市”作为城市发展方针以后,住宅建设的中心任务便从市区改建转移到工业区、卫星城的住房新建。1960年之后,上海非生产性建设投资逐渐压缩,但直至1963年,城市建设局仍提出:“尽可能满足近郊工业区和卫星城镇职工的居住需要”,“住宅的分布要从有利于促进减少旧市区人口出发,在卫星城镇、近郊工业区的比例应适当增长”。1966年10月,市公用事业办公室呈报《关于今后上海城市建设的方针的请示报告》郑重提出,今后新建住宅,市区的比例应适当缩小,郊区(包括近郊工业区、卫星城镇和新设工业点)的比例应适当扩大,以有利于更多更快地把职工和他们的家属从市区搬迁出去。③

实际情形是,主观愿望不能成真。在住宅问题上,政府只能根据实际情况作出调整。如在1961年4月对安亭地区新建工人住宅调整分配时,由于居住在新工房的职工尚不足一半(当时八个厂共有职工3 658人,居住在新工房的有1 518人),而新建住宅数量有限,因此提出相关意见:这次调整分配,只能就各厂已住在安亭的职工人数加以适当考虑,因此各工厂单位目前

---

① 《上海工业布局规划和卫星城镇建设的若干经验(二稿)》,1960年1月17日,上海市档案馆,A54-2-765-41。

② 《上海市城建局关于1958—1960年的三年工作总结》,1961年12月,上海市档案馆,A54-2-1299。

③ 《上海住宅建设志》编纂委员会编:《上海住宅建设志》,上海社会科学院出版社1998年版,第29—30页。

未去的特别是可去可不去职工以及带有婴孩或长病假的职工,应尽可能暂不迁去,以免造成生活安排上的困难;以安排集体宿舍为原则,分配标准从紧,每人一般为建筑面积4平方米左右(双层铺计算,折合居住面积2平方米左右)。①分配意见充分说明住宅建设跟不上职工增长需求,也呈现了政府"难为无米之炊"的尴尬境地和权宜之计。对其他问题,如交通问题,政府尝试通过增加车辆、工厂休假时间错开等办法,但交通紧张的问题始终未能得到妥善解决。②

1961年,上海市城建局对闵行开展了一次全面的调查研究,目的是"为了很好总结规划和建设中经验教训"。这次调查研究的主要内容涉及:城镇人口规模、总体规划布局、居住区规划与建设、基本建设和工业生产对农业生产的关系。调查研究总结多达两万多字,肯定了三年来规划和建设的成绩,同时对存在的问题进行专题研究,提出今后建设的意见。其提出意见非常有针对性且切合现实。其中,在居住生活配套建设方面提出:(1)根据住宅建设速度还跟不上需要的情况,近期内必须坚持二条腿走路的方针,即除积极进行住宅建设之外,利用简屋、办公楼以及民房暂时作为宿舍仍将是解决职工居住问题的一个重要方面,但住在危险房屋中及住在车间内,现已妨碍生产生活者,应首先予以必要的安排;(2)近期内单身职工比重大,应适量建造单身宿舍,但具体数量应以不超过远期单身宿舍之需要量为宜,其比重占职工总数的三分之一左右;(3)近期住宅建设次序,首先应当充分挖掘已征土地的潜力,在竹港以东地区采取填空补实的方法进行建设,其次充分利用已有公共福利设施的能力在红旗新村适当扩建,第三沿一号路向西发展,在一号路、华宁路口(二号路)建造眷属住宅,形成一个新的街坊,最后考虑在沙港以西建设适当规模的居住生活区;(4)由于眷属住宅建设必须相应的配置各种必要的福利设施,因此要有一定的建设量,才能既配套齐全又能充分利用。沙港以西近期职工的增长和住宅建设量均有一定的限度,所以应

① 《上海市基本建设委员会关于原则同意安亭地区1960年度新建工人住宅调整分配问题的复函》,1961年4月11日,上海市档案馆,A54-2-1374-1。

② 《上海市公用事业管理局关于公共交通、煤气、自来水情况及存在问题的综合报告》,1961年8月7日,上海市档案馆,A54-2-1378-1。

首先建造单身宿舍，以解决部分职工上下班问题，而眷属住宅仍在沙港东进行建设。①

20 世纪六七十年代，面对嘉定、安亭卫星城职工、企事业单位、所在地方政府提出的配套设施不足、生活不便等诸多问题，上海市政府同样是重视的。前文述及，20 世纪 60 年代初期嘉定卫星城问题，以及 1973 年安亭大厂联合反映问题后，各负责部门积极介入，均得到一定程度的解决。针对各种问题，有的解决是暂时的，后来又反复。如 1964 年嘉定卫星城企事业单位的蔬菜、副食品供应问题在上级介入后，确定蔬菜和副食品按市区价格和标准，由县负责安排供应，但是之后市属单位的蔬菜和副食品仍需到市区运回，嘉定县政府几次向市有关部门反映，将这些市属单位的蔬菜、副食品纳入嘉定的供应范围，抵交嘉定上交市里的计划，但始终没有得到解决。很多问题只能是局部的而不是根本性的解决，这可以从 20 世纪 70 年代末各卫星城住房、副食品供应、教育、医院等诸多配套问题严重的事实得到印证。“骨肉关系处理不当”，政府有着清晰认识：城市建设“存在的主要问题是与工业生产的发展和人民生活日益提高的需要不相适应，欠账很多，缺口很大”②。有些问题在初期不是问题，到后期才成为问题，如最初郊迁到卫星城企业的职工能享受到很多优惠和福利，如住房面积加大、房租金减少等，但后期就没有了福利。针对户口问题，1972 年市规划建筑设计院提出建议：“对于郊迁工厂企业职工及其家属是否可以仍按市区户口待遇，以减少职工及其家属郊迁的阻力。”③但是建议无法落地。所以，大多数时候有关职能部门往往只能提出“分清轻重缓急”“大力挖掘潜力”等建议，一些关键问题总是悬而未决。

三、时代的制约

美国城市规划理论家、社会学家芒福德曾说过：“真正影响城市规划的

---

① 《检送“关于闵行规划和建设问题调查研究报告”的函》，1961 年 9 月，闵行区档案馆，A7-1-0029-002。

② 《上海市革命委员会工业交通组关于城市改造和城市建设工作情况的汇报提纲》，1975 年 9 月 29 日，上海市档案馆，B246-2-1405-8。

③ 《城市规划简报(五)》，1972 年 7 月 18 日，上海市档案馆，B257-3-109-16。

是深刻的政治和经济的转变。"①该说强调了影响城市规划建设的两大因素——政治和经济。虽有宽泛之嫌,但抓住了要害。具体而言,1949—1977年上海卫星城存在诸多问题、政府作出努力但实效有限,主要是受到时代的制约。

首先,20世纪六七十年代我国政治经济形势的变化深刻影响了卫星城规划和建设历程。1958—1960年,上海卫星城建设开足马力、全面铺开。但是之后我国政治经济形势日益严峻。经济形势的变化是卫星城建设遭遇危机的首要转折点。1961年起上海卫星城建设逐渐放慢脚步,大量工业项目"下马"。整个六七十年代,虽有个别企业顺势发展,但总体进程滞缓。国民经济调整时期及之后,国家一再强调"勤俭建国"方针,城市建设再次强调以建成区为中心,由里向外集中紧凑地建设和发展。处于远郊的卫星城自然不符合建设方针。"文化大革命"开始后,经济问题政治化,闵行一条街被斥为贪大求洋、追求形式、脱离实际。随后,"降低标准,使其接近农村目前水平,缩小差别"成为调整后的城市建设原则。至20世纪70年代,卫星城"相应地建设住宅和生活服务设施,满足职工就地居住生活的需要"②只是一句口号,已无实施条件。20世纪六七十年代我国严峻、复杂的政治经济形势改变了卫星城工业建设、城市建设的进程,也是导致卫星城建设成效不佳的重要因素。

其次,工业化模式及相关保障、配套制度深刻影响了卫星城建设。新中国成立初期,中央确定了优先发展重工业的工业化战略。面对一穷二白的国情,为高效整合并利用资源,我国确立了计划经济体制。随后相继确立农产品统购统销、人民公社、户籍管理等各项制度,作为推进工业化战略的制度保障。一切以工业化为中心,对卫星城建设具有推动作用,并在一定程度上保障了卫星城在经济困顿及动乱时期没有全面停工停产。

工业化对卫星城建设有着积极意义,但也带来了负面影响。由于采取

① [美]刘易斯·芒福德:《城市发展史:起源、演变和前景》,倪文彦、宋俊岭译,中国建筑工业出版社1989年版,第264页。

② 《上海市城市建设局革命委员会关于城市规划资料的函》,1973年2月26日,上海市档案馆,B257-2-765-1。

优先发展重工业的工业化战略，上海五个卫星城规划为以某一行业为主，导致卫星城行业单一、男女比例失调。服务于工业化战略的各项配套制度体系，更是制约了卫星城各方面建设的充分展开。

为推进工业化，城市建设处于从属地位。在工业化主导的现代化进程中，工业建设具有物资资源配置的优先权，城市建设附属于工业建设。上海卫星城因工而兴，企事业单位自然是主体，工业生产、科学研究是重心。城市建设虽说与工业建设具有一定的同构性，即工业基础工程如水电、交通等同样是城市建设所需，但是主导的工业建设是政府投资、资源配置的重心。后进国家试图以工业化推动城市化，但是在工业化主导的情况下城市建设的滞后是一种常态。这一点同样反映在上海卫星城建设上。所以，在各卫星城因生产科研需要而职工人数增多时，却遇到了所在卫星城各项配套公共设施无法满足职工需求的困境。

城乡二元结构体制是计划经济时期加速推进工业化的产物，其核心是城乡户籍制度。国家明确将居民区分为农业户口和非农业户口两种不同户籍，并在此基础上构建了几十种相关制度安排，如粮油供应制度、劳动用工制度、社会保障制度等。这种制度设置把城市与农村人为分割，使得非农业户口附带了各种特权和福利，形成了城乡不对等的二元经济社会结构。[①] 1958—1977 年是我国城乡二元体制形成并固化的时期。在重重保障下，工厂成为国家的象征，是城市的体制，而农村是农民的聚落，公社是农业生产的组织者。工业与农业分割、城市与乡村对立体制的确立，加剧了地处远郊的卫星城的困境：既加深了市区户口、城镇户口职工在工资待遇、福利保障之间的矛盾，降低了职工的郊迁意愿，又分隔了卫星城企事业单位与周围农村、工人与农民之间的交流，卫星城作为城乡沟通桥梁的使命无法实现。

再次，社会主义工业布局、城乡规划理想制约了卫星城的发展。工业和人口的分布，不仅关系工业建设，也关乎城乡发展。马克思、恩格斯认为，无

① 刘保中、邱晔：《新中国成立 70 年我国城乡结构的历史演变与现实挑战》，《长白学刊》2019 年第 5 期。

产阶级革命成功之后,人口和大工业应该尽可能地在全国均匀地分布:“大工业在全国的尽可能平衡的分布,是消灭城市和农村的分离的条件”;“只有使人口尽可能地平均分布于全国,只有使工业生产和农业生产发生紧密的联系,并适应这一要求使交通工具也扩充起来,才能使农村人口从他们数千年来几乎一成不变地在其中受煎熬的那种与世隔绝和愚昧无知的状态中挣脱出来”。[①]在马克思、恩格斯看来,工业和人口的均衡分布是消灭城乡对立、实现城乡融合的先决条件。苏联秉承了马克思、恩格斯城乡关系思想,并进一步演化,至 20 世纪 30 年代初期明确规定生产力应合理分布,工业要靠近原料、动力基地,促使城乡融合,并明确提出限制大城市规模的政策。

我国基本沿袭了苏联的工业布局理念和城乡发展政策。合理分布生产力成为 1949 年后我国始终秉持的工业建设理念。正是在这种理念影响下,发展内地中小城市、限制大城市发展成为城市建设指导思想。20 世纪 50 年代中期以后卫星城的被认同是由于大城市分布工业和人口到远郊卫星城,与“合理分布生产力”理念有吻合的部分,同时此时的“限制大城市发展”并不是完全不发展大城市,大城市原有的工业基础还是可以利用并支援内地中小城市的发展。不过进入 60 年代,中央决定开展三线建设,三线建设重在内陆地区,国家在肯定三线建设战备功能的同时,也把它作为解决全国工业布局不平衡问题的途径。为以全国之力加强三线建设,国家再次强调不发展大城市。这次的不发展大城市,比原先更为坚定,从而堵塞了大城市周围建设卫星城的通道。卫星城虽然也把重工业作为重点,但让位于国家“合理分布生产力”的总体规划。此外,三线建设工业基地和卫星城建设模式不同:工业基地没有大城市的依托,它注重节约,工厂加宿舍再添加少量的生活设施,就可以建成;卫星城以母城为中心,在行业选择上考虑较多,在城市建设上也因与母城有比较而标准较高。在国家经济能力欠缺的时代,三线建设成为国家重点发展的对象。总之,发展内地中小城市更贴近国家合理分布生产力、消除城乡对立的社会主义理想,而大城市周围的卫星城显然较难实现。

---

① 《马克思恩格斯文集》第 9 卷,人民出版社 2009 年版,第 326 页。

第三节　比较视野下的审视

卫星城理论源于西方，最早在西方展开实践，二战后率先在英国进行大规模建设。我国和同时期西方的卫星城规划建设存在哪些差异，又有什么共性？计划经济时期除了上海，也有少数城市持续展开卫星城建设。它们的卫星城建设情况如何？改革开放后我国普遍在各地展开卫星城建设，将改革开放前后作比较，又会有什么发现？比较视野下的审视，将促进我们对这一时期上海，乃至全国卫星城建设的深入思考，从而进一步获得全面、客观的认识。

一、中西异同：与同时期西方卫星城建设比较

二战后，英国颁布《新城法》，实施“大伦敦规划”，通过在伦敦周围建设8个卫星城来疏散伦敦的工业和人口；同时对卫星城建设提出了更高的要求，强调卫星城的完全独立和在生活配套建设上的自给自足。英国的这套方案意味着卫星城的升级版——新城开始出现。资本主义国家中，我们以英国为比较对象是比较合适的，既在时间上相契合，又同为先期探索。①

英国的新城可分为三代。第一代新城是从20世纪40年代后期到20世纪50年代初，即“战后重建”时期。共兴建了14座新城，其中8个新城位于伦敦周围。第二代新城仅有一个，即建于20世纪50年代后期苏格兰的坎波诺尔德。第三代新城建于1961年到1970年，以米尔顿·凯恩斯(Milton Keynes)为典型代表。②英国前后共兴建了32个新城。第一代新城普遍规模比较小、规划人口少，伦敦周围的8个新城，人口规模为3万—8万；同时密度比较低，建筑物分散；功能分区比较严格。之后的新城吸收了前期建设的经验：普遍规模较大，规划人口至二十万；密度提高；更多注意景

① 美国、法国大规模的新城建设到20世纪60年代中后期才开始。由于开始晚，可以吸收英国新城建设的经验教训，因此起点比较高，新城大多规模大、设计新。

② 英国对新城的划分很不统一，各国对英国新城的划分更不一致。有分为四代的，也有分为三代的。在划分成三代的说法中，另一种划分法是：第二代新城指1955年至1964年间建设的。

观设计;在功能上除了疏散大城市的工业和人口,也关注到新城成为地区经济增长点。

英国《新城法》规定委托专门的开发公司去建设新城,原则上一个新城由一个开发公司来建。开发公司的领导成员由城乡规划部任命。经城乡规划部批准,开发公司有权获得(洽购或征购)建设新城的土地,进行各种必要的建设和任用职工。建设经费是由英国财政部根据《新城法》给予的贷款。开发公司也可以组织利用地方和私人的资金,例如米尔顿·凯恩斯新城的开发公司,它的开发资金中50%是向政府借贷,另外50%是利用私人资金。新镇的主要市政设施如自来水、煤气、电力等,如同英国其他城市一样,是由各地区的有关业务局负责提供的,新镇开发公司与各有关业务局商谈,提供土地,有时也提供经费,以确保新镇有足够的市政设施,至于排水系统与污水处理工程,一般由开发公司负责兴建。学校、诊疗所以及社区中心等设施,一般由地方当局负责兴建,经费从当地的地方税中支出。如果地方当局税收不够,开发公司可以资助。至于电影院、酒店及其他娱乐场所,一般是私营的。①

尽管英国一开始就设想建设"既能生活又能工作的、平衡的和独立自足的新城",但是最早建设的伦敦外围的8个新城,很长时期并没有达到目标,实际上还是半独立的卫星城。资料记载,在建设初期,居民因配套设施不足遭遇各种不便:道路泥泞,没有药房,没有高明的医生,没有公共交通,有时看一次病甚至要到十几里以外的地方去。当时的新闻记者用"新城的苦闷"(new town blue)表达居民情绪。后来虽有发展,但对第一代新城来说,城市服务设施不足的问题长期存在。之所以如此,一方面与地方财政困难有关,另一方面也与第一代新城本身特征有关:新城规模小,要安排各种服务设施,特别是娱乐设施,在种类和数量上都会受到限制;新城没有利用旧镇,原有人口比较少,一般是几千人,少的只有一二百人。第一代新城的这些不足,在第三代新城建设时被充分考虑并得以不断完善。②

---

① 北京市城市规划管理局科技情报组编:《城市规划译文集:外国新城镇规划》,中国建筑工业出版社1983年版,第10—12、27—28页。

② 同上书,第28—29页。

伦敦外围的8个新城，在规划中是伦敦工业和人口的"疏散点"，但结果并不理想。许多工厂离开伦敦，"其中只有7%是到新镇和扩建老镇上去的，20%是到'没有规划好的地方去的'，而大部分即70%的工作岗位是自行消失的，许多工厂和事务所离开伦敦后，没有去任何别的地方重新开业"。可以看到，伦敦工业虽然得到疏散，但并未以8个新城为中心，8个"疏散点"仅占极小一部分。伦敦人口的疏散也是如此。据1976年伦敦战略政策委员会的一个调查报告说，"伦敦外迁人口中，迁到新镇和扩建老镇安家落户，只占迁出总人口的5%"。8个新城的居民，外地迁去的较多。①有学者统计，到1971年12月31日为止，伦敦周围的8个新城共吸收了478 200人和相对应的工作数量。这比原来所规划的多出了95 000人和相应的工作。但是，1951—1961年间，伦敦城市区加上外围地区总人口增长了80万人，从1951年到1971年，人口增长的幅度超过了100万人。②也就是说，8个新城实现了原来规划的人口规模，但是伦敦市区和外围地区总人口远远超过8个新城人口的增长幅度，"疏散点"的作用较弱。

同是社会主义国家，且对我国卫星城规划建设产生影响的苏联，卫星城建设情况又如何呢？20世纪50年代后期，《人民日报》曾多次报道莫斯科卫星城，提到"第一座卫星城""第二座卫星城"。从后来实际建设情况看，莫斯科只产生了泽列诺格勒一个"独生子"。泽列诺格勒距莫斯科38公里，最初规划容纳65 000人，1959年动工兴建，到1975年人口超过12万。至1980年，这个城市已经初具规模，有相当数量的工作部门，生活环境方便舒适，坐电气火车到母城的市中心去也比较方便(约一个小时)。据调查，表示愿意在当地居住和工作的人，在调查对象中占了一半以上。③泽列诺格勒被视为苏联集中力量建设，取得较好效果的卫星城范例。不过需要注意的是，尽管人口数量超过规划，但它的母城在此期间增添了二百万人口。此外，苏联学者归纳了泽列诺格勒建设存在的主要问题：(1)建设周期长，在

---

① 北京市城市规划管理局科技情报组编：《城市规划译文集：外国新城镇规划》，中国建筑工业出版社1983年版，第74页。"扩建老镇"是指离伦敦更远的后来建设的新城。

② 张其伟：《二战后的英国新镇研究》，河北师范大学2010年硕士学位论文，第43页。

③ 北京市城市规划管理局科技情报组编：《城市规划译文集：外国新城镇规划》，中国建筑工业出版社1983年版，第136页。

开创后的好多年里，只能起“卧城”的作用；(2)泽列诺格勒“平地起家”，市政公用设施一应俱“缺”，均需从头开始，这就必然投资大，建设慢，收效差。①

了解同时期英国、苏联卫星城建设状况，再结合上海卫星城建设，就可以探讨中西方之间的异同。在此之前先简单分析我国和英国、苏联在建设卫星城源起和背景上的差异。英美等西方发达国家的城市化演变，经历了传统城市化及其转型的过程。卫星城是传统城市化转型的开端，是在以单一集中的城市为中心发展到一定阶段后出现种种“城市病”而寻求转机的产物，城市的高度发展是其基础。而1949年后我国的城市化走了一条与西方不同的道路，国内外学界一般以“非城市化”“非城镇化的工业化”来形容这一时期我国的城市化模式。其主要特征是：以工业化道路为中心目标，其他包括城市化都需为其让路或只是作为保障。因此，卫星城与工业化捆绑在一起。和此时的中国不同，苏联早在三四十年代就基本实现了工业化。所以，尽管我国和苏联均为社会主义国家，但是卫星城规划建设的背景并不相同。所以，比较我国和苏联、英国卫星城规划建设，需细细梳理。

关于卫星城规划思想的异同。前文述及，在“为什么建卫星城”认识上，上海立足于国家战略需求，建立卫星城顺应国家优先发展重工业的工业化战略，符合国家合理分布生产力和控制大城市规模的建设方针，同时符合国家城乡结合、消除城乡差别的农村建设指导思想及国防安全需求。上海把卫星城工业发展作为核心，因此，疏散工业和发展工业的结合、重在工业发展，这是与英美、苏联建立卫星城的最大不同。在合理分布生产力、注重城乡结合上，我国受到苏联相关政策的影响，具有同一性。在控制城市规模、人口方面，我国和英美、苏联的认识一致。

关于卫星城建设上的不同，首先，社会主义国家和资本主义国家在卫星城建设路径上的不同是鲜明的。英国新城建设虽在国家的指导和支持、法律的规定下展开，但是开发公司是一个重要机构。开发公司、地方当局和私

① 北京市城市规划管理局科技情报组编：《城市规划译文集：外国新城镇规划》，中国建筑工业出版社1983年版，第104—105页。

人，三者共同致力于建设。我国和苏联是社会主义国家，卫星城建设自上而下，由政府统一按计划进行。上海卫星城的规划建设，从初步规划、总体规划到详细规划，从卫星城选点到工业及民用建筑的单体设计、施工到竣工，以及边规划、边设计、边施工和各项公用事业配合工程的建设，从企事业生产、人事到职工住房分配和管理，都是按计划、统一进行的。而需要的人力、物力、财力，都是在“统一领导、全面安排”下提供的。其次，在工业门类上，英国和苏联均以轻工业、仪器制造业、加工业为主，强调多种工业，而我国以重工业建设为主，上海各卫星城以某行业为主导，特色鲜明。再次，在依托基础上，我国和英国、苏联也有着不同。伦敦 8 个新城、莫斯科卫星城，基本上都是平地而起。上海各卫星城除吴泾、安亭外，其余均充分利用旧有城镇基础，包括工业和生活配套基础。在此基础上，上海卫星城企业建设注重迁建与新建、扩建相配合。

由于理论渊源相同，中西卫星城在具体建设上有相同的特征。英国在环形体系中注重绿带建设，在卫星城建设上注重绿化。苏联同样重视绿化建设，规划中莫斯科卫星城“居住房屋前后应绿树成荫”“50%—70%的家庭应该能如愿地得到不大的一块花园和菜园”。[①]上海也是如此，按照“充分利用自然条件”“用地标准可以高一些，绿化可以多一些”的原则开展建设。其他，在与中心城市距离、与中心城市交通等方面，我国借鉴了英国、苏联的做法。

中西间卫星城建设的相同，清晰呈现在最终结果上。抛去意识形态、体制、城市化水平等诸多基础背景的不同，不论英国、苏联还是我国，卫星城功能的发挥都不尽如人意。英国、苏联卫星城都以疏散大城市工业和人口为主，但是“疏散点”作用微弱。两国情况略有不同：苏联莫斯科仅有一个卫星城，依靠一个卫星城减轻莫斯科中心城市的负担，难免会是杯水车薪；英国伦敦 8 个新城，仍然接受伦敦迁往的人口很少。

卫星城建设是一个长期而艰巨的过程，这是中西卫星城建设共同证明的一个事实。伦敦 8 个新城从 1946 年开始兴建，至 20 世纪 70 年代末共建

① 《第一批卫星城市》，唐炯译，《城市建设译丛》1956 年第 8 期。

设三十多年，比莫斯科和我国卫星城建设早十年。初期有“新城的苦闷”，后期仍在生活配套建设上无法达到自足。而苏联莫斯科卫星城泽列诺格勒在很长时期有“卧城”称号。

需要指出的是，上海卫星城的迅速崛起依赖于政府的计划和统一管理。国际形势、国情让新中国作出了计划经济及体制的抉择，就卫星城建设来说，计划性、统一性也是必定的结果、必然的映射。首先，上海卫星城规划建设需要在全市六千平方公里范围内全面考虑工业人口分布、交通运输组织、动力供应、工农业及其他行业相互配合等问题，没有政府主导和统一领导，很难切实展开。其次，在落后的生产力、匮乏的物质储备下，没有自上而下的政府主导，大规模工业建设、城市建设所需的资金、物资、人力根本不可能在短时间内聚集，其是否能开始就很难保证。例如，大规模的基本建设牵涉许多建设单位、协作单位与当地人民公社，如果没有高度统一的政府主导，必然会产生征地拆迁、施工力量、材料供应、交通运输、施工水电、建设进度、相互不协调等矛盾。再如企业搬迁、新建，职工迁居等，如果没有政府的统一规划和指令，也很难顺利展开。为达到高速度，需要人力、物力、财力的高度统筹，计划体制提供了有力的保障。

二、一枝独秀：同时期国内城市间卫星城建设比较

20 世纪 50 年代中期，上海、北京的卫星城规划工作走在全国各城市前列，之后南京、天津、广州等城市纷纷跟上。进入 60 年代后，一些城市的卫星城规划工作相继停止。之后，少数城市持续建设但进程滞缓，这些城市包括上海、北京、南京、天津等。在这些城市中，不论是影响力还是实际建设结果，上海可谓是一枝独秀。这里以北京和上海试作比较。①

北京规划的是“卫星镇”，数量较多，安排的工业项目也较多。1957 年编制《北京城市建设总体规划初步方案》时计划在南口、昌平、顺义、门头沟、长辛店等地建设“40 多个卫星镇”。该设想在 1958 年北京总体规划方案中

① 关于 20 世纪 50—70 年代卫星城建设情况，一般仅北京、南京、天津等少数城市的方志中有只言片语。由于研究成果少，这里以相对而言资料较多、较受关注的北京卫星城作为比较对象。

延续，同时该方案提出卫星城镇总体工业布局："密云、延庆、平谷、石景山等地将发展为大型冶金工业基地；怀柔、房山、长辛店、衙门口和南口等地将建立大型机械、电机制造工业；门头沟一带的煤矿要充分开发；大灰厂、周口店、昌平等处建立规模较大的建筑材料工业；市区东南部安排主要的化学工业；顺义、通县、大兴等地布置规模较大的轻工业。"①

在"大跃进"形势下，北京在各卫星镇安排满了工业项目。但是，必要的水电交通等设施并没跟上，建设条件较差。为了争取建设速度，许多新建项目不得不仍安排在市区。再加上后来国民经济调整，卫星镇工业项目很多没有"上马"。1961 年，市政府要求规划部门对城市建设的 13 年进行总结。经过一年多，北京市规划局呈交《北京城市建设总结草稿》，比较系统地提出了北京城市建设存在的问题。其中涉及卫星城镇的问题有："卫星镇建设摊子铺得过大、过于分散"，1958 年以来在远郊 37 个点上曾安排了 113 个项目，后来有一半以上没有"上马"，"结果 60 个项目分布在 31 个点上，极其分散，不仅增大投资，而且给生产与生活带来极大困难。此外，沙河、南口、琉璃河等城镇跨越铁路或沿公路两侧发展，造成城市与过境交通之间严重干扰"。②

尽管认识到卫星镇建设过于分散，且成效不佳，但是 1963 年北京依旧规划了 34 个卫星镇。③整个六七十年代，北京工厂过分集中在市区的状况始终没有改变。同时很多迁出市区的企业和职工重新迁回北京市区，仅有一小部分留在通州、昌平等地。

为什么北京卫星城建设逊于上海呢？有学者曾展开比较，提出北京和上海卫星城发展的三大不同特征：在卫星城的选点上，北京多而分散，上海少而集中；在卫星城建设的切入点上，北京首先进行的是发展产业，上海首先发展的是基础设施的建设；在卫星城产业的选择上，北京大部分卫星城缺乏大型骨干企业集群，而上海则基本上都是以大型骨干企业集

① 北京市地方志编纂委员会：《北京志·城乡规划卷·规划志》，北京出版社 2009 年版，第 55 页。

② 同上书，第 56 页。

③ 《规划局 1963 年工作总结》，1963 年 12 月，北京市档案馆，131-001-00445。

群作为产业支撑。①

以上围绕北京、上海卫星城建设的三方面比较是客观的。不过为什么北京和上海会呈现出不同特征，上海在建设成就上更胜一筹呢？主要有两方面原因。

一是对卫星城在城市布局中地位的认识不同。北京设想的是分散集团式城市布局。1958年在《北京市总体规划说明(草稿)》中对分散集团式概念有说明："把市区分割成几十个分散的集团，集团与集团之间是成片绿地。……做到在市区既要有工业，又要有农业，市区本身就是城市和农村的结合体。"②这时的分散集团式聚焦于市区。1959年又对分散集团式作了补充：以旧城为中心，在其周围发展的许多大小不等的集团，形成新的市区；在市区外围，分散地发展许多中小城市，他们与市区共同组成一个有机的整体。③这里关注到了卫星城在内的远郊区。纵观后来的北京城市建设，可以发现市区始终是重心。新的市区有640多平方公里，石景山、清河、东北郊、东郊、西北郊、北郊等处因为是新辟，需要花大力气建设。市区外围的远郊区也很重要，但主要是一些新建的、无法安排在市区的工厂。卫星城被视作为分散集团式布局中最外围的一种分散，新市区的分散才是布局中的重点。所以，北京从一开始就提出建立卫星镇，而不是卫星城，就是因为卫星镇被安排在不是重心的远郊区。和北京相比，上海在1959年确立卫星城在城市布局中的重要地位，把卫星城作为城市发展的方向，后来形象地概括为"市区抓改造，近郊抓配套，新建到远郊"。同时，和北京称作卫星镇不同，上海称为卫星城镇。上海的美好设想是从"镇"到"城"。对卫星城重要地位认识不同，导致北京和上海卫星城建设发展的不同。

二是工业化、城市化水平的不同。北京在历史上作为古都，是中国的政治、文化中心，工业发展并不发达。新中国成立后，北京城市性质有过争论，

---

① 黄序：《北京、上海卫星城发展比较研究》，景体华主编：《2005年：中国首都发展报告》，社会科学文献出版社2005年版，第381—383页。该文把20世纪50年代至21世纪初的北京、上海卫星城发展作比较，另外两点针对的是20世纪80年代以后情况的比较。

② 北京市地方志编纂委员会：《北京志·城乡规划卷·规划志》，北京出版社2009年版，第54—55页。

③ 《规划局党组关于城市规划与建设几个问题向市委报送的汇报提纲》，1959年10月20日，北京市档案馆，131-001-00068。

最后定位是:北京不只是我国的政治中心和文化教育中心,而且还应该迅速地把它建设成一个现代化工业基地和科学技术的中心。之后北京市区工厂林立,到处竖起烟囱。尽管北京急起直追,但是工业底子的薄弱限制了更高更快地发展。上海在1949年以前就是全国工业中心,工业基础扎实、工种比较齐全、技术力量强大。新中国成立后的数年间,上海以维持、利用、改造为指导方针,工业建设速度减慢,规模缩小,不过还是取得一些成就,闵行的上海汽轮机、电机厂也获得进一步发展。1956年后,上海开始加速发展。上海工业优势十分明显:技术水平较高;各种工种比较齐全,易于互相协作;拥有较先进的工业设备。再加上上海交通运输方便,港口码头、仓库设备和各项市政设施较有基础。所以,上海的工业基础是卫星城建设的强大支柱。上海能够迅速迁建、新建、扩建一批骨干企业,发挥合力,促进卫星城工业建设。上海的城市化,民国时期在全国就已出类拔萃,声光化电、高楼大厦、时尚摩登等众多现代化景象均表现出极致的特征。1949年后虽然需要从"消费性城市"转向"生产性城市",但是曾经的深厚底子既让上海拥有最后的体面,也是上海在需要时一飞冲天的爆发力。因此,闵行一条街、嘉定一条街等新型城市建筑、工人新村在卫星城出现,一条街模式风行全国;卫星城城市雏形迅速形成,有力地保障了工业建设的持续展开。

以上两点既是北京、上海两座城市卫星城建设结果不同的主要原因,也是上海区别于或者说领先于其他城市的主要原因。第一点属于认识和理念:上海对卫星城的重视及清晰认知。第二点属于现实基础:上海强大的工业实力和城市基础是其他城市所缺少的。还需指出的是,之所以上海如此重视卫星城规划建设,是因为上海是特大城市,对卫星城的需求更为迫切。如第一章所述,民国时期上海既是国内工商业最发达的城市,也是人口第一大都市,在分散市区人口和工业的需求上远远超过其他城市。1949年后,市区工业集中情形依旧,人口也依旧是国内首屈一指。据统计,1950年,上海有492.7万人口,同时期北京为204.3万,天津为179.9万;至1955年,上海人口总数达623.1万,北京为321万,天津为286.3万。①工业和人口状

① 国家统计局人口统计司、公安部三局编:《中华人民共和国人口统计资料汇编(1949—1985)》,中国财政经济出版社1988年版,第208—209、225页。

况,是上海重视卫星城规划建设的现实考量。相比之下,其他城市缺乏这种基础,也就没有持续建设的动力。总而言之,上海城市特性造就了上海卫星城建设的一枝独秀。

三、问题延续:以改革开放后卫星城建设为参照

1978年后,卫星城对大城市的意义日益受到中央领导及城市规划部门的重视。1980年10月,国家基本建设委员会召开了全国城市规划会议,12月国务院批转了《全国城市规划工作会议纪要》。《纪要》提出:"在特大城市和大城市周围有计划地建设卫星城。把少数确需安排在大城市的新建项目和需从市区迁出的工厂放到卫星城去。"①随后,卫星城建设在北京、上海、成都等地大规模展开。

对上海来说,建设卫星城的方针是持续的,但实际建设的停滞及成效的微弱是客观事实。改革开放的春风让上海更加理性地剖析卫星城建设中的问题,更加科学地展开进一步的建设。之后的十年间,调整了建设卫星城的思路和路径,加大了资金投入力度,在探索的道路中积累了经验。不论是产业布局还是城市建设上的成效,是计划经济时期不能比的。但是,问题仍然是存在的。

以金山卫建设为例。第一期工程于1972年开始,1978年完成。基本上做到了"工厂投产,城镇形成",并为顺利开展第二期工程打下了良好基础。之后数年间,在鼓励职工迁往郊区定居方面落实市政府相关政策,规定供应标准同市区一样,职工的子女分配和就业政策等与市区同等对待,同时,住房分配标准略高于市区,房租、自来水和液化气收费标准略低于市区,工业区范围内的上下班交通费由厂方负担,职工在房租、水电、煤气、交通费支出方面比市区职工减少三分之一左右。种种措施调整,提高了职工郊迁率。至1984年,从市区调往金山卫城镇工作的老职工中,已有45%左右在当地安家。②

---

① 国家体改委办公厅:《十一届三中全会以来经济体制改革重要文件汇编》(上),改革出版社1990年版,第560页。

② 上海社会科学院《上海经济》编辑部编:《上海经济(1949—1982)》,上海社会科学院出版社1984年版,第779页。

20世纪80年代,金山卫被视作规划、建设得比较好的一个卫星城镇。不过一些问题仍是存在。如男女工不平衡、家属在当地就业困难、住宅不足,缺少与中心城之间的快速交通联系,市政服务设施也需进一步完善。[①]可以看到,这些问题仍然是老问题。

为了提升卫星城对职工郊迁的吸引力,政府作了诸多努力。1980年上海市政府作出决定:在郊区的市属单位三十多万职工及部分家属,可在郊县常住地登记为市区户口;油粮等供应标准也同市区居民一样,其子女就业分配也享有市区居民同等待遇。[②]

户口政策的松动,是为了鼓励职工郊迁至卫星城,可是并没能带来立竿见影的效果。一些专家认为,光是同等待遇不能吸引职工,应该让卫星城职工享受到在卫星城工作、生活的优惠。他们指出,领导部门对卫星城应该采取特殊政策和灵活措施,使卫星城在户口、工资、居住、商业、教育等方面得到优惠,这样才能鼓励人们迁到卫星城安家落户。[③]于是,一些优惠政策制定了,卫星城职工得到了实实在在的优惠,如上文提及的金山卫情形。此外,一些资金雄厚的大企业,如闵行"四大金刚"主动为职工谋福利,从1984年12月起给三万名职工发放郊区工作补贴,每月金额各厂统一为十元。[④]

相比较户口政策的调整和优惠政策的出台,卫星城城市建设问题无法短时期解决。闵行基础好,1978年以后又加大了住宅、商业、文卫建设,可是生活配套设施依旧无法满足职工的要求。80年代中后期,徐闵线上公交车辆缺乏且严重老化,乘车拥挤,[⑤]这些情形几乎和六七十年代如出一辙。1988年,正在进行的吴泾三十万吨乙烯工程急需1 000多名熟练工人和操作骨干,但因为这个地区生活设施差,职工没有来源。[⑥]

---

① 上海社会科学院《上海经济》编辑部编:《上海经济(1949—1982)》,上海社会科学院出版社1984年版,第779页。

② 《市人民政府作出决定郊区市属单位职工及部分家属可以在常住地登记为市区户口》,《文汇报》1980年3月4日。

③ 《发展经济,疏散人口,对卫星城要采取特殊政策》,《文汇报》1982年12月20日。

④ 《闵行四工厂本月实行市郊工作补贴》,《文汇报》1984年12月14日。

⑤ 《徐闵线上乘车难》,《文汇报》1988年7月11日。

⑥ 《要集中力量迅速开发闵行》,《文汇报》1988年4月22日。

改革开放十多年,上海卫星城生活服务设施尚难解决,试想:在资金缺乏、生产力不发达的年代,又如何能达到“就地生活”的目标呢?

再看北京卫星城建设,80 年代起,北京大力发展卫星城,至 2005 年已二十多年,有了长足发展,但是学者认为“总体上来说,还处在起步阶段”,主要存在的问题是:不能有效吸引市区人口,发展方向不够明确,发展不平衡,基础设施相对滞后,卫星城管理的体制尚未理顺,没有充分重视可持续发展问题,失地农民问题较为严重。[①]改革开放二十多年,卫星城建设诸多问题依旧存在,卫星城建设的艰巨性不言而喻。

21 世纪以来,鉴于卫星城无法适应城市快速发展,上海致力于打造完全独立、宜居宜业的新城。从 2000 年的“一城九镇”到 2004 年的“三个新城”,从 2006 年的“1966”城镇规划体系到 2011 年的“七个新城”,再到《上海市城市总体规划(2017—2035 年)》中的“五大新城”,二十多年坚持新城建设。2014 年,在新城建设十余年之际,首次“上海经济论坛”聚焦上海新城建设。专家们普遍认为:产业不足、人气不足是新城发展中的突出问题。针对人口导入问题,有专家提出了存在的问题和解决的思路,包括加快基础设施建设、相关激励及优惠政策制定等。[②]同一时期北京新城建设同样遭人诟病,通州、昌平等新城被形容为“卧城”,白天数十万人前往市区,晚上数十万人回到卫星城。专家指出其中的问题关键是产业支撑作用不明显,新城配套设施落后。新城是升级版卫星城,两者并不完全相同,但是可以看到问题仍在延续。

以改革开放后卫星城发展历程为参照,发现有些问题是持续的,有些目标是难以一蹴而就的。以此透视计划经济时期上海卫星城建设成效,会更多一份理解,也会对那个特殊年代上海卫星城建设的奠基、探索意义有更深刻的认识。

---

① 孔祥智、陈炎、辛毅、顾洪明:《北京卫星城发展的现状、问题和对策建议》,《北京社会科学》2005 年第 3 期。

② 周海旺:《上海郊区新城发展瓶颈和解决方案》,《东方早报》2014 年 4 月 8 日。

第四节　上海卫星城规划建设的当代意义

上海卫星城建设既取得一定成效又呈现诸多不足，应客观理性给予评价。通过前面三节的论述，可以看到1949—1977年上海卫星城建设是当时国内走在前列、成效最佳的，同时也明白这样一场大规模的建设必定不是当年的政治经济形势、计划经济体制及条件所能一步就位的。卫星城建设是一项长期、复杂的工程，上海早年的建设不外乎是一个开端、一次实验。当然，这个开端、这次实验直至今天依旧有着重大意义。

第一，推动上海城市形态从单一集中向组合群体发展。

由于各国国情不同，世界各国的城市化道路并非同一化。不过从长时段看，在城市化进程中，各国城市空间形态的演变都经历了从单一集中向组合群体发展的过程。

学者王旭在研究美国城市发展模式时，把以单核城市集中发展称为传统城市化，即以市区为中心，郊区被置于次要、依附的地位，指出美国城市发展经历了传统城市化向以中心城市与外围地区互动发展为特征的大都市区化的演变。①推及西方发达国家，可以发现：20世纪初，英美各国的传统城市化进程开始转型，郊区地位逐渐突显，进而卫星城发展模式开始被重视。从最初的“卧城”，发展到半独立的卫星城，再到二战以后普遍展开的新城建设，卫星城的发展经历了曲折的阶段。卫星城的崛起，让城市和郊区的差别日益缩小，当“城”“乡”两个传统的地域概念已不能准确概括人口分布趋向时，大都市区成为对中心城市及其紧密联系的郊区统一体的称呼。再进一步发展，多中心开敞式的大都市连绵区成为发达国家城市空间结构的最佳形态。

纵观我国卫星城建设及发展历程，最初是西方卫星城理论被引进，抗战胜利后在城市规划编制中得到初步运用。1949年以后，卫星城从理论走向实践，北京、上海等地先后对卫星城进行研究并展开实践，尤以上海为典型。经历了20世纪六七十年代的停滞，改革开放后我国在各大中城市普遍展开卫

① 王旭：《美国城市发展模式：从城市化到大都市区化》，清华大学出版社2006年版。

星城建设。21世纪以来,我国突破原有卫星城发展困局,以新城建设的崭新姿态深入发展。之后又从新城向都市圈、城市群等空间形态演变。我国的城市群、经济带和西方的大都市连绵区在实质上一样,都是多中心开敞式。

在长时段空间形态演变的考察中,1949—1977年上海卫星城规划建设无疑有着重大意义。在卫星城被确立为上海城市发展方向后,上海"由原来的单一城市逐步发展成为以市区为核心,各近郊工业区和卫星城镇相互隔离相对独立而又有机联系的组合城市"。[①]至20世纪70年代,闵行、吴泾、嘉定、安亭、松江五大卫星城初步建成,金山卫筹备兴建,加上十个近郊工业区——吴淞、彭浦、桃浦、北新泾、漕河泾、长桥、周家渡、庆宁寺、高桥、五角场,卫星城与近郊工业区星罗棋布,对上海市区形成了众星拱月的形势,上海从单一城市发展为组合城市。至1982年,上海七大卫星城继续有侧重地发展。金山"石化城"、吴淞"钢铁城"、闵行"机电城"、嘉定"科学城"、松江"轻工城"、安亭"汽车城",各具特色,遥相辉映。[②]

如果用今天通用的城市化率即城市人口所占比重来表示城市化程度及水平,会发现1978年以前上海卫星城建设对推进城市化作用很弱。因为卫星城由上海市政府统一管辖,在计划规定下,各企事业单位的职工或由市区迁去或招收大中专学生。也有个别当地农民被招为工人,但为数少且仍是农村户口。由于泾渭分明的城乡二元结构,卫星城既以吸收原有城市人口为主,又排斥农村居民,因此对上海城市人口所占比重所作的贡献非常小。

除了人口指标外,衡量城市化水平的主要标志还有:农村地域向城镇转化、非农产业在城镇集聚。卫星城原先是农村地域,确实在向城镇转化,也聚集了非农产业。但是由于卫星城是城市的飞地,只是限定在某个地域,与周围农村、农民有着严格的"警戒线",再加上卫星城城镇建设只是具备雏形,所以作用也是有限的。

在特殊城市化模式下建设的卫星城,对当时城市化的推进作用是微弱的。不过,它指引了一种方向,其探索意义不可忽视。进一步讲,1978年前

---

① 《上海市城市建设局关于城市规划设计院三年工作总结》,1961年10月14日,上海市档案馆,B257-1-2428-1。

② 《放眼上海的明天》,《文汇报》1982年12月25日。

上海卫星城建设尽管存在诸多不足、问题及局限,但其筚路蓝缕之功无法小视。卫星城对未来城市发展模式的重要意义,让它区别于同时代在中西部等地建设的工业城市,因为后者不过是工业蓝图中的一个部分。后来的发展证明:在城市发展到一定规模,组合城市是趋势,而处理好城市与郊区的关系是首要。卫星城恰是城市化进程中绕不开的关键环节。

第二,工业、科研建设为改革开放后上海城市发展奠定基础。

1978年后,卫星城作为上海城市发展方向,被进一步确立,并在新的时期获得大力发展。闵行、吴泾、嘉定、安亭、松江五个卫星城,其原先工业建设为新时期的发力奠定了坚实的基础。

闵行、吴泾卫星城在1981年经国务院批准恢复闵行区建制,基本定位未变,以机电、化工工业为主,兼及发展航天事业。嘉定卫星城原以科学研究为主,在新时期定位进一步明确。1983年,鉴于嘉定镇从1959年确定为卫星城“发展至今已初具规模”,“集中了五十余所科研、大专院校和电子、纺织工业单位”,常住人口有8万多人,经过100余位行家鉴定,嘉定镇被评定为科学卫星城,“这在全国各大城市郊区中是第一个”。①安亭卫星城在1978年以前以机械、汽车两个行业为主,新的时期则明确为以汽车工业为主。20世纪80年代初,上海决定与德国大众汽车公司合作,1985年中德合资企业——上海大众汽车有限公司落户安亭卫星城,开启了桑塔纳轿车的生产。②松江仍是综合性卫星城,不过从原先的机床、有色冶炼为主转变为轻纺工业为主。

明确各自定位后,卫星城原有企事业单位在政府的支持下开足马力向前发展。各企业经过新一轮的规划和调整,明确了新的发展目标。在新的时期,原先的企业依旧是各业骨干、领头羊,如:上海氯碱总厂③、上海电机厂、上海汽轮机厂、上海锅炉厂等企业,1992年列于全国500家最大企业。④嘉定科学城的9家部、市属科研单位在短短数年间,科研成果获得较多奖

---

① 陈斌:《百余行家一致通过技术鉴定,嘉定镇被定为科学卫星城》,《解放日报》1983年4月10日。

② 陆成基主编:《安亭志》,上海社会科学院出版社1990年版,第148页。

③ 前身是吴泾卫星城的上海电化厂。

④ 闵行区地方志编纂委员会编:《闵行区志》,上海社会科学院出版社1996年版,第252页。

项。据统计,1958—1978 年二十年间上海原子核研究所等科研单位荣获 131 项市级以上奖项,1979—1987 年间总计为 355 项,其中:3 项国际级奖、54 项国家级奖、184 项中央院部委办级奖、114 项上海市级奖。[①]新的时期,卫星城总会有新的规划、新的发展。这里不再赘述。

改革开放以来的上海,无论是 20 世纪 90 年代"一城九镇"、21 世纪初"1966"体系,还是后来"转型驱动,创新发展"新城市发展战略,直至正在实施中的《上海市城市总体规划(2017—2035 年)》(以下简称"上海 2035"总规),闵行等最早一批卫星城总能在城市总体规划中找到坐标,为上海经济发展发挥重要作用。尽管卫星城在地域、产业规模等方面发生着新的变化,但是 1978 年以前的工业、城镇建设,不仅深深地影响 1978 年以来各卫星城发展方向,也为各企事业单位的扩建、新建奠定了扎实的基础。

第三,规划思想具有前瞻性。

围绕"为什么建""怎样建"卫星城,20 世纪 50 年代末 60 年代初,上海有过较为清晰的规划。规划是实践的指南。从卫星城建设过程及成效看,规划原则没有得到完全落实,规划目标没有圆满实现。不过,有些理念具有前瞻性,今天看来依旧熠熠发光,且依旧成为指引。

一是在规划理念上,既顺应国家经济建设需求,又为控制大城市规模。卫星城理论源于欧美,他们认为,分散市区的工业和人口至卫星城,就能有效遏制大城市的过度膨胀,从而起到控制大城市规模的作用。上海卫星城规划,借鉴了欧美这一理念,关注大城市工业、人口过于集中导致的"城市病",因此始终重视疏散,尤其是人口的疏散。与欧美不同的是,上海卫星城规划并不只是为了控制大城市规模,还努力顺应国家工业化战略需求。工业基础的薄弱,使得我国制定了优先发展重工业的战略方针。上海卫星城是上海工业向高、精、大、尖发展的必然产物,因此它不仅注重分散市区工业,而且以发展工业为中心,前者服务于后者。这是上海立足国情,致力于工业建设以改变国家落后面貌的积极探索。

既顺应国家经济建设需求,又为控制大城市规模,这是上海卫星城规划

① 徐燕夫主编:《嘉定镇志》,上海人民出版社 1994 年版,第 299 页。

对工业、人口两大要素的考虑结果。相比较而言，英国在战后三代新城建设中长期注重新城对控制大城市规模的作用，直到第三代新城米尔顿·凯恩斯建设时才重视对地区经济增长的意义。

今天，控制大城市规模依旧重要，对上海这座超大城市来说尤其如此。“上海 2035”总规强调，要疏解中心城过密人口，提高新城、新市镇的人口密度、就业岗位密度和城市空间绩效。此外，曾经追求单一的重工业已不能适应当代经济发展形势。于是，在上海新城规划中，或以战略性新兴产业和文化创意产业为支撑，或以商务贸易、旅游休闲功能为支撑，或以先进制造、航运贸易、海洋产业为支撑。产业升级了，多元化了，但仍然是立足城市现状，服务国家经济发展需求。

二是在卫星城与中心城关系上，既强调发展卫星城，又注重改造市区。西方在城市化进程中关注点经历了市区—郊区—市区的转变：最初因城市的集聚效应关注城市的建设和发展；在大城市出现诸多“城市病”后，重心转向郊区，卫星城、新城建设蓬勃兴起；但是伴随郊区化进程而来的，是中心城的衰落，以及大都市的无序蔓延，两者引起人们对城市和郊区命运的重新思索，在此过程中，中心城的复兴成为更重要的任务。20 世纪末以来，西方各国纷纷提倡“精明增长”理论，重心放在大城市。

关于卫星城和中心城两者的权衡，20 世纪 50 年代末上海就有清晰认识。当时指出：既要发展卫星城，也要把市区工业和人口的疏散作为契机，逐步改建旧市区。也就是说，发展卫星城重要，改建中心城同样重要。这是对中心城与卫星城关系的一种深刻认识。

三是在城乡关系上，既注重城市发展，又重视乡村建设。卫星城分布在远郊，周围就是农村。因此卫星城肩负重任：促进工农业的结合，逐步消灭城乡差别。虽然实际成效不佳，但是从规划角度而言，这种试图通过卫星城建立城乡纽带的尝试是有意义的。今天上海试图规划“主城区—新城—新市镇—乡村”的市域城乡体系，同样强调城乡统筹。

四是在建设原则上，既强调就地工作，又注重就地生活。“就地工作、就地生活”指向卫星城的基本独立与自足性，核心就是实现产业和居住的平衡。上海在卫星城建设初期注重工业和城市建设一起抓，但是最终并没有实现"就地工作、就地生活",尤其是城市建设方面欠账严重。21世纪以来,宜居宜业、产城融合成为新城建设的重要原则。"上海2035"总规提出,把嘉定、松江、青浦、奉贤、南汇等新城培育成为在长三角城市群中具有辐射带动能力的综合性节点城市,要求按照大城市标准进行设施建设和服务配置。

第四,经验教训具有借鉴性。

考察1978年以前上海卫星城建设,既能发现实践中有经验可循,如全市统筹、发挥合力,选点科学、定位明确,重点建设骨干企业,初期工业、城市建设一起抓,等等;也能看到各类问题,如总体规划问题、生活配套问题、相关政策问题等。不论经验还是教训,都值得今天细细揣摩。

总体而言,处理好两大关系较为重要。一是政府和市场的关系。计划经济体制下的卫星城建设,在社会资源统一配置中获得高速度发展,但缺少"市场之手"的操作,也让卫星城建设缺失了灵活性。1978年后,我国逐渐向市场经济体制转型。各项建设,包括卫星城建设迎来生机。今天,市场经济为五大新城搭建舞台,政府为五大新城保驾护航。二是工业化和城市化的关系。工业化推动城市化,城市化促进工业化,两者相辅相成。工业化、城市化协同发展是一种理想的状态。工业化代表的是经济发展水平,城市化代表的是人的生存质量。上海早年卫星城建设中城市化的滞后,表明对人的关怀的缺失。美国著名城市规划理论家、历史学家家芒福德曾说,城市规划应当以人为中心,注意人的基本需要、社会需求和精神需求,城市建设和改造应当符合"人的尺度","因为城市应当是一个爱的器官,而城市最好的经济模式是关心人和陶冶人"。①历史是最好的见证。今天,人民城市理念、城市规划建设要以人为本,已经成为城市建设的指导思想。

总之,作为开路先锋,1949—1977年上海卫星城规划建设为今天留下了宝贵财富。上海早年卫星城规划建设的成败得失,对当代城市空间形态的演进、大城市建设具有重要的借鉴和参考价值。

---

① [美]刘易斯·芒福德:《城市发展史:起源、演变和前景》,倪文彦、宋俊岭译,中国建筑工业出版社1989年版,第421页。

参 考 文 献

一、档案、口述资料

（一）档案

1. 上海市档案馆馆藏档案

2. 闵行区、松江区、嘉定区档案馆馆藏档案

3. 北京市档案馆馆藏资料

（二）口述资料

采访闵行饭店、闵行区街道办事处、闵行综合贸易公司等老领导。

采访上海电机厂、上海重型机器厂、上海吴泾化工厂等老领导、老工人及其子女。

采访闵行、嘉定、安亭等地居民。

二、文集、史料汇编

1.《毛泽东文集》第1—8卷，人民出版社1993—1999年版。

2.《邓小平文集(一九四九—一九七四年)》，人民出版社2014年版。

3. 中共中央党史和文献研究院编：《习近平关于城市工作论述摘编》，中央文献出版社2023年版。

4. 万里：《万里论城市建设》，中国城市出版社1994年版。

5. 中央档案馆、中央文献研究室编:《中共中央文件选集》(1949 年 10 月—1966 年 5 月),人民出版社 2013 年版。

6. 中共中央文献研究室编:《建国以来重要文献选编》,中央文献出版社 1993 年版。

7. 中国社会科学院、中央档案馆编:《1953—1957 中华人民共和国经济档案资料选编》,中国物价出版社 1998 年版。

8. 中国社会科学院、中央档案馆编:《1958—1965 中华人民共和国经济档案资料选编》,中国财政经济出版社 2011 年版。

9. 北京市档案馆编:《北京市重要文献选编》(1964 年),中国档案出版社 2006 年版。

10. 中共上海市委党史研究室、上海市档案馆编:《上海市党代会、人代会文件选编》,中共党史出版社 2009 年版。

11. 上海市统计局编:《胜利十年——上海市经济和文化建设成就的统计资料》,上海人民出版社 1959 年版。

12. 上海市统计局编:《上海市国民经济和社会发展历史统计资料 1949—2000》,中国统计出版社 2001 年版。

13. 吴静主编:《上海卫星城规划》,上海大学出版社 2016 年版。

三、方　　志

1.《上海城市规划志》,上海社会科学院出版社 1999 年版。

2.《上海住宅建设志》,上海社会科学院出版社 1998 年版。

3.《上海机电工业志》,上海社会科学院出版社 1996 年版。

4.《上海化学工业志》,上海社会科学院出版社 1997 年版。

5.《上海电子仪表工业志》,上海社会科学院出版社 1999 年版。

6.《松江规划志》,上海辞书出版社 2009 年版。

7.《闵行区志》,上海社会科学院出版社 1996 年版。

8.《闵行区城市建设志》,上海社会科学院出版社 1996 年版。

9.《上海计划志》,上海社会科学院出版社 2001 年版。

10.《上海名镇志》,上海社会科学院出版社 2003 年版。

11.《上海市政工程志》,上海社会科学院出版社 1998 年版。

12.《嘉定县志》,上海人民出版社 1992 年版。

13.《嘉定建设志》,上海社会科学院出版社 2002 年版。

14.《安亭志》,上海社会科学院出版社 1990 年版。

15.《上海石油化工总厂志》,上海社会科学院出版社 1995 年版。

四、报纸杂志

1.《人民日报》

2.《解放日报》

3.《文汇报》

4.《新民晚报》

5.《城市建设》(1956—1960 年)

6.《城市建设译丛》(1956—1958 年)

7.《市政评论》(1934—1948 年)

8.《建筑学报》(1954—1977 年)

五、专著

1. 曹言行:《城市建设与国家工业化》,中华全国科学技术普及协会 1954 年版。

2. 吴良镛等编:《城乡规划》(上),中国工业出版社 1961 年版。

3. 何一民:《革新与再造:新中国建立初期城市发展与社会转型(1949—1957)》上、下册,四川大学出版社 2012 年版。

4. 当代上海研究所编:《当代上海大事记》,上海辞书出版社 2007

年版。

5. 中共上海市委党史研究室编:《中国共产党在上海(1921—1991)》,上海人民出版社1991年版。

6. 蒋以任:《探索与轨迹:上海工业改革与发展实践》,上海人民出版社2002年版。

7. 杨公仆、夏大慰:《上海工业发展报告——五十年历程》,上海财经大学出版社2001年版。

8. 上海焦化厂厂史编写委员会编:《上海焦化厂厂史》,上海市印刷四厂印刷1989年版。

9. 倪妙章主编:《电机工业的明珠——上海电机厂发展史(1949—1994)》,改革出版社1994年版。

10. 上海重型机器厂厂史编写组:《上海重型机器厂厂史(1949—1983)》,上海市机电工业管理局印刷所1986年版。

11. 张云:《陈丕显传》,香港国际文化机构2012年版。

12. 上海社会科学院《上海经济》编辑部编:《上海经济(1949—1982)》,上海社会科学院出版社1984年版。

13. 李百浩、郭建:《中国近代城市规划与文化》,湖北教育出版社2008年版。

14. 张捷、赵民编著:《新城规划的理论与实践——田园城市思想的世纪演绎》,中国建筑工业出版社2005年版。

15. 张捷、赵民编著:《新城规划与建设概论》,天津大学出版社2009年版。

16. 黄文忠:《上海卫星城与中国城市化道路》,上海人民出版社2003年版。

17. 王圣学主编:《大城市卫星城研究》,社会科学文献出版社2008年版。

18. 同济大学城市规划教研室编:《中国城市建设史》,中国建筑工业出版社1982年版。

19. 邹德慈等:《新中国城市规划发展史研究——总报告及大事记》,中国建筑工业出版社 2014 年版。

20. 李浩:《八大重点城市规划:新中国成立初期的城市规划历史研究》,中国建筑工业出版社 2016 年版。

21. 李浩:《城・事・人:新中国第一代城市规划工作者访谈录》第一辑、第二辑、第三辑,中国建筑工业出版社 2017 年版。

22. 李浩:《城・事・人:城市规划前辈访谈录(第五辑)》,中国建筑工业出版社 2017 年版。

23. 李益彬:《启动与发展:新中国成立初期城市规划事业研究》,西南交大出版社 2007 年版。

24.《建筑创作》杂志社编:《建筑中国六十年》,天津大学出版社 2009 年版。

25. 邹德侬等著:《中国现代建筑史》,中国建筑工业出版社 2010 年版。

26. 杨建荣主编:《中国地区产业结构分析》,复旦大学出版社 1993 年版。

27. 杨上广:《中国大城市经济空间的演化》,上海人民出版社 2009 年版。

28. 陶柏康:《上海经济体制改革史纲》,文汇出版社 2006 年版。

29. 马学新、陈江岚主编:《当代上海城市发展研究》,上海人民出版社 2008 年版。

30. 上海市经济学会编:《上海经济区工业概貌　上海市综合卷》,学林出版社 1982 年版。

31. 俞克明主编:《上海城市的发展与转型》,上海书店出版社 2009 年版。

32. 中共上海市委党史研究室编:《上海社会主义建设五十年》,上海人民出版社 1999 年版。

33. 中共上海市委党史研究室编:《一座城市的六十年变迁》,上海人民出版社 2009 年版。

34. 中共上海市委党史研究室编:《陈毅在上海》,中共党史出版社 1992 年版。

35. 中共上海市委党史研究室编:《艰难探索 1956—1965》,上海书店出版社 2001 年版。

36. 中共上海市委党史研究室编:《风雨历程 1949—1978》,上海书店出版社 2005 年版。

37. 陈沂主编:《当代中国的上海》,当代中国出版社 1993 年版。

38. 王放:《中国城市化与可持续发展》,科学出版社 2000 年版。

39. 上海经济发展战略课题组编:《上海经济发展战略文集》,上海社会科学院部门经济研究所 1984 年版。

40. 孙怀仁主编:《上海社会主义经济建设发展简史(1949—1985)》,上海人民出版社 1990 年版。

41. 邓伟志:《上海社会发展四十年》,知识出版社 1991 年版。

42. 陈敏元主编:《上海经济发展战略研究》,上海人民出版社 1985 年版。

43.《上海建设》编辑部编:《上海建设 1949—1985》,上海科学技术文献出版社 1989 年版。

44. 上海市经济委员会编:《上海工业 40 年》,三联书店上海书店 1990 年版。

45. 朱佳木:《中国工业化与中国当代史》,中国社会科学出版社 2009 年版。

46. 王弗、袁镜身主编:《建筑业的创业年代》,中国建筑工业出版社 1988 年版。

47. 吴良镛:《吴良镛城市研究论文集(1986—1995)》,中国建筑工业出版社 1996 年版。

48. 中国城市规划学会主编:《五十年回眸——新中国的城市规划》,商务印书馆 1999 年版。

49. 房维中主编:《中华人民共和国经济大事记(1949—1980)》,中国社会科学出版社 1984 年版。

50. 武力主编:《中华人民共和国经济史》,中国时代经济出版社 2010 年版。

51. 中共上海市工业工作委员会、上海市档案馆主编:《大跃进时期的上海工业》,上海科学普及出版社2003年版。

52. 张京祥、罗震东:《中国当代城乡规划思潮》,东南大学出版社2013年版。

53. 曹洪涛、储传亨:《当代中国的城市建设》,中国社会科学出版社1990年版。

54. 中国城市规划学会:《规划50年:中国城市规划学会成立50周年纪念文集》,中国建筑工业出版社2006年版。

55. 北京市城市规划管理局科技情报组:《城市规划译文集:外国新城镇规划》,中国建筑工业出版社1983年版。

56. 沈永清主编:《四大金刚:中国重工业闵行基地纪实》,上海书店出版社2018年版。

57. 中共上海市闵行区委党史办编:《光辉的足迹:闵行党史资料文集》,上海人民出版社2000年版。

58. 王旭:《美国城市发展模式:从城市化到大都市区化》,清华大学出版社2006年版。

59. 孙烈:《制造一台大机器:20世纪50—60年代中国万吨水压机的创新之路》,山东教育出版社2012年版。

60. 陆丹林编:《市政全书》第5版,中华全国道路建设协会1931年版。

61. 王克:《适应防空的都市计划》,市政评论社1937年版。

62. 上海市都市计划委员会编印:《大上海都市计划总图草案报告书》,1946年版。

63. 上海市都市计划委员会编印:《大上海都市计划总图草案报告书(二稿)》,1948年版。

64. 中共江南造船厂委员会等:《一万二千吨水压机是怎样制造出来的》,机械工业出版社1965年版。

65. 邹依仁:《旧上海人口变迁的研究》,上海人民出版社1980年版。

66. 唐相龙:《苏联规划在中国:兰州第一版总规编制史实研究:1949—1966》,东南大学出版社2016年版。

67. 忻平、吴静等:《上海城市建设与工业布局研究(1949—2019年):以卫星城为中心》,上海人民出版社2019年版。

68. 梁远:《近代英国城市规划与城市病治理研究》,江苏人民出版社2016年版。

69. 日本都市研究会编:《都市计划讲习录》,李耀商译,上海商务印书馆1929年版。

70. [苏]卡冈诺维奇:《苏联城市建设问题》,程应铨译,上海龙门联合书局1954年版。

71. [苏]米申科:《城市中工业的分布和城市工业区的规划》,城市建设部办公室专家工作科译,城市建设出版社1956年版。

72. [苏]阿方钦科(A.A.AXонченко):《苏联城市建设原理讲义》(上),刘景鹤译,北京高等教育出版社1957年版。

73. [苏]A.И.尼古拉耶夫:《苏联第六个五年计划的住宅建设》,朱伯民译,建筑工程出版社1958年版。

74. [英]迈克·詹克斯等编著:《紧缩城市——一种可持续发展的城市形态》,周玉鹏等译,中国建筑工业出版社2004年版。

75. [美]乔尔·科特金:《全球城市史》,王旭等译,社会科学文献出版社2010年版。

76. [加]雅各布斯:《美国大城市的死与生》,金衡山译,译林出版社2006年版。

77. [英]彼得·霍尔:《明日之城:1880年以来城市规划与设计的思想史》,童明译,同济大学出版社2017年版。

78. [英]霍华德:《明日的田园城市》,金经元译,商务印书馆2000年版。

79. [英]彼得·霍尔:《城市和区域规划》,邹德慈、李浩、陈长青译,中国建筑工业出版社2014年版。

80. [美]刘易斯·芒福德:《城市发展史:起源、演变和前景》,倪文彦、宋俊岭译,中国建筑工业出版社1989年版。

81. [日]弓家七郎:《英国田园市》,张维翰译,上海商务印书馆1927年版。

六、学位论文

1. 姜洋:《新城规划有效性初探》,清华大学2007年硕士学位论文。

2. 魏钊:《城市化进程中北京市卫星城发展战略研究》,吉林大学2009年硕士学位论文。

3. 王鹏:《从卫星城到北京新城:顺义区产业发展及新城动力研究》,清华大学2004年硕士学位论文。

4. 赵霞:《南京市卫星城市发展的实证研究》,南京航空航天大学2005年硕士学位论文。

5. 陈碧:《从卫星城到新城组团——上海吴泾地区的发展与转型研究》,上海师范大学2008年硕士学位论文。

6. 任海钰:《国家中心城市卫星城选择与发展研究——以重庆为例》,重庆工商大学2012年硕士学位论文。

7. 解晓鲜:《北京卫星城发展规划之研究》,中国人民大学2003年硕士学位论文。

8. 李宏志:《西安卫星城规划布局研究》,长安大学2008年硕士学位论文。

9. 曹莎:《基于大城市的我国卫星城发展策略研究》,长安大学2008年硕士学位论文。

10. 李晓燕:《成都市卫星城与城市化研究》,四川大学2007年硕士学位论文。

11. 徐久利:《卫星城旅游发展研究——以京东燕郊为例》,河北师范大学2009年硕士学位论文。

12. 黄立:《中国现代城市规划历史研究(1949—1965)》,武汉理工大学2006年博士学位论文。

七、期刊文章

1. 蔡纪良:《论我国卫星城的建设和发展》,《城市问题》1982年第3期。

2. 陈贵镛、何尧振:《上海卫星城镇的规划和建设》,《城市规划研究》1985年第1期。

3. 苏莎莎、潘鑫:《上海卫星城建设的历史演化及其启示》,《上海城市管理职业技术学院学报》2008年第2期。

4. 王同旦:《五座老卫星城与两座财富之山——上海卫星城建设故事》,《上海城市规划》2009年第3期。

5. 仇保兴:《卫星城规划建设若干要点——以北京卫星城市规划为例》,《城市规划》2006年第2期。

6. 孔祥智、陈炎、辛毅、顾洪明:《北京卫星城发展的现状、问题和对策建议》,《北京社会科学》2005年第3期。

7. 黄啸:《上海第一批卫星城建设》,《上海党史与党建》2010年第2期。

8. 丁成日:《国际卫星城发展战略的评价》,《城市发展研究》2007年第1期。

9. 檀学文:《北京卫星城人口变动及其对新城发展的启示》,《人口与经济》2008年第3期。

10. 周文斌:《北京卫星城与郊区城市化的关系研究》,《中国农村经济》2002年第3期。

11. 张帆、郑为、周平、徐勇:《卫星城结构与功能的社会学研究》,《社会》1986年第1期。

12. 黄文忠:《上海特大城市卫星城发展研究》,《上海行政学院学报》2003年第1期。

13. 黄文忠:《上海发展卫星城亟待解决三大问题》,《福建论坛(人文社会科学版)》2014年第2期。

14. 贾彦:《1949—1978:上海工业布局调整与城市形态演变》,《上海党史与党建》2015年第1期。

15. 忻平、包树芳、夏萱等:《激情燃烧的岁月——上海重型机器厂原领导采访记》,《上海档案史料研究》2016年第2期。

16. 忻平、陶雪松:《新中国城市建设与工业布局:20世纪五六十年代上海卫星城建设》,《毛泽东邓小平理论研究》2019年第8期。

后　记

书稿即将出版，有种如释重负的感觉。本书以我的博士后出站报告为基础。自2015年6月出站至今已八年有余，我一直深耕上海卫星城研究领域，先后获得上海市哲学社会科学一般项目、国家社科基金后期资助项目，其间不断修改书稿，也有数篇文章发表。和最初的出站报告相比，自我感觉本书“更上一层楼”了。多年辛劳，现在有了轻松愉悦之感，真好！

博士后工作站三年是我学术道路上的加油站。读博期间专注于近代史涉猎与研究，博士后期间则介入当代史的探讨。学术视野的拓宽得益于忻平教授的点拨和指导。“进入别人没有想到的领域，掌握别人不知道的材料”，“当代历史有很多还没深入的研究课题”，忻老师对当代史研究的认识及创新意识影响了他的弟子们，包括我。不过当代史范围虽已确定，但具体研究什么，我当时很茫然。卫星城选题最初源于上海大学陶飞亚教授的建议。忻老师认为，新中国成立以来我国的卫星城建设确实值得研究。于是，他建议我从中选定主题开展研究。在我查阅资料、撰写论文的过程中，忻老师不断给予指导。他的谆谆教诲，至今仍然在耳边回响，令我受益。诸如：视野要开阔，史料要扎实，立论有高度，论述宜精要等。三年时光转瞬即逝，而我开启了学术研究的新天地。

限于个人学识和能力，出站报告只有框架和资料，留下诸多遗憾。出站后，我继续修改，撰写相关文章。忻老师每次见到我都会关心我的教学科研情况。当我把文章初稿给他，他总是一针见血，指出文章问题，并给予修改意见。忻老师的关心和指导，对我是一种鞭策。如今书稿成形，最应该感谢的是恩师忻平教授！

我还会时常想起当年一起查阅、搜集资料的兄弟姐妹。我的这个选题是卫星城系列中的一个，其他选题则由忻老师的其他硕士生、博士生“认领”。记得当时我和师弟师妹们一起相约去档案馆，去上海电机厂、上海重型机器厂、吴泾化工厂等企业，去闵行等地采访当年的老领导、老员工和长期生活在当地的人们。我们每天很忙碌，分工合作，分享资料和采访心得。本书中的一些资料是大家共同搜集整理的。感谢吴静、张坤、何兰蔚、赵凤欣、陆世莘、许欢、夏萱、周升起等兄弟姐妹！

感谢陶飞亚教授的提议，他慧眼如炬，发现了新中国早年卫星城这座值得深入研究的宝库。感谢上海大学张勇安教授、徐有威教授、廖大伟教授、顾晓英教授、丰箫副教授等诸多老师在我撰写博士后出站报告中给予的指导和帮助。感谢邵雍教授、华强教授对我长期以来的关心与帮助！感谢本书的责任编辑，细致的审阅和修改意见让本书避免了一些问题。

感谢我的家人！感谢婆婆几乎操持所有家务，让我可以有充裕的时间忙于教学和科研；感谢我的先生十多年来对我科研工作的支持；感谢我的儿子，他的快乐情绪驱逐了我久坐用脑的烦躁；感谢我的爸爸妈妈和两个姐姐，开心着我的开心。

尽管本书几经打磨，还是存在不足：限于经济史学识的缺陷，未深入涉足卫星城企业的生产经营研究；由于没有找到支撑材料，未充分阐述卫星城与中心城的联系。在口述资料的获取上也有遗憾，一方面没有深入松江、安亭卫星城，一方面因为年代久远无法采访到当年的一些重要当事人。所以，抓紧时间采访亲历者，扩充口述史料，这对新中国史研究工作者来说是一项迫在眉睫的工作。限于个人学术能力，本书肯定还有论述不清的问题，敬请各位专家批评指正！

包树芳
2023 年 11 月

图书在版编目(CIP)数据

上海卫星城规划与建设研究:1949—1977/包树芳著.—上海:上海人民出版社,2024
ISBN 978-7-208-18508-1

Ⅰ.①上… Ⅱ.①包… Ⅲ.①卫星城镇-城市规划-研究-上海-1949-1977 Ⅳ.①TU984.17

中国国家版本馆 CIP 数据核字(2023)第 161441 号

责任编辑 项仁波
封面设计 夏 芳

上海卫星城规划与建设研究(1949—1977)
包树芳 著

出　　版 上海人民出版社
(201101 上海市闵行区号景路 159 弄 C 座)
发　　行 上海人民出版社发行中心
印　　刷 上海商务联西印刷有限公司
开　　本 720×1000 1/16
印　　张 19.25
插　　页 4
字　　数 286,000
版　　次 2024 年 1 月第 1 版
印　　次 2024 年 1 月第 1 次印刷
ISBN 978-7-208-18508-1/F・2840
定　　价 88.00 元